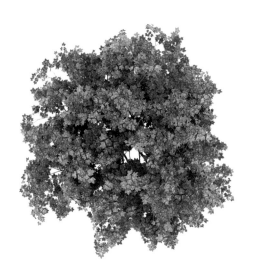

DK树木大百科

THE TREE BOOK: THE STORIES, SCIENCE, AND HISTORY OF TREES

英国DK出版社 编著   王晨 张超 付建新 译

北京科学技术出版社

The Tree Book: The Stories, Science, and History of Trees
Copyright © Dorling Kindersley Limited, 2022
A Penguin Random House Company

著作权合同登记号　图字：01-2022-7142

图书在版编目（CIP）数据

　　DK 树木大百科 / 英国 DK 出版社编著 ；王晨，张超，
付建新译 . -- 北京 ：北京科学技术出版社，2023.3
　　书名原文 ：The Tree Book: The Stories, Science,
and History of Trees
　　ISBN 978-7-5714-2838-9

　　Ⅰ . ①D… Ⅱ . ①英… ②王… ③张… ④付… Ⅲ . ①
树木—青少年读物 Ⅳ . ① S718.4-49

　　中国国家版本馆 CIP 数据核字 (2023) 第 004912 号

For the curious
www.dk.com

策划编辑：陈　伟	责任编辑：陈　伟
封面设计：芒　果	版式设计：芒　果
责任校对：贾　荣	责任印制：李　茗
出　版　人：曾庆宇	出版发行：北京科学技术出版社
社　　址：北京西直门南大街 16 号	邮政编码：100035
电　　话：0086-10-66135495（总编室） 　　　　　0086-10-66113227（发行部）	
网　　址：www.bkydw.cn	印　　刷：北京顶佳世纪印刷有限公司
开　　本：1040 mm×635 mm 1/8	字　　数：300 千字
印　　张：40	版　　次：2023 年 3 月第 1 版
印　　次：2023 年 3 月第 1 次印刷	ISBN 978-7-5714-2838-9

定　　价：268.00 元

混合产品
纸张｜
支持负责任林业
FSC® C018179
www.fsc.org

本书作者

迈克尔·斯科特（Michael Scott），大英帝国官佐勋章获得者，本书首席作者，拥有植物学学位，是一位博物学作家、节目主持人以及环保主义者。目前，他基本处于退休的状态，正以博物学发言人的身份乘坐游轮环游世界。他的著作包括《苏格兰野花》（*Scottish Wild Flowers*）和《山花》（*Mountain Flowers*）。

罗斯·贝顿博士（Dr Ross Bayton），美国华盛顿州赫森伍德花园的副园长。他在英国皇家植物园邱园接受过植物分类学方面的训练，撰写过几本关于植物学和园艺的书，包括《园丁植物学》（*The Gardener's Botanical*）等。他还是《DK植物大百科》（*The Science of Plants: Inside Their Secret World*）的撰稿人之一。

安德鲁·米科拉伊斯基（Andrew Mikolajski），撰写过40本园艺图书，包括《世界苹果百科全书》（*World Encyclopedia of Apples*）和若干关于园艺修剪和永续农业的书，他是《DK植物大百科》的撰稿人之一。米科拉伊斯基还参与撰写了英国皇家园艺学会（Royal Horticulture Society, RHS）的几本工具书，为皇家园艺学会网站供稿，并且是皇家园艺学会评判员。

基思·拉什福斯（Keith Rushforth），特许树木培植家，他在苏格兰的亚伯丁大学攻读林学时培养了自己对"任何温带、木本且（至少）高度及膝的东西"的热情。离开学校后，他的足迹遍及多地的雨林，主要集中在南亚、东南亚和东亚。他撰写了十几本书，还参与撰写了另外一些图书。

专家顾问

克里斯·克伦内特（Chris Clennett），曾任邱园花园经理、拥有40多年经验的专业园艺师，曾在牛津植物园接受培训。克里斯在邱园获得了园艺硕士、理学硕士及博士学位。他有关猪牙花属（*Erythronium*）的博士学位论文在2014年作为邱园研究专著出版，后来他又为邱园撰写了《高威尔德花卉》（*Flowers of the High Weald*）。

菲奥娜·斯塔福德（Fiona Stafford），牛津大学萨默维尔学院的英语语言和文学教授。她还是英国科学院院士和爱丁堡皇家学会会员。她的作品体现了她本人对自然、树木、花卉及其文化历史的兴趣。她著有《那些活了很久很久的树》（*The Long, Long Life of Trees*）和《花的短暂生命》（*The Brief Life of Flowers*）。

本书译者

王晨，1989年生，河南人。北京林业大学园艺专业博士（肄业），现居成都。自由译者，从事自然科普、旅游、户外和园艺相关英文图书译介工作，已出版译著（图书和杂志）数十部。

张超，1987年生，湖南衡阳人。北京林业大学博士，现为浙江农林大学风景园林与建筑学院副教授，主要从事园林植物教学与科研等工作，参与翻译植物相关外文图书4部。

付建新，1986年生，河北沧州人。北京林业大学园林植物与观赏园艺专业博士，现为浙江农林大学风景园林与建筑学院副教授，硕士研究生导师，主要从事园林植物教学与科研等工作。

目　录

开花的树

古老的林地

　　位于英国达特穆尔国家公园（Dart-moor National Park)的威斯曼树林（Wist-man's Wood）是一片古老森林的遗迹，主要构成树种是无梗花栎（*Quercus petraea*）和夏栎（*Quercus robur*），此外还有北欧花楸和冬青等。花岗岩巨石散布于林中，岩石上面覆满了各种需要很多年才能长成的苔藓和地衣。

第1章
认识树木

树木是通过种子繁殖的大型木本植物，而且和人类的历史有着密切联系。本章将对树木的演化方式、生长环境、生活方式等做简要介绍。

什么是树木

在植物学上，植物分为木本植物（拥有木质茎的植物）和草本植物（拥有非木质茎的植物）两类。树木是木本植物，一般拥有在冬季不会枯萎的单一柱状主茎（树干）。

人类很清楚一棵树应该长什么样子，但是我们有必要采用上述不甚精确的定义，因为树木的适应性极强。黑云杉（*Picea mariana*）和欧洲赤松（*Pinus sylvestris*）等针叶树在良好的生长条件下可以长到30～45米高；然而，当它们生长在涝渍的泥炭沼泽、寒冷的北极苔原（北方针叶林）或迎风北坡的林木线以上时，却可能在生长50年之后株高不足2米。一棵树的最小高度是多少，不同的权威机构采用不同的标准，但这个高度通常被设定为5或6米。

▶ 一棵树的各个部位

即使是小孩子也认识并能画出一棵树的各个部位。然而，人们很容易忽视一棵树是多么复杂和精妙。它是活的生命体，每个部位都在发挥作用。

"树中侏儒"

像矮柳（*Salix herbacea*）这样的植物进一步扩展了我们对树木的定义。它是一种地面以上高度很少超过6厘米的木本植物，但它会在山区若石或北极苔原上匍匐伸展，形成大片垫状植被，布满手指粗的树状虬枝。

矮柳

果实

针叶树将其球果中的种子释放到风中。阔叶树通常依赖动物来传播包裹在可食的肉质果实中的种子。

球果
种鳞
种子

球果产生花粉和种子

果实
起保护作用的果皮
含有一个或更多种子的肉质果实

花

树木像所有高等植物一样，通过种子繁殖。花粉借助风或动物传播，从而实现受精和种子发育。

针叶树
花瓣
花朵

树叶

树叶是树的"太阳能电池板"和"化工厂"。水分通过叶片流失，形成一套真空泵系统，令树木以这种方式通过根系吸入水分。

阔叶树
叶脉
叶柄
裂片

针叶树
针叶

分枝

分枝和小枝是树木的"脚手架"。树叶和花由小枝上的芽发育而来，然后被阳光照射，被风吹拂并授粉动物。

多个叶芽

簇生芽

顶芽

叶芽开始萌发

芽鳞

分枝

王酒椰（*Raphia regalis*）拥有全世界最大的树叶——长25米，宽3米。

心材

侧枝

纵切面

横截面

边材

生长轮（通常每年增加一轮）

树干

树干是树的力量源泉，它使树冠生长到一定的高度。它包含一套管道系统，用于输送水和光合作用的产物。

分枝起到伸展树冠的作用，从而使暴露在阳光下的树叶表面积最大化

树皮

外树皮上的脊纹

脊状纹路

剥落

剥落的外树皮

内树皮

树皮

树皮是树干和分枝结构，保护有生命的木质部分尽量免遭恶劣气候、动物和火灾的伤害。树皮会随着树木年龄的增长而老化和开裂。

树干通常只会在上部（树冠）分枝，但一些树种拥有多根树干

树根

树根通常拥有和树木的地上部分同样多的生物量（生活生物质）

气生根

从水（空气）中获取氧气

板状根

起支撑作用

树根

树根使树稳固地立于地上，并在土壤中伸展以吸收水分和养分，同时还和生活在树根内部或周围的真菌形成共生关系。

树木的分类

全球范围内的树木超过60 000种，而分类系统使单株树木的鉴定成为可能。在科学进步的推动下，目前使用的分类系统随着时间的推移而不断发展，DNA技术的应用更是提高了分类的准确性。

▲ **植物学插图**

在摄影技术出现之前，植物学家依赖插图记录新发现的植物。这些插图通常高度细节化且等比例绘制，堪称美丽的艺术品。

植物学分类

千百年来，人们命名了许多树木和生活在它们周围的其他生物，并对其进行分类。目前使用的分类系统起源于18世纪，当时来自世界各地的树木标本正不断涌入欧洲。面对与日俱增的多样性，哲学家和科学家开始对标本进行整理和命名，将那些看上去相似的物种归为一类。瑞典科学家卡尔·林奈（Carl Linnaeus，1707—1778）是最著名的早期分类学家，他发明的命名系统——林奈双名法沿用至今，不过他提出的分类系统如今已基本废弃。后续的科学发现让人们能够更好地理解树木之间的亲缘关系，而数量激增的植物化石及演化论的提出则展示了植物如何随着时间的推移而变化和发展。如今，分类学家还利用DNA这一"生命遗传密码"来指导分类。

▶ 主要树木类群

现存的所有树木都是种子植物。化石记录表明，过去曾经存在树木大小的石松和蕨类植物。有些蕨类植物（树蕨）虽然存活到了今天，但它们并不是真正的树。本书使用的分类方法如下。

结种子的树

种子植物

与产生孢子的蕨类和苔藓不同，所有现代树木都用种子繁殖。

不开花的树

裸子植物

这些树的种子在雌球果中发育，而雄球果负责产生花粉。

开花的树

被子植物

被子植物的种子包裹在果实中发育。大部分树木属于这个类群。

苏铁类植物

热带乔木和灌木，雌雄异株。

银杏类植物

该类群仅存一种，它是落叶树，树叶呈扇形。

针叶树

针叶树拥有狭窄的蜡质树叶，常绿或落叶。

木兰亚纲植物

被子植物谱系最古老的分支，包括木兰类及其近亲。

单子叶植物

大部分单子叶植物没有木质茎，因此它们并不是树，但棕榈类植物例外。

真双子叶植物

大部分现代树木是真双子叶植物。它们极为多样且分布广泛。

单子叶植物和真双子叶植物

大部分现代树木是开花植物，又称被子植物。最古老的开花树木是木兰亚纲植物，其中包括木兰、鳄梨和肉豆蔻。其余开花树木分为单子叶植物和真双子叶植物。单子叶树木不产生真正的木质部，因此通常被认为不是真正的树。它们包括棕榈、丝兰和芦荟。它们的花通常是三基数的，叶片拥有平行叶脉，种子只有一枚子叶。真双子叶树木形成带年轮的真正木质部，如栎树和槭树。它们的花是五基数或四基数的，叶脉呈分枝状，而且每粒种子都含有两枚子叶。

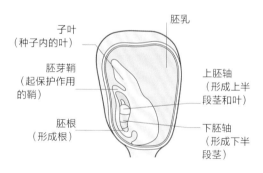

单子叶植物

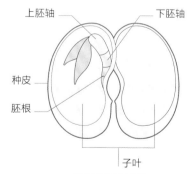

真双子叶植物

▲ **单子叶植物和真双子叶植物的种子**

单子叶植物和真双子叶植物因种子间的差异而得名，前者的种子含有一枚胚叶（即子叶），而后者的种子有两枚胚叶。在真双子叶植物中，子叶含有供幼苗生长的养料；而在单子叶植物中，养料则储存在营养丰富的胚乳中。

观赏树木因可展示有用的特征而被选育，如拥有硕大花朵的二乔玉兰（*Magnolia × soulangeana*）

这个杂交种的花呈现两种颜色，白色来自一个亲本，粉色来自另一个亲本

杂交种和品种

自出现早期农业以来，人类就通过选育的方式改良作物，即选择作物中拥有最优良性状的植株，然后让它们杂交。杂交物种是不同物种之间进行杂交产生的后代，而且杂交在自然界中也会发生。银灰杨（*Populus × canescens*）是银白杨（*Populus alba*）和欧洲山杨（*Populus tremula*）自然杂交的物种。不过，柠檬（*Citrus × limon*）等树木是人工园艺杂交的产物，不存在于野外环境。品种（即栽培类）是树木和其他植物的精选形态。品种的例子包括'金冠'（'Golden Delicious'）等苹果品种。

▲ **人为制造的杂交物种**

杂交树木通常表现出双方亲本的特征，而且通常更有活力。这意味着它们更多产，生长速度更快，而且不容易患病。

树木分类系统

和对待植物界的所有成员一样，植物学家根据树木之间拥有的共同特征的程度将它们划分到一套等级体系中。从门到品种（最低层级），'金冠'苹果的分类如下所示。

门（Division）或演化分支（Clade）： 根据关键特征划分树木，如开花（被子植物）和不开花（裸子植物）。

纲（Class）或演化分支： 根据重大差异区分树木，如拥有两枚子叶（真双子叶植物）和拥有一枚子叶（单子叶植物）。

目（Order）： 纲的重要下级分类单位，包含一个或多个科。对于'金冠'苹果来说，它属于蔷薇目（Rosales）。

科（Family）： 由数个属组成的类群，共同拥有一系列根本性的自然性状。'金冠'苹果属于蔷薇科（Rosaceae）。

属（Genus）： 由一群物种构成，共同具有一系列独特特征，如苹果属（*Malus*）。

种（Species）： 由一群个体构成，它们之间可以自然杂交并产生具有相似特征的后代，如被驯化的苹果（*Malus pumila*）。

品种（Cultivar）： 某个物种经过人工培育而产生的独特变种，如'金冠'就是苹果的一个品种。

▼ 树木的演化历程

树干中的年轮揭示了树木所经历的时间流逝，年代最久远的年轮位于树干中央。下图与之类似，展示了许多常见的树木类群的演化历程。因为化石的证据通常较零散，所以很多时间都是估计的。

木兰亚纲植物
木兰

鹅掌楸

红豆杉

柏树

针叶树

南洋杉

松树

银杏

苏铁

银杏
该类群曾广泛分布，如今仅存银杏一种。银杏是落叶树，树叶呈扇形，雌雄异株。

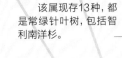
智利南洋杉
Araucaria araucana

约1.7亿年前，南洋杉属
该属现存13种，都是常绿针叶树，包括智利南洋杉。

约1亿年前
第一批红杉

爵床属
Archaenthus

约1亿年前，爵床属
这是一种木兰亚纲早期植物，其果实和种子的特征与鹅掌楸属类似。

约1.2亿年前，木兰亚纲植物
它是最早出现的开花植物。

苏铁
虽然外表看上去像棕榈，但苏铁类植物其实是裸子植物，在它们的松球中产生种子。所有苏铁类种都是雌雄异株。

约1.35亿年前，最早的被子植物
可能生活在无法形成化石的环境中，这造成了化石记录的中断。

胡顿银杏
Ginkgo huttonii

银杏属
三叠纪至白垩纪的很多植物化石拥有类似银杏的叶片，但它们并非全部都是现代银杏的近亲。

约1.6亿年前
柏树和红豆杉
分道扬镳

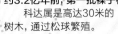
伏脂杉属
伏脂杉属植物的松球与现代针叶树的类似，雄、雌松球分离，前者产生花粉，后者形成种子。
伏脂杉 *Voltzia coburgensis*

第四纪
晚第三纪
早第三纪

约1.88亿年前
第一批松树

约2.01亿年前
伏脂杉属灭绝

约6 000万年前，大灭绝
一颗小行星在今墨西哥境内撞击地球表面，由此造成的白垩纪至早第三纪大灭绝事件消灭了地球上2/3的生命（见第37页方框文字）。

白垩纪

约1.45亿年前
拜拉属灭绝

约2.01亿年前
第一批现代针叶树

约2.52亿年前，伏脂杉属类群
属于针叶树，包含所有现代针叶树谱系的祖先。

约2.5亿年前
被子植物的共同祖先

约2.52亿年前，第一批银杏
拜拉属是银杏最古老的祖先之一，叶片形似银杏叶，但有深裂。

瓦契杉属
Walchia

约3.1亿年前，第一批针叶树
瓦契杉属与现代柏树或南洋杉相似，是最早的针叶树之一。

侏罗纪

科达属
Cordaites

敏斯特里拜拉
Baiera muensteriana

三叠纪

约3.2亿年前，第一批裸子植物
科达属是高达30米的树木，通过松球繁殖。

二叠纪

约2.99亿年前，第一批苏铁

约3.45亿年前
古羊齿属灭绝

石炭纪

约3.85亿年前，早期树木
古羊齿属等都属于一个名叫原裸子植物的类群，它们的树干中有木质部和韧皮部。

▲ **石化森林**
古老树木的树干有时会通过石化过程存留下来，在这个过程中，木头里的有机成分被石英或二氧化硅取而代之。

古羊齿属
Archaeopteris

约3.93亿年前
枝蕨纲灭绝

约3.93亿年前，第一批树木
它们是巨大的石松类植物，拥有木质化的茎和形似蕨类的树叶，利用孢子繁殖。

3.59
亿年前

第一批树木
顶籽羊齿属植物化石于1870年在纽约州被发现，它没有叶片，只有分叉的茎。顶籽羊齿属植物属于枝蕨纲类群，被认为是早期陆地植物和蕨类的中间类型。

约4.33亿年前
第一批维管植物
没有根和叶，只有简单的绿色茎。

泥盆纪

志留纪

4.44
亿年前

4.19
亿年前

顶籽羊齿属 *Eospermatopteris*

树木的演化

树木已经经历了多次演化。它们并不是由近缘植物组成的单一植物类群。相反，在以百万年计的时间长河中，拥有树状形态和高度的众多物种曾出现（和消失）在许多亲缘关系疏远的植物类群中。

树木类群

从树蕨到栎树，众多不同的植物类群都出现过树形物种。树木形状为它们带来了优势。巨大的高度能够阻止很多动物进食植物的叶片，可以让种子散播到远处，而且很重要的是，能够让植物获得更多的光照。长到这种高度意味着植物需要克服很多障碍。树木需要有足够坚硬的结构以支撑自身重量，同时还需要足够的韧性以抵抗大风。要想对抗重力，将土壤中的水分输送到树冠，那么维管系统必不可少。这些不是一夜之间实现的，而是经过了无数新物种的演化，植物结构得到不断完善和改良，才使树形生命产生。左图以化石证据和DNA年代测定研究为基础，追溯了树木的发展历程。图中并未囊括所有的现代树木类群。

符号注释

- ● 第一批陆地植物
- ○ 灭绝
- ● 裸子（不开花）植物
- ● 被子（开花）植物

肉豆蔻

单子叶植物
棕榈

水椰
早期棕榈类植物的化石，属于水椰属，它们的分布范围曾经遍及全球。

水椰属 *Nypa*
6 000万—4 500万年前
第一批悬铃木

约7 000万年前
第一批棕榈

槭树

悬铃木

真双子叶植物

栎树

桦树

拟五加属
拟五加属植物的叶片由独特的3裂片组成。在这个晚白垩世类群中诞生了槭树。

约5 600万年前
第一批栎树

约4 900万年前
第一批桦树

2 300万年前

258万年前

现在

约1.2亿年前，单子叶植物和真双子叶植物因花、叶或种子的差异分道扬镳

拟五加
Araliopsoides cretacea

6 600万年前

1.45亿年前

栎树树干

栎树
虽然栎树如今广泛分布于北半球和东南亚地区，但它们其实较晚才演化出来。

2.01亿年前

约2.519亿年前，大灭绝
作为地球历史上规模最大的一次灭绝，二叠纪至三叠纪的灭绝事件消灭了70%的陆地生命和96%的海洋物种。它很可能是全球温度上升导致的。

2.52亿年前

2.99亿年前

► 白垩纪的大地景观
在1.45亿年前的白垩纪初期，蕨类和裸子植物是陆地上的"霸主"。然而，被子植物在白垩纪初期开始出现，到白垩纪结束时（6 600万年前）已经是地球上的优势植物。

2005年，人们在泰国发现了一根长达72米的石化树干——全世界最大的单个化石。

树木如何生长

树木以叶片产生的糖类和树根吸收的水分维持生命活动，糖类和水分通过一套由输导组织构成的系统在树木体内运输。

生命所需的能量

地球上的所有生命都依赖植物（包括树木），它们仅仅用水和二氧化碳就能制造出糖类。该过程的副产物是氧气，它对植物和动物的生存而言是必不可少的。这种至关重要的化学反应名为光合作用，只有在有阳光时才会发生，因为这个过程需要阳光提供能量。糖类是植物以及以植物为食的动物维持生命活动的养料。树木通过细胞呼吸过程消耗糖类，提供自身生长所需的能量。

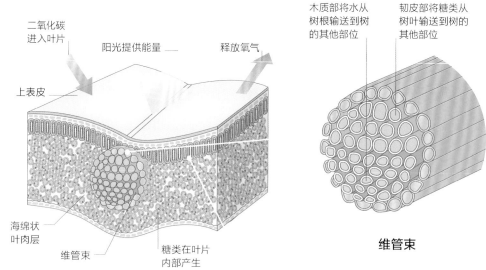

二氧化碳进入叶片
阳光提供能量
释放氧气
上表皮
海绵状叶肉层
维管束
糖类在叶片内部产生

木质部将水从树根输送到树的其他部位
韧皮部将糖类从树叶输送到树的其他部位

维管束

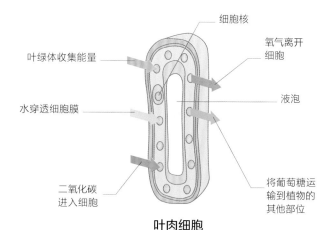

细胞核
叶绿体收集能量
氧气离开细胞
水穿透细胞膜
液泡
二氧化碳进入细胞
将葡萄糖运输到植物的其他部位

叶肉细胞

► 光合作用

叶片的叶肉细胞含有名为叶绿体的微小细胞器，它们是光合作用的动力源。维管束将水分运输到叶片参与光合作用，并将光合作用制造的糖类运输到树的其他部位。

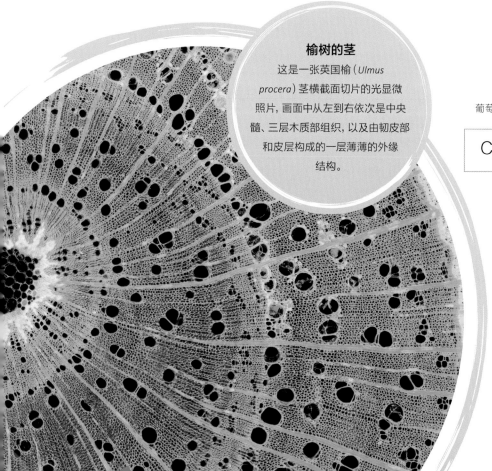

榆树的茎

这是一张英国榆（*Ulmus procera*）茎横截面切片的光显微照片，画面中从左到右依次是中央髓、三层木质部组织，以及由韧皮部和皮层构成的一层薄薄的外缘结构。

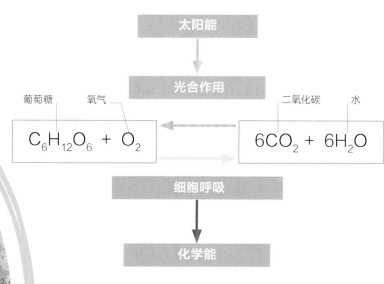

太阳能

光合作用

葡萄糖 氧气   二氧化碳 水

$$C_6H_{12}O_6 + O_2 \qquad 6CO_2 + 6H_2O$$

细胞呼吸

化学能

▲ 光合作用和细胞呼吸

对于生命而言，这两种至关重要的过程缺一不可。在光合作用中，植物利用水和二氧化碳制造糖类和氧气；而在细胞呼吸中，糖类和氧气被消耗，释放出水和二氧化碳并产生能量。这两个过程都涉及多种相互关联的化学反应。

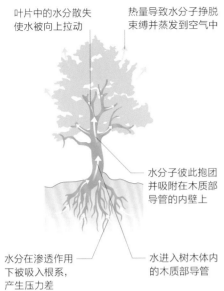

叶片中的水分散失使水被向上拉动

热量导致水分子挣脱束缚并蒸发到空气中

作为源头,叶片进行光合作用,制造糖类

糖类微粒从叶片转移到韧皮部导管

木质部导管

蒸腾作用将水向上拉

静水压力将液体推向低压区域

水分子彼此抱团并吸附在木质部导管的内壁上

水分在渗透作用下被吸入根系,产生压力差

水进入树木体内的木质部导管

韧皮部导管

糖类被释放到目标根系中,于是韧皮部中的糖类减少

▲ 蒸腾作用

在蒸腾作用过程中,水分从叶片气孔中蒸发,驱动水分从根系向上流动。蒸腾速率在炎热或多风的天气下增加。

▲ 转运糖类

根无法自己产生糖类,只能依赖叶片产生的糖。通过渗透作用,韧皮部将糖类从高浓度区域(源头)释放到低浓度区域(目的地)。

循环系统

人体的循环系统利用静脉和动脉将血液运输到身体各处。树也有循环系统,它的功能是将水分从根系运输到树木的各个部位,并将在叶片中产生的糖类运输到根系和其他器官。树木的循环系统由木质部和韧皮部的特化组织构成,这些组织共同出现在维管束中。树干的木质部将水分从根系向上运输,而韧皮部负责运输来自叶片的糖类和其他化合物。维管束含有众多木质细胞和韧皮细胞,它们首尾相连,形成加长的管道。维管束还含有形成层细胞,这些细胞会产生新的木质部和韧皮部,使树干变长。

树木无法长到120米以上,因为这是水在树木体内能够被拉升到的最大高度。

垃圾处理

每个植物细胞的中心都有一个名为液泡的大型结构。充满水的液泡向外膨胀,使细胞保持刚性。在干旱条件下,随着水分从液泡中流失,细胞开始收缩,于是植物开始萎蔫。液泡储存糖类和蛋白质,有的还储存鲜艳的色素,如花瓣细胞的液泡。代谢过程产生的废物被转移到液泡中,以免它们破坏细胞的细胞质,像尼古丁这类的抵御食草动物的毒素也储存在那里。一些树木将废物储存在叶片中。到了冬季,这些树叶脱落,将废物一起带走。

▶ 色素改变

随着光照水平在秋天开始下降,叶片停止产生叶绿素,这导致它们变色。更低的温度还会导致花青素这类紫色和红色色素的产生。

随着叶绿素产量的减少,原有的黄色色素(类胡萝卜色素)开始显现,于是**树叶在秋天改变了颜色**

阳光

被反射的光

叶绿体

囊状结构中的叶绿素

被吸收的蓝光和红光

▶ 为什么叶片通常是绿色的

光合作用依赖阳光,而叶绿体内的叶绿素提供了植物捕获和利用这种能量的手段。叶绿素可吸收光能,尤其是蓝光和红光,但反射绿光波段,这便是叶片呈绿色的原因。

树木如何繁殖

对于树木物种的存续而言，繁衍下一代至关重要。和能够主动寻找配偶的动物不同，树木根植在土地之中，因此它们必须采用其他方式繁殖后代。

授粉

花粉含有遗传信息，这些信息来自其亲本树木的雄性生殖器官。一旦转移到其他树上，花粉会与含有雌性遗传信息的胚珠接触，二者共同形成种子。在针叶树中，花粉和胚珠在各自的松球中发育，然后花粉被风转移。针叶树的英文是"conifer"，其字面含义就是"结松球的"。在开花植物中，花粉和胚珠可以形成于同一朵花内（两性花）、同一棵树上的不同花内（雌雄同株），或者不同树上的不同花内（雌雄异株）。开花树木主要依赖动物或风使其花粉从一朵花转移到另一朵花，这个过程称为授粉。

雄果球生成大量带翅花粉并随后脱落

雌果球含有胚珠，胚珠会形成种子。当果球成熟时，这些种子就会被释放出来

树叶呈针状

▶ 雄果球和雌果球

针叶树通过果球繁殖，雄果球产生花粉，雌果球产生胚珠。雄果球和雌果球可能生长在同一棵树上，如松树；也可能生长在不同的树上，如红豆杉。

异花授粉

花粉一旦从一朵花转移到另一朵花，就会发生受精。花粉粒附着在黏性柱头上后萌发，产生一根花粉管。花粉管向下生长，钻进花柱再抵达子房，来自花粉的遗传信息被转移到那里。一旦受精，胚珠就会发育成种子，而包裹胚珠的子房会发育成果实。果实确保新形成的种子可被传播。

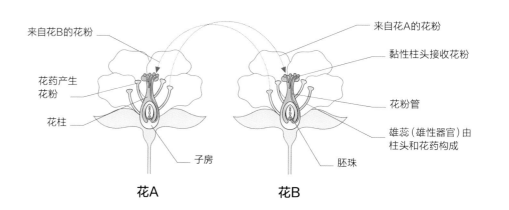

来自花B的花粉

花药产生花粉

花柱

子房

来自花A的花粉

黏性柱头接收花粉

花粉管

雄蕊（雄性器官）由柱头和花药构成

胚珠

花A   花B

风媒授粉

花粉粒很小，很容易借助风力传播。利用风媒授粉的植物包括所有针叶树和许多开花植物，如栎树、桤木和桦树。风媒授粉树木不需要吸引动物，因此不产生颜色鲜艳或者有香味的花，也不用为动物提供"报酬"（如花蜜）。不过，和昆虫授粉不一样的是，风无法保证花粉被传递到适当的花或果球上，因此这些树必须产生大量花粉，以确保一部分花粉抵达目标。风媒授粉树木的花粉是引发人类产生过敏反应的常见过敏原之一。

释放花粉

就像这些桤木的葇荑花序一样，风媒授粉树木通常在春天树叶萌发之前散播花粉，这样就不会有树叶阻碍花周围的气流流动。

一棵成年的辐射松（*Pinus radiata*）每年春天可以产生将近1千克花粉。

▲ 昆虫

昆虫是最常见的授粉动物，而且很多不同类型的昆虫都扮演这一角色。蜂类、蝴蝶和蛾类最常见，但甲虫也可以为某些花授粉，如图中的木兰花。

▲ 鸟类

鸟类授粉在热带地区最常见，而且有数个科的鸟参与其中，包括蜂鸟、太阳鸟和吸蜜鸟。鸟类授粉植物往往拥有管状花朵，这些花没有气味，大多呈红色。

▲ 哺乳动物

许多热带蝙蝠发挥授粉者的作用。这些花往往是白色的，而且散发强烈香气，以便在夜间被蝙蝠轻松找到。其他哺乳动物授粉者包括负鼠和狐猴。

动物授粉

风媒授粉不精准，所以效率低。花粉包含遗传信息，生产成本很高，尤其是在大多数花粉无法抵达目标时。动物授粉更精准，因此植物可以节省资源，只需生产数量较少的花粉。为了吸引动物，植物必须为它们提供"报酬"，大多数"报酬"是含有糖类的花蜜或者富含蛋白质的花粉。植物还需要吸引动物的注意力，颜色鲜艳的花瓣和香味可起到这个作用。植物还可以通过精心设计来吸引特定的动物。只有一类动物为某个树木物种授粉的现象称为特化（specialization），这是一种很冒险的策略。如果这种动物灭绝，该树木物种也会步其后尘。不过，这种策略能够保证花粉被转移到正确的树上，不会被浪费掉。有些树反其道而行之，它们欢迎各种各样的动物充当它们的授粉者。

种子传播

　　树木正下方的土壤密布根系，而地面以上则遮光严重，这样的环境条件不适宜树木种子萌发。这个区域的幼苗将不得不与亲本争夺至关重要的资源，如光照、水和土壤养分。为了避免这种情况，树木将种子散播到远处，在减少竞争的同时让它们去占领新的土地。因为树木基本上是静止不动的生物，所以它们的繁殖依赖风、火和水等自然力量，以及动物，依靠它们将种子传播到远方。

▲ 风

　　针叶树，如花旗松（*Pseudotsuga menziesii*）拥有带翅的种子，这让它们能够借助风力飘走。桦树的种子小而薄。

▲ 重力

　　较重的种子，如欧洲七叶树的果实直接落在地上。松鼠和其他啮齿类动物将它们囤积起来，其中一些被遗忘的种子则将会萌发。

在漫长的海上旅途中，**发育中的胚胎**利用储存在硕大种子中的养料维系生命活动

▲ 爆炸

　　响盒子（*Hura crepitans*）的成熟果实会"砰"的一声炸开，种子会以240千米/时的初速度飞散到四面八方。

▲ 火灾

　　某些针叶树果球及其他植物的果实只有在遭到焚烧时才会打开，如班克木属（*Banksia*）植物的果实。果实打开后种子就可以在竞争树木已被火清除的区域生长。

◀ 水

　　对于生长在河边或海边的植物，水为它们的种子提供了一种传播方式。咸水会杀死种子，但椰树的种子构造特殊，可以适应海洋环境。

被外壳包裹的椰树种子能够在海面上漂浮数月之久，从一座岛屿传播到另一座岛屿

▲ 动物

　　很多植物用肉质果实引诱动物。多花海杧果（*Cerbera floribunda*）的种子只有在穿过鹤鸵的消化道之后才会萌发。

保存

千年种子库（Millennium Seed Bank）内存有大约11 000个乔木和灌木物种的种子。这些重要的资源使那些受到人类活动威胁的脆弱树木得以保存，并且有助于为气候变化做好准备。未来，目前为人类提供重要木材和其他产品的林业树种可能难以为继，人们或许能够在这里找到替代品。

千年种子库，英国邱园

▼ 根蘖

通过从原始树干的根系上长出枝条，这株火炬树（*Rhus typhina*）长出了和自身在遗传上完全相同的新树。

自然繁殖和人工繁殖

形成种子是有性繁殖的一种形式，由此得到的后代拥有来自亲本的不同特征。然而，这并不是树木繁殖后代的唯一方式。有些树木可通过从根系萌发根蘖（见第130~133页）、茎在土壤中生根（压条）或无融合生殖形成种子（见第164~165页）等方式创造遗传基因和自身完全相同的后代。人类利用这些无性繁殖过程繁殖遗传基因相同的树木，以满足园艺行业的需要。

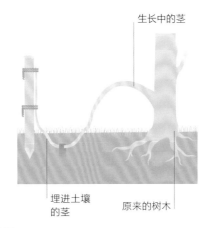

▲ 压条

将低矮枝条固定在土壤中，会刺激它的下表面长出根系。一旦生根，就可以将枝条与原来的树木切断，使其独自生长。

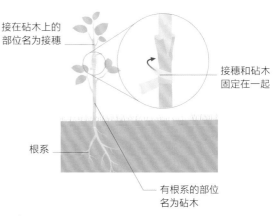

▲ 嫁接

嫁接技术将不同植物的两个部位结合在一起，如将果树的一根枝条和更强壮树种的树干结合在一起，得到同时拥有两种特性的树木。

海椰子（*Lodoicea maldivica*）拥有全世界植物中最重且最大的种子——重达25千克、长达50厘米。

树木生态系统

每棵树都是一个微型生态系统，即便是攀附在山间峭壁或在沙漠中挣扎求生的孤树。当树木聚在一起，形成树林或森林群落时，它们将共同维系地球上最多样化的生态系统。

花

花

依赖栎树的蜂类主要以栎树葇荑花序产生的花粉为食。蜜蜂也吃栎树花粉。睡鼠和松鼠会吃掉富含蛋白质的整个葇荑花序。

成虫生活在树冠中，以蚜虫分泌的蜜露以及树液为食

紫闪蛱蝶

栎树的葇荑花序

满载而归的蜜蜂

蜜蜂

树木支持的生命

树木产生大量有机物质，其他物种则可以从中受益：树叶、花、果实，甚至是坚硬的木材，都成了各种动物的消耗品。细菌和真菌寄生在树木有生命的部位中，并使已经死亡的部位腐烂。树干和树枝为地衣、苔藓等附生生物（生长在其他植物身上的生物）提供了落脚之处。真菌、寄生植物（如槲寄生）和蛀木昆虫从树木中汲取营养。鸟类和哺乳动物以果实、果球和种子为食，它们的食物还包括以树木为食的昆虫。

树枝

栎扁枝衣

树枝

超过700个地衣物种生长在栎树的树干和树枝上。鸟类和松鼠在树枝上筑巢，或者在上面栖息。

专门生长在栎树上的物种

由松鼠建造，用于繁殖和庇护

鸟类在树枝上栖息和筑巢

松鼠窝

斑尾林鸽

◀ **西方狍**

西方狍是欧洲地区最适应树林生活的鹿，在北美洲则是白尾鹿。西方狍可以将头抬高到1.2米，吃落叶树的芽、枝条和树叶。

▶ **栎树的生物多样性**

因为在英国的很多大学附近都有夏栎，所以夏栎（见第184~189页）树林是全世界受到最多研究的树林之一。长期的研究资料记录了许多依赖或利用栎树维持生存的物种。

地面

地面

真菌、蠕虫及无脊椎动物（如潮虫）等以枯枝落叶为食。松鸦将橡子埋进地里，它们后来没有找到的橡子就会长成新的栎树。

以落叶为食，有助于营养循环

埋藏橡子，为冬季储存食物

普通潮虫

苔藓和真菌

松鸦

地面

果实

生长中的橡子

果实

在丰收年份,一棵栎树可以结约5万个橡子。秃鼻乌鸦、五子雀和松鸦会吃树上的橡子,而獾、野猪、鹿和小鼠也以落下的橡子为食。

很多动物无法消化未成熟的橡子

果实

灰松鼠

将橡子埋藏起来,作为过冬的储备食物

树叶

树叶

新生叶片吸引蚜虫。栎绿卷蛾在叶芽附近产卵,它的幼虫可以啃光一棵栎树的叶片,但蓝山雀和大山雀的存在会使它们的数量减少。

幼虫以栎树叶片为食

捕食山雀及栎树食物链中的其他小型鸟类

栎绿卷蛾幼虫

雀鹰

蓝山雀

树干

伏翼离开巢穴

树干

栎树上生活着超过1 100种无脊椎动物。很多蛀木甲虫生活在树干里,并被啄木鸟捕食。蝙蝠在树干的洞里筑巢。

蝙蝠在树干的洞中栖息

甲虫的幼虫啃食出的痕迹

小斑啄木鸟

甲虫在木头里蛀洞

一棵成年栎树养活了大约2 300个物种,其中的326个物种完全依赖它生活。

▲ **冬季休眠状态下的夏栎**

在冬天叶片掉光后,落叶树仍然养活着其他生物。昆虫的卵和幼虫在树根里或树皮下存活,而啄木鸟会剥开树皮吃掉它们,此外还有附生植物生长在树枝上。松鼠可能在这里筑巢过冬,鸟类也会在这里找到栖息之所。

森林生命

作为森林的一部分,树木为其他动、植物营造了更隐蔽的小气候。它们凋谢的叶片逐渐腐烂,创造出有利于其他物种生长的肥沃林地土壤。在亚洲、欧洲和北美洲北部的寒带森林,少数几个针叶树物种占据优势地位,并拥有更多样化的下层林木,以及从啄木鸟到猞猁等物种数量相对不多的动物类群。温带地区的落叶林拥有更丰富的植物群,它们也养活了更多样化的动物群。在高降水量、高温的赤道附近,热带雨林是全世界物种最丰富的生态系统。1公顷雨林可以容纳480个树木物种(是落叶林的20倍)和4.2万个昆虫物种。

森林的运作方式

　　树木形成树林或森林群落，它们会创造自己的小气候并形成自己的土壤。这些群落是动态发展的，随着时间的推移发生变化，有时候这些变化在外部因素（如火灾）的推动下进行。树木依赖隐藏的伙伴提供生存所需的养分。

如何形成树木

　　大多数树木拥有广泛传播种子的机制，无论是借助风力还是动物。在温度适宜时，种子就会萌发。如果土地上有太多石头、土壤太湿或太干，或者土壤的化学性质不适宜，幼苗很快就会死亡，或者很快被路过的动物吃掉。有时候，新的生境会因为山体滑坡、火灾、湿地干涸、人类活动或者食草动物消失而产生。然后，众多幼苗可以开始共同生长。这会为每株幼苗提供庇护，而且落叶开始改变土壤，令其变得肥沃。假以时日，数量众多的幼苗纷纷涌现，超出食草动物的食量，森林的范围就会开始扩展。

◀ 水青冈幼苗

　　在这片水青冈树林中，腐烂分解的枯枝落叶为土壤增添了腐殖质，为水青冈种子的萌发、生长创造了更好的条件。这株水青冈幼苗的两片子叶帮助它进行光合作用。

▼ 林地演替

　　叶片坚硬或多刺的灌木为寿命较短的先锋乔木树种的生长提供了一些保护。后者开始创造更丰富的林地环境，让生长缓慢、寿命更长的树种在其中稳定生长。

在典型的温带树林中，每公顷的土地上每年会有3 000千克落叶。

成年树木形成有间断的林冠层，允许体型较小的植物在空地中生长

生长较慢、寿命更长的树种开始在林地中生长

由先锋树木构成的林地形成

灌木为先锋树种的幼苗提供保护

苔藓、蕨类、草本植物（包括禾草）在裸土上定殖

低矮灌木开始生长

倒下的树木创造出空地，产生裸土

火灾的作用

自然火灾在森林的再生中发挥着关键作用，尤其是在地中海周围以及气候类似的地方，如澳大利亚和美国加利福尼亚州。火灾减少了参与竞争的植被，并为新树创造出一片肥沃的苗床。一些树木，如巨杉（见第70~71页）和欧洲栓皮栎（见第192~193页）拥有防火的树皮，这让它们能够在火灾中幸存并迅速再次发芽。巨杉还依靠火灾释放种子。为了保护林地附近的建筑，人类试图避免森林火灾，但这样做会让枯木和灌木丛渐渐积累，从而令火灾的规模变得更大且更具破坏性。

◀ 复苏

火灾会淘汰部分植被并留下裸露的土壤和灰烬，形成一片肥沃的苗床。灰烬中的有毒化学物质会很快被雨水冲走。储备大量养料的树木种子通常是最先再生的。

诞生与死亡

所有树木的叶片都会有规律地脱落。常绿树的树叶也会在数年时间里逐渐脱落，所以它们在任何时候都不会是光秃秃的。掉落的树叶很快被细菌和真菌分解，这个过程为土壤增添了腐殖质，并释放出树木生长所需的养分。假以时日，这个过程将在落叶阔叶林中创造出肥沃的"棕壤土"（brown growth）。在雨林中，大部分养分被生长中的树木迅速吸收，留下贫瘠的土壤。为了维持树木强劲的长势，一切资源都必须循环使用。在森林群落中，多达1/4的物种是腐生生物，它们以枯枝落叶为食，分解这些物质并将养分送回土壤，然后这些养分继续维持树木生长。

▼ 木头盛宴

树木会形成林地，但是在一片典型的树林里，真菌在所有生物中占据至少10%的重量。很多真菌依赖腐烂的树桩或落枝生存，如图中这些软靴耳（*Crepidotus mollis*）。

◀ **网络显现**

土壤中的菌丝网络只有在真菌产生子实体（蘑菇和伞菌）的时候才会显现。一株典型林地真菌的菌丝可以覆盖15公顷的林地。

树木如何交流

虽然每一种树都有自己的物种名，但实际上每棵树都是由多个物种形成的群落。所有树的根系都存在真菌，其菌丝包裹在树根周围或进入树根内部，形成一种名为菌根的合作关系。菌根网络从土壤中吸收养分，作为回报，树木允许它们吸收自己通过光合作用产生的部分糖类。例如，有16个真菌物种存活于栎树的根系，如果没有这些真菌，栎树就会死亡。

1997年，加拿大科学家苏珊娜·西马德（Suzanne Simard）发现森林里的树木利用这些相互连接的菌根网络分享和交换养料，她将这种网络命名为"树维网"（wood wide web）。后来的研究表明，整座森林的树木会展开化学交流。这让树木能够识别并优先养育自己的后代，并将自身在过去获得的有益化学物质传递给幼树，帮助拥有共同遗传基因的树木在竞争中占据优势。

◀ **真菌菌丝体**

真菌的运作部位就是左图基质中的菌丝网络，名为菌丝体，发挥着溶解和吸收养料的作用。重1 000克的林地土壤就能容纳总长至少200千米的相互连接的菌丝。

树木通过光合作用产生的糖类有大约30%被真菌消耗了。

▶ **树维网**

与真菌菌丝相结合，树木根系的菌根网络在森林地被中蔓延。树木可以通过这种网络发送化学信号，也许还包括电信号。通过这种方式，一棵树可以识别出自己的后代，并输送养分来维持它们的生长。

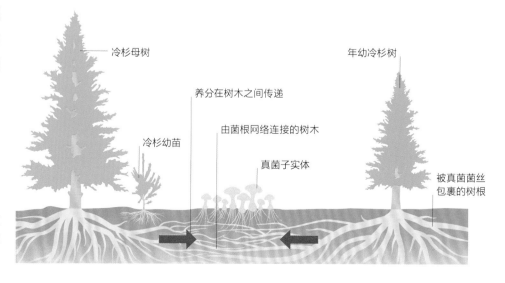

冷杉母树

年幼冷杉树

养分在树木之间传递

冷杉幼苗

由菌根网络连接的树木

真菌子实体

被真菌菌丝包裹的树根

树木如何自卫

林地是竞争激烈的地方，因为树木间会争夺空间和阳光，并尽力使自己免遭食草动物侵害。多刺的叶片、带刺的枝条，以及坚硬的枝叶，这些都有助于避免被食草动物吃掉。很多树木物种的体内还含有有毒的化学物质，起到抑制病原体和驱赶蛀木昆虫的作用。物种的未来取决于繁殖，所以树木的能量多用于形成种子和果实，并确保种子被广泛传播，甚至向动物提供有甜味的"贿赂"，以鼓励它们吃掉果实以传播种子。现在我们知道，树木会通过菌根网络输送水分、糖类和养分，帮助附近同一物种的树木生长，有时这些资源甚至会被传送至更广泛的环境中，帮助其他物种生长。树木还可以通过空气发送和检测化学信号，以警示食草动物。相思树通过释放气体警示摄食的长颈鹿（见下图）。对于干旱、病害等威胁，树木还会发送化学信号。即使属于不同物种，相邻的树也会做出减少水分散失的反应，或者启动内部防御机制。

◀ **控制害虫**

当松树被松锈锯角叶蜂的幼虫攻击时，它们会释放一种化学信号，将一种寄生蜂吸引过来。这些寄生蜂将卵产在松锈锯角叶蜂幼虫体内，卵孵化后，这些幼虫就会被从内到外吃掉，于是树得救了。

寄生蜂

▼ **化学战**

当长颈鹿开始吃相思树的叶片时，这种树做出的反应是释放乙烯气体，这是一种化学警示，让处于下风向的相思树叶片释放大量单宁。长颈鹿如今则已经学会了顺风进食。

针叶林

作为地球上曾经最繁盛的植物类群,针叶树的物种数量如今已经减少到600余种,但它们仍然形成了一片环绕北半球的森林。针叶树也存在于温带和热带地区,但它们在北方更常见。

北方寒带林的野生动物

在遥远的北方,生长季短暂,但常绿针叶树会保留树叶,可以全年进行光合作用。北方寒带林生长得比较茂密,非针叶树很少,地被植物稀疏。

北方寒带林

北方寒带林是针叶林,又称泰加林(taiga),它们在亚洲、欧洲和北美洲北部形成了一条连绵不绝的带状区域,其中包括松树、落叶松、云杉和冷杉。在比较温暖的区域,这些针叶树和开花树木生长在一起,如柳树、杨树、桤木和桦树。这些针叶树非常适应寒冷的气候和贫瘠的薄土。在最北端,北方寒带林有些稀疏,地衣覆盖着树干和森林地被。南方分布的森林更茂密,有蕨类和开花植物生长在这些树下面。但与温带或热带森林相比,其他地区树木的物种多样性较低,不过不同大陆上的情况有所区别。在北美洲,云杉和冷杉是优势物种,而欧洲最重要的树种是欧洲赤松(*Pinus sylvestris*),落叶松则遍布整个西伯利亚。

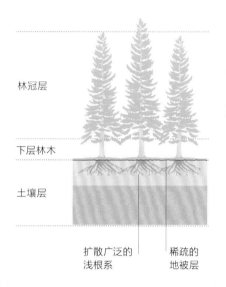

林冠层

下层林木

土壤层

扩散广泛的　　　稀疏的
浅根系　　　　地被层

◀ **北方寒带林的野生动物**

在泰加林中可以找到数种哺乳动物,包括加拿大马鹿、驼鹿、猞猁、棕熊、狼和捕食性鼬类 [如左图中这只渔貂(*Pekania pennanti*)]。它们巡视大片领地,以便在严酷的环境中生存。

▼ **西伯利亚的泰加林**

茂密的泰加林主要由针叶树组成,如下图所示的这片西伯利亚泰加林。针叶树的圆柱树形有助于它们在冬季清除积雪,以防树枝被压坏。

◀ 温带雨林

在降水量高的地区，温带雨林中的巨大针叶树是优势物种，而且树木之间生长着丰富的蕨类、苔藓和地衣种群，如位于美国华盛顿州的霍河雨林（Hoh Rainforest）。

果球最初是浅绿色的，成熟后变成青铜色

温带针叶林

温带针叶林的生物多样性优于北方寒带林，在更靠南的地方，通常位于降水量高的沿海地区，如北美洲的太平洋西北地区及日本北部。它们还出现在内陆高海拔地区，如落基山（北美洲）、阿尔卑斯山（欧洲）和喜马拉雅山（亚洲）等山脉。这些森林可以容纳大型针叶树，如新西兰的澳洲贝壳杉（Agathis australis）、北美洲的北美红杉、南美洲的智利乔柏（Fitzroya cupressoides）。相比北方寒带林，温带针叶林的地被层植物更丰富，而且存在非针叶树。有些温带针叶林依赖火灾进行再生，如美国东南部的松林，在那里，禾草在地被层中很常见。在更潮湿的太平洋西北地区，火灾不常出现，而禾草被蕨类取代。

▲ 瓦勒迈杉

这种稀有的针叶树在1994年被发现，只生长在澳大利亚的瓦勒迈国家公园。在活体被发现之前，瓦勒迈杉（Wollemia nobillis）曾经只有化石记录，如今它是极度濒危物种。

热带针叶林

在以针叶树为主导的3类森林中，热带针叶林是最稀有的，主要分布在墨西哥、中美洲和加勒比海地区的岛屿，不过在苏门答腊岛、菲律宾和喜马拉雅山也零星分布。这些森林包含多种多样的针叶树和非针叶树，但地被层植物比较稀疏。在墨西哥，针叶林为候鸟和迁徙的帝王斑蝶（Danaus plexippus）提供了宝贵的庇护所。

▶ 蝴蝶庇护所

位于墨西哥中部的神圣冷杉（Abies religiosa）为从加拿大和美国飞来过冬的帝王斑蝶提供了庇护所。一棵冷杉树能够容纳多达10万只蝴蝶。

温带落叶林的结构

　　在这类森林的林冠层中占优势的是落叶树,而下层林木包括等待空隙出现以便乘虚而入的树苗,以及常绿灌木(如冬青和红豆杉)。森林地被层是这类森林中物种最丰富的部分。

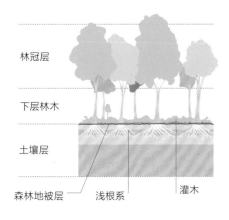

- 林冠层
- 下层林木
- 土壤层
- 森林地被层　　浅根系　　灌木

▶ 春天

　　对于森林地被层中的植物来说,春天是花朵盛开的季节。蓝铃花(*Hyacinthoides non-scripta*)必须在山毛榉木林冠层充分展叶前结籽。

温带阔叶林

　　这类森林以阔叶树为优势树种,针叶树很少或没有,分布在温带。在较冷的地区,落叶乔木占优势,在秋季时落叶以求存活。在较温暖的地区,占优势地位的是常绿树。

温带落叶林

　　与针叶林相比,北美洲东部、欧洲西部以及亚洲东部的落叶林拥有更丰富多样的物种。在其中一些落叶林中,由单个树种占据主导地位,如欧洲的水青冈林,但是在另一些落叶林中,栎树、槭树、桦树、鹅耳枥、白蜡树和山核桃树只是林冠层中的部分树种而已。温带落叶林的地被非常丰富,拥有多种多样的春季野花,它们花期短,必须在树木长出叶片之前开放。温带落叶林可能包括一些针叶树和常绿树,取决于具体地点。在南半球,新西兰、智利和阿根廷的许多森林以南青冈(*Nothofagus*)为优势树种,但针叶树和常绿树也参与构成森林。

▲ 秋天

　　随着秋季降临,北美洲森林的树叶呈现闻名遐迩的多彩颜色。这些树叶在凋落后会产生深厚的腐殖质,促进野花和其他植物的生长。

温带常绿林

在温带一些更温暖的地方，常绿物种是森林的优势物种。澳大利亚的桉树林就是一个例子，喜马拉雅山脉的杜鹃林也是如此。塔斯马尼亚只有一种落叶树，即加宁南青冈（*Nothofagus gunnii*），而常绿针叶树和阔叶树构成了原始森林的主体，如桉树、相思树和互叶白千层。智利南部的瓦尔迪维亚森林拥有丰富多样的常绿植物，包括桃金娘科的几个成员，以及由竹子和蕨类构成的茂密下层林木。墨西哥中部地区的山脉以丰富的松栎林闻名。松树在海拔较高的地方占优势，而栎树在较低海拔占优势，但这种混交林还拥有许多独特的动植物物种。大西洋东部的岛屿，如马德拉群岛、亚速尔群岛和加那利群岛，有一些残存的照叶林（见第104页），它们是由樟科占优势地位的常绿阔叶林。

长长的尾巴用于在滑翔过程中保持平衡和转向

▲ **大袋鼯**

作为东部桉树林特有的几种有袋动物之一，大袋鼯以桉树的叶和芽为食。这类森林里生活着3个大袋鼯类物种。

生长在澳大利亚的王桉（*Eucalyptus regnans*）是世界上最高的阔叶树，高达100米。

▲ **亚洲混交林**

在喜马拉雅山脉，森林的构成通常随着海拔而变化。在中间海拔地区，栎树、杜鹃和木兰构成常绿森林，而栎树、槭树和桤木是阔叶林的主要树种。在更高海拔的地方，针叶树占优势地位。

▶ **澳大利亚的桉树林**

在新南威尔士州和昆士兰州的东海岸沿线，有一片主要由桉树构成的森林。大部分桉树拥有肥厚的常绿叶片，而桉树林是大分水岭（Great Dividing Range）丘陵地区的典型景观。

热带季节性森林

并非所有热带森林都是雨林。在很多热带地区，降雨是季节性的，而树木必须熬过漫长的旱季。雨水在一年当中的部分时间缺失促使树木演化出了众多求生手段，包括储水和防御机制。

非洲旱生林

在非洲的大片地区，一种由占优势地位的相思树和其他物种组成的多刺落叶林覆盖大地上，仿佛一张色彩斑驳的地毯。在这片稀疏的林地中，生活着多种多样的鸟类和大型哺乳动物（包括长颈鹿、羚羊，以及狮子等以它们为食的捕食者）。大象也生活在这类树林里，并利用它们巨大的力量和体型将哪怕刺最多的相思树枝拽下来，以便更轻松地取食它们的嫩枝。大象的这种行为往往会鼓励禾草的生长。典型的非洲稀树草原是由一片片林地和草地构成的，而动物的行为和火灾导致二者之间不断更替。在马达加斯加岛，季节性旱生林分布在西海岸沿线，而在更干旱的南部地区，由众多肉质植物和多刺树木组成的多刺森林占据着优势地位。

▼ 相思树

在季节性干旱气候下，树木必须想办法保住叶片里的水分。相思树利用茎上的刺驱赶食草动物，尽管这并不总是奏效，它们典型的伞状树形就是食草动物的杰作。织布鸟利用这种树形悬挂自己的巢。

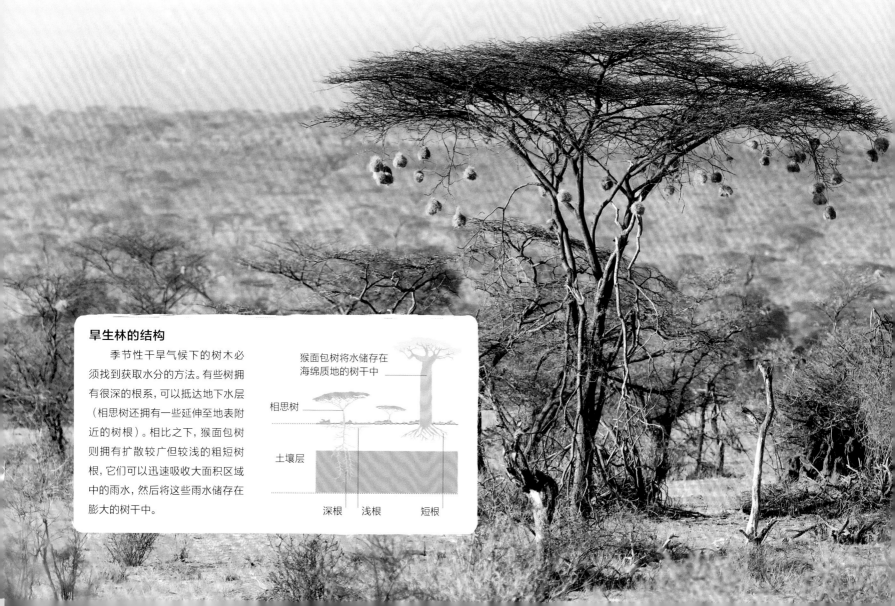

旱生林的结构

季节性干旱气候下的树木必须找到获取水分的方法。有些树拥有很深的根系，可以抵达地下水层（相思树还拥有一些延伸至地表附近的树根）。相比之下，猴面包树则拥有扩散较广但较浅的粗短树根，它们可以迅速吸收大面积区域中的雨水，然后将这些雨水储存在膨大的树干中。

猴面包树将水储存在海绵质地的树干中

相思树

土壤层

深根   浅根   短根

◄ 季雨林

季风将含水汽的云从印度洋吹到印度和东南亚上空，为干渴的森林带来水分，如位于老挝的这片森林。季节性旱生林的生物多样性不如雨林高，但仍然是多种野生动物的家园，尤其是像老虎这样的大型哺乳动物。

季雨林

一提到丛林，人们就会想到热带雨林，但是在印度，鲁德亚德·吉卜林（Rudyard Kipling）在《丛林之书》（*The Jungle Book*）中提到的丛林却是拥有明显旱季的季节性森林。在印度和东南亚的大部分地区，冬季炎热干燥，树木会长时间保持叶片脱落的状态。对于森林里的野生动物来说，这段时间非常难熬，因为食物稀少，而且捕食者的捕猎难度也由于失去枝叶的遮掩大了许多。季风意味着喘息时刻，它会在夏天带来大量降雨。树木重新长出叶片并开花结实，为森林生物提供饕餮盛宴。类似的热带旱生林分布在墨西哥南部、加勒比海地区、南美洲的数个地区，以及斯里兰卡、新喀里多尼亚，还有印度尼西亚的小巽他群岛等岛屿。

▼ 斑翅凤头鹃

斑翅凤头鹃（*Clamator jacobinus*）原产于非洲和亚洲，在印度被称为"季风使者"。在印度北方，它常伴随雨水出现，进食在较湿润天气中出现的毛毛虫。

印度大约80%的年降水量出现在夏季季风期间。

卡卡杜国家公园

在澳大利亚北领地的最北边坐落着卡卡杜国家公园（Kakadu National Park），占地面积约19 700平方千米。在这里可以找到丰富多样的热带景观，包括季雨林、红树林、稀树草原及河漫滩。这里还生活着丰富多样的野生动物，包括280多种鸟类、100多种爬行动物和70多种哺乳动物。

诺尔朗吉岩

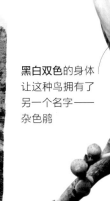

黑白双色的身体让这种鸟拥有了另一个名字——杂色鹃

热带雨林

南北回归线之间的森林都属于热带森林，而热带雨林拥有两个决定性特征：没有旱季，月均降水量不低于60毫米。高温令这些森林全年保持较高的空气湿度。

在如今使用的所有药物中，**25%**以上为**雨林植物**。

低地热带雨林

物种多样化水平很高的一些森林是在温暖潮湿的热带地区生长起来的。热带雨林里生长着一系列丰富的树木（主要是常绿树）和许多依赖它们的植物、动物和真菌。低地雨林分布在南美洲亚马孙盆地、非洲刚果盆地以及亚洲印度尼西亚群岛等低海拔地区，在中美洲、马达加斯加、澳大利亚和一些太平洋岛屿亦有零散分布。这些森林结构复杂，有4个特征层：露出层、林冠层、下层林木，以及森林地被。不同的动植物物种生活在这些由树木和藤蔓连接的特征层中。热带雨林的林冠层是密闭的，只有当大树倒下、阳光照射进来时，树苗才会生长。在雨林之外，如在印度次大陆的季风地区，以及非洲西部和加勒比海的部分地区有热带季节性森林，当地有旱季。

▼ 雨林中的藤蔓

藤蔓是热带雨林的重要组成部分，因为它们连接了森林的不同特征层。它们的根在地被层，向上生长并穿过下层林木和林冠层，通常在露出层开花。它们还被红毛猩猩等动物用作在森林里移动的工具。

热带雨林的结构

典型的热带雨林有4个特征层：顶端的是露出层，最高的树在那里露头；它下面是林冠层，生活着丰富的附生植物；棕榈、藤蔓和灌木构成的下层林木伫立在森林地被之上，而地被上光线昏暗，只有稀疏的地被植物。

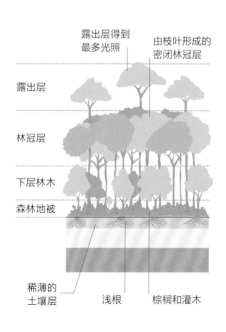

露出层得到最多光照　由枝叶形成的密闭林冠层

露出层

林冠层

下层林木

森林地被

稀薄的土壤层　　浅根　　棕榈和灌木

云雾林

　　热带雨林的性质随着海拔的升高而变化。随着海拔的升高，树木变矮，分枝变多。树种的多样性也随着海拔的升高而减少。高海拔雨林被称为云雾（cloud）林、山地（motane）林或高山矮曲（elfin）林，降水通常以雾的形式出现，雾气在树叶上凝结，从树叶上滴落或者沿着树干流下。云雾限制了光照并降低了整体温度，因此生活在这类森林中的很多动物都有适应这种环境的能力，如非洲的山地大猩猩和南美洲的眼镜熊拥有厚厚的皮毛，让它们能够抵御寒冷。

　　虽然与生物多样性水平极高的低地雨林相比，云雾林中的树种数量较少，但附生植物的多样性水平很高。附生植物是附着在树枝上生长的植物，不接触土壤。它们不是寄生生物，不会从宿主树木那里"窃取"资源，它们只是将自己通过根系固定在树皮上而已。附生苔藓在云雾林中很常见，大部分树干和树枝都被厚厚的苔藓覆盖，为更大的附生植物如兰花、凤梨、仙人掌和蕨类提供了完美的基质。多种多样的动物依赖这些"悬空花园"。

雨林的起源

　　大约6 600万年前，一颗直径约10千米的小行星在如今的墨西哥尤卡坦半岛撞击地球，导致了全球性的气候变化和75%的生物灭绝。今天的雨林就是在这场灾难中发展出来的，它们比之前的森林更茂密，主要由开花树木和植物组成。这些变化的确切原因尚不明确，但恐龙的灭绝可能是原因之一。没有这些大型动物的践踏和摄食，树木得以生长得更大、更紧密。大部分针叶树的灭绝以及大量营养丰富的灰烬也可能有助于热带雨林繁殖。

▲ 蒙特维多云雾林

　　位于哥斯达黎加蒙特维多保护区（Monteverde Reserve）的云雾林的物种极丰富，拥有100种哺乳动物、120种爬行动物和两栖动物，以及400种鸟类，其中包含30多种蜂鸟。

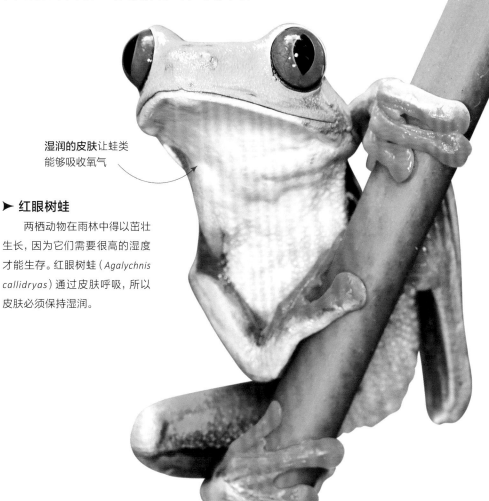

湿润的皮肤让蛙类能够吸收氧气

▶ 红眼树蛙

　　两栖动物在雨林中得以茁壮生长，因为它们需要很高的湿度才能生存。红眼树蛙（*Agalychnis callidryas*）通过皮肤呼吸，所以皮肤必须保持湿润。

树木的用途

　　人类的演化始于树林，而第一批古人类（人类祖先）很可能曾经回归树林寻求庇护和食物。在学会了取火和雕刻木头之后，人类丰富了自己的生活，开始在适当的时机栽培树木以获取木材和食物，并将树木应用于包括娱乐在内的各种其他用途。

木钉

约公元前8000—前5000年
　　在热带地区，早期人类很可能建造了简单的庇护所，不过留存下来的很少。在新石器时代，当他们来到更冷的地区时，就需要更坚固的房屋了。寒冷的气候使一些建筑遗迹得以保存下来，为现代仿建（见右图）提供了参考。

新石器时代的长屋

约公元前8000年
　　人类很早就学会了如何将整根树木用于水上交通。约公元前8000年，人类开始用木浆划船并雕刻出座位区，如来自丹麦的庇斯（Pesse）独木舟。

约公元前3500年
　　木材质地坚硬且容易雕刻，而木钉可以将零件固定在一起。木头很适合用来制造车轮，而首次出现于美索不达米亚地区的车轮改变了农业和贸易的方式。

苏美尔人的战车车轮

埃伯斯纸草文稿

约公元前1550年
　　埃伯斯（Ebers）纸草文稿是源自古埃及的一段医药知识文摘，它提到柳树皮可用作止痛剂。很久之后，提取自柳树皮的水杨酸被用在阿司匹林里，不过如今人们以人工合成的方法获取它。

公元15世纪
　　栎树或桃花心木的木材结实、柔韧且耐久，是建造航海船只的理想材料，这些船只开启了欧洲的大航海时代。

葡萄牙快帆船

约公元1200年
　　人类很早就开始使用木材制造打击乐器。金贝鼓（djembe）是一种复杂的木质鼓，起源于约800年前的西非。

约公元700年
　　中国人发明了盆栽，即用花盆束缚根系以种植修剪后的微型树木的方法。日本人传承了这种艺术形式。

槭树盆栽

浅色云杉木以龙血树的树液染色

公元1666—1737年
　　精选木材产生的共鸣为安东尼奥·斯特拉迪瓦里（Antonio Stradivari）及其意大利家族制作的小提琴增添了独特的音色。云杉木被用于制作前面板，柳木用于内部，槭木用于背部和颈部。

斯特拉迪瓦里小提琴

约公元1715—1783年
　　英国景观设计师兰斯洛特·布朗（Lancelot Brown，又被称为"万能布朗"）为超过250座英格兰乡间庄园设计了花园，这些花园的特点是围绕湖泊的成群树木和起伏的草地。

伯利庄园（Burghley House），景观由布朗设计

"意大利难道不是树木遍地、像一座果园吗？"

马尔库斯·特伦提乌斯·瓦罗（Marcus Terentius Varro），
《论农业》（On Agriculture），公元前37年

最早的篝火

约100万年前
来自南非一座洞穴的证据表明，直立人（Homo erectus）在至少100万年前就会取火了。迁移至更寒冷北方地区的第一批人类直到30万~40万年前才开始生火取暖。

约公元前10000年
位于澳大利亚金伯利（Kimberly）的洞穴壁画描绘了人类携带木制飞去来器和长矛的场景。已知的最古老的澳大利亚飞去来器出现于公元前8000年，被发现于南澳大利亚州的怀里沼泽（Wyrie Swamp）。

木制飞去来器

约公元前9400年
园艺活动的最早迹象之一来自一批藏匿起来的无花果，它们没有种子，在没有人工干预的情况下无法繁殖。它们被发现于巴勒斯坦杰利科（Jericho）附近的一座被烧毁的房子，通过对这座房子的遗迹测定碳年代，判断其烧毁于约公元前9400年。

柳树小枝

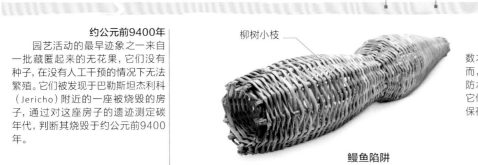

鳗鱼陷阱

约公元前10000年
早期人类制造的大多数木质工具早已腐烂。然而，人们发现了若干使用防水柳条编织的鳗鱼陷阱，它们在缺氧的水或泥巴里保存了12 000年。

澳大利亚原住民
使用的飞去来器

公元前668—前627年
这件浅浮雕是为娱乐目的而种植树木的早期证据，它描绘了坐落在古亚述城市尼尼微（今伊拉克境内）的皇宫花园，花园里有灌溉用的沟渠。

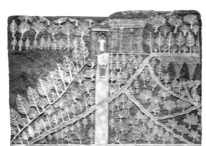

位于尼尼微的亚述皇宫花园

约公元前300年
古希腊人发明了利用流水驱使木轮转动以完成机械工作的方法，如将谷物投入水磨中磨成粉。

位于埃及的古希腊水磨

约公元600年
在约1400年前的唐朝时期，中国人发明了用雕版将文字或图案反印在布匹或纸张上的技术，该技术最初用于印刷宗教文献。

中国雕版印刷

公元前100年
古罗马人完善了移栽葡萄藤以形成葡萄园的方法，以及制造不漏水的橡木桶以储存、运输葡萄酒并为其增添风味的方法。

橡木酒桶

公元1715—1774年
栎木、柚木和桃花心木的优点塑造了路易十五时代法国家具纤细、弯曲的形态，这些家具常常镶嵌有异域木材。

路易十五时代的椅子，法国

公元1845年
德国发明家弗雷德里希·格特罗普·凯勒（Friedrich Gottlob Keller）为一种切割木头的机器申请了专利，这种机器可以从捣成浆的软木（通常来自针叶树）中提取纤维。然后这些纤维被用来造纸。

公元2019年
挪威布鲁蒙达尔（Brumunddal）的米约斯塔内特大楼（Mjøstårnet Building）被称为"木造摩天楼"，几乎完全由木头建造。木结构建筑有助于减少有害碳排放。

木材储存二氧化碳

米约斯塔内特大楼

树木和环境

　　树木繁茂的森林可以在温度适宜、水分充足的任何地方生长,它们覆盖着地球大约30%的表面。森林对当地的生物多样性很重要。总体而言,森林是大气中氧气的主要来源,而且对于全球范围内的热量和水分传递都很重要。

巴西的森林砍伐

2020年8月,在巴西西南部马托格罗索州的这次森林砍伐中,所有生物都被清除殆尽,森林储存的碳以二氧化碳的形式释放。裸露的土壤将被用于种植农作物,直到土壤被侵蚀导致养分流失。

碳循环

　　生物从环境中获取各种形式的碳,并通过各种生物过程使其回归环境中。例如,植物通过光合作用从空气中吸收二氧化碳,再通过呼吸作用将二氧化碳释放到环境中。碳在空气、陆地和海洋中转移的物理过程形成了碳循环。在自然状态下,这种循环是平衡的,但是人类活动正在破坏这种平衡,如砍伐储存碳的树木、燃烧木材而释放碳等。总体而言,如今释放到空气中的二氧化碳多于被利用的二氧化碳。

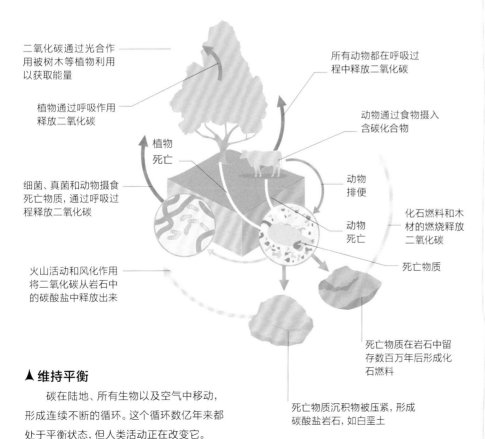

二氧化碳通过光合作用被树木等植物利用以获取能量

植物通过呼吸作用释放二氧化碳

细菌、真菌和动物摄食死亡物质,通过呼吸过程释放二氧化碳

火山活动和风化作用将二氧化碳从岩石中的碳酸盐中释放出来

植物死亡

所有动物都在呼吸过程中释放二氧化碳

动物通过食物摄入含碳化合物

动物排便

动物死亡

化石燃料和木材的燃烧释放二氧化碳

死亡物质

死亡物质在岩石中留存数百万年后形成化石燃料

死亡物质沉积物被压紧,形成碳酸盐岩石,如白垩土

▲ 维持平衡

　　碳在陆地、所有生物以及空气中移动,形成连续不断的循环。这个循环数亿年来都处于平衡状态,但人类活动正在改变它。

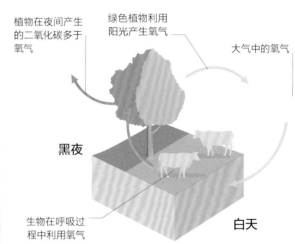

植物在夜间产生的二氧化碳多于氧气

绿色植物利用阳光产生氧气

大气中的氧气

黑夜

白天

生物在呼吸过程中利用氧气

▲ 转移氧气

　　动物在呼吸时消耗氧气并释放二氧化碳。植物也一样,但是在有阳光时,它们还会进行光合作用,将二氧化碳转化为糖类和氧气。这创造了日复一日的氧气和二氧化碳循环。

氧循环

　　森林、草原及海洋都是空气中氧气的主要来源。部分氧气通过森林中树木的呼吸作用重新转化成二氧化碳。然而,其余氧气被释放到空气中并在风的作用下扩散,如果没有这种转移,大城市中就会缺乏充足的氧气,而森林中的氧气含量则会高得产生毒害作用。

亚马孙雨林每分钟被破坏的面积相当于一座足球场。

重新造林

重新造林项目，如联合国发起的"万亿树木"（Trillion Trees）再植运动，可以解决砍伐森林带来的一些问题，如固定二氧化碳、控制洪水和防止侵蚀。种植林冠物种可以迅速改善状况，但这只是第一步。在附近地区的生物多样性未达到相当水平的情况下，形成丰富程度与被摧毁之前相同的生态系统可能需要数十年。因此，在将残存的碎片化森林连接起来方面，再植运动的效果更好。

伤害森林

当森林中的树木被砍伐后，很多其他生物会失去家园，而林冠的缺失令受影响的区域变得更干燥，更容易在强降雨时遭受破坏。单纯砍掉树木所造成的危害相对较小，除非是大规模砍伐。当砍伐与其他破坏手段同时进行时，会产生更严重的问题。在上面的照片中，破坏是永久性的，因为树木和下层林木都遭到了毁灭。疏松的沙质土暴露在大量灌木丛间，沙质土不能保留养分，所以当灌木丛中的养分（通过焚烧或分解）释放时，这些养分会因为没有树根和其他碎屑吸附而被雨水冲走。类似地，放牧会将森林变成草地，而污染会导致生物多样性水平下降。

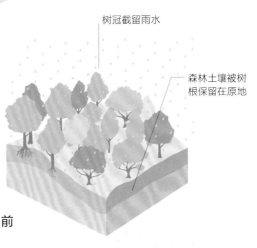

树冠截留雨水

森林土壤被树根保留在原地

前

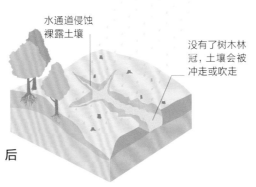

水通道侵蚀裸露土壤

没有了树木林冠，土壤会被冲走或吹走

后

▲ 不可逆的破坏

将热带雨林转化为耕地是不可持续的。热带雨林的土壤很薄，而且其中的养分通过树木快速循环，在数年耕作之后土地就会变得贫瘠。即使将耕地抛荒，土地也由于不可逆的土壤侵蚀而无法在数百年内变回森林。

▲ 种植新的森林

一个小女孩准备种植一株树苗。种植树木不仅有益于相关地区的动植物存活，而且对世界各地的人类也有好处。

第 2 章

不开花的树

　　这些树属于裸子植物类群，其中包括苏铁、银杏和针叶树（三者当中最大的类群）。它们通过种子繁殖，而且它们的种子是裸露的——未被包裹在果实内受到保护。

拳叶苏铁

Cycas circinalis

苏铁类植物是著名的古树。然而，它们一点也不原始，而且经过3亿年的演化才成为如今我们所见的特化植物。

苏铁类植物如今是一个较小的类群，拥有大约360个物种。在遥远的过去，它们是地球植被的主要组成部分，但如今基本已被开花植物（被子植物）取代。苏铁类植物与银杏（见第46~49页）及针叶树同属于一个亲缘关系疏远的类群——裸子植物，该术语的字面意思是"裸露的种子"，因为它们的种子未被果实包裹。

苏铁类植物有时也被称为西米棕榈（sago palms），因为它们的外表很像棕榈，树干顶端是向四周伸展的树冠，由长长的常绿羽状复叶组成。然而，作为其原始起源的一种迹象，这些叶片与树蕨的叶片一样，是从最初的卷曲状态展开的。雄树上的球果产生类似花粉的小孢子，它们通过甲虫或小型蜂类转移或者被风吹走，抵达雌树茎干末端长出的簇生花叶（见对页）上的胚珠。受精过程保留了远古时代的遗风：小孢子从胚珠末端空洞中的甘露液滴游过，使其受精。

漂浮的种子

拳叶苏铁的花叶上结出的纤维质种子可以漂浮在海面上，所以能够顺着洋流漂到新的地点。因此，这个物种在印度西部沿海形成了茂密的植物群丛。它的种子是有毒的，这是为了阻止动物摄食。若想食用种子，必须先在水中浸泡以去除毒素。经过处理后的种子可以晒干磨成粉，这种粉类似于西米粉（来自棕榈树树干的髓），可以用来制作粥和面点。

其他物种

苏铁

Cycas revoluta

原产于日本和中国，可以通过其椭圆形雄球果加以区分。

阔叶苏铁

Cycas platyphylla

来自澳大利亚昆士兰州的蓝叶物种，卵形雄球果长达20厘米。

▼ 树状苏铁

苏铁类植物的树状形态让它们常常被误认成棕榈树，然而两者在植物学上差异极大。

◄ 簇生雌花叶

雌性苏铁在茎干末端长出一簇特化叶片，在这些叶片的表面上生长着圆形胚珠。

叶片形成树冠，每片树叶长1.5~3米，由大约100对小叶组成

类群： 苏铁类植物

科： 苏铁科

株高： 可达5米

冠幅： 可达6米

雄球果： 单生，圆锥形；和雌性生殖器官生长在不同的植株上，长达50厘米

茎： 不分枝；粗厚，木质化；覆盖着密集的钻石状叶基

成年苏铁的茎干呈柱状，非常粗壮，表面覆盖着枯死的叶基，十分尖锐

类群: 银杏类植物

科: 银杏科

株高: 15~35米

冠幅: 可达9米

树叶: 落叶;扇形;哑光绿色,秋季呈黄色;互生;长可达7厘米

果实: 黄绿色外皮呈油性且有异味;橙黄色果肉部分包裹可食用的种子

树皮: 灰棕色;表面有木栓质脊状突起和裂缝,随年龄增长而加深

较老的叶片通常被一个深的裂口分为两枚裂片,其拉丁学名中的*biloba*(意为"两枚裂片")一词即由此而来

成簇的叶片通常轮生于侧生短枝上

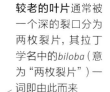

银杏

Ginkgo biloba

化石记录表明,2亿年前的地球遍布银杏的近亲。如今,唯一幸存下来的物种与其他植物都差异极大,以至于它自己单独形成一个分类群。

这种独一无二的树木原产于中国,是美丽的落叶树种。关于它的说法有很多,英国博物学家查尔斯·达尔文(Charles Darwin)形容它是"活化石",有人说它早在首次作为活体被人类发现之前很久就已经有了化石记录。还有人提出化石银杏的年代比恐龙还要久远。然而真相比这些更复杂。

西方人对银杏最早的记录来自恩格尔伯特·肯普弗(Engelbert Kaempfer),他是一位为荷兰东印度公司工作的德国博物学家和探险家。1691年,他在日本长崎一座寺庙的庭院里见到了一棵银杏树,如今人们已经知道这个物种是从中国引入日本的。从日本返回欧洲之后,肯普弗在1712年出版的拉丁语图书《异域采风集》(*Amoenitatum Exoticarum*)中介绍了这个物种。他在书中记录的名字"ginkgo"在当时的日语或汉语中均不见记载。人们猜测这个词音译自肯普弗助手的长崎方言。1771年,现代分类学之父、瑞典

► **宝贵的栖息处**

由于耐寒的银杏树可驱赶昆虫,所以鸟类对它不感兴趣。然而,这种大型遮阴植物是鸟类理想的栖息之处,如右图中的暗绿绣眼鸟(*Zosterops japonicus*)。

> **"在现存的植物中,恐怕没有一个属比源自中国的铁线蕨树(银杏)更让人联想起过去了。"**

苏厄德(A. C. Seward)和高恩(J. Gowan),
《植物学年报》(*Annals of Botany*)第14卷,1900年

叶片刚长出来时呈嫩绿色,逐渐变成深绿色,然后在秋天变成橙黄色

◄ **独特的叶片**

银杏的扇形叶片有别于任何其他树木的叶片。它们与铁线蕨(maidenhair fern)的叶片相似,因此银杏又被称为铁线蕨树(Maidenhair Tree)。

小枝一开始呈红棕色,随着年龄的增长逐渐变灰

扁平的革质叶片与具
有亲缘关系的针叶树
的针状叶截然不同

胚珠成对生长在
果柄末端

有6棵银杏树在
1945年的日本广岛
原子弹爆炸中幸存,
自此,银杏常被称为
"希望之树"。

可食用的内核位于
肉质外皮内,被视为
珍馐美味

▲ 雌树

银杏属雌雄异株——雄花和雌花分别生长在不同的树上。当雄树发育出类似葇荑花序的结构时,雌树发育出裸露的胚珠。

植物学家卡尔·林奈首次发表了这个物种的拉丁学名*Ginkgo biloba*,并在其中使用了"ginkgo"这个如今广为人知的名字。

肯普弗在日本的寺庙庭院里采集了银杏的种子,其中一些后来被种在荷兰的乌特勒支植物园(Utrecht Botanic Gardens)里。这座植物园里至今仍生长着一些最古老的银杏树。以这里为起点,这个物种先后扩散到欧洲各处的花园和树木园(为了教育用途栽培植物的花园),并在1784年传播至北美洲。

银杏是一种外形优雅的树,年幼时呈窄圆柱形,随着年龄的增长树冠逐渐伸展开。它耐受空气污染,广泛种植在城市街道两边,还因可供人乘凉和美丽的秋色叶而种植在公园里。

化石关联

在肯普弗发现银杏一段时间之后,古生物学家才将银杏和2.51亿~5 000万年前的扇形叶片化石联系起来。其中一些最古老叶片的裂片多于2枚,它们来自2亿年前,当时有恐龙在地球上游荡。1.2亿年前的化石叶片看起来更像现代银杏,而来自6 500万年前并

▶ 有异味的果实

从植物学上讲,银杏的果实被视为一种肉质球果,只是部分包裹种子。黄色果肉散发出类似腐坏黄油的臭味,所以雌树不在公共空间种植。

带果实的化石与现代植株几乎完全相同。银杏属（Ginkgo）似乎曾经拥有一系列物种，但它们并不是严格意义上的"活化石"，因为它们在持续演化，直到今天只幸存下来一个物种。如今的银杏与其他植物都不一样，它作为一个物种被归入一个门，即银杏门（Gingophyta）。相较之下，被子植物门（Angiospermae）包括所有开花植物，物种数量多达35万。

相对而言，银杏与针叶树比较相似，它的花粉也是借助风到达雌花处。花粉粒中长出精子，而需要精细胞游到雌性胚珠才能受精。银杏是结种子的植物中极少数精子拥有运动能力的物种之一。雌花发育出白色可食种子，包裹在肉质表皮中。

野生幸存者

在长达2个世纪的时间里，银杏都只见于寺庙庭院中。20世纪初，人们在中国贵州省的大娄山里发现了银杏，其中一些银杏树比当地已知的最早人类还要古老，所以人们判断它们天然长于此地。即便如此，如今生长在栽培环境下的银杏仍然比野生银杏多得多。

银杏在中医药方面的应用历史超过2 000年，具有明显抑制血小板聚集和抗血栓作用。在西方，它被用来治疗冻疮、耳鸣等，甚至用于预防记忆力衰退。

▲古树

从公元6世纪起，日本人开始在寺庙庭院中种植来自中国的银杏，他们相信佛祖就是坐在这种树下开悟的。如今那里的寺庙中仍然生长着一些巨大的千年银杏古树。

化石近亲

这块化石来自英格兰约克郡的西尔比尼斯（Sealby Ness），据估计来自1.8亿～1.6亿年前。这些叶片与现代银杏相似，但有数枚深裂片，所以作为不同物种被命名为胡顿银杏（Ginkgo huttonii）。在那个时代，许多近缘银杏物种在欧洲、澳大利亚、北美洲、南美洲和南非繁盛一时，如今它们都已灭绝，独留一个物种。因为只有叶片能够根据化石轻松辨认，如今尚不清楚这些古代植物是否在其他方面与现代银杏存在差异。

叶片落在古河流的三角洲淤泥上，然后变成化石

四裂叶片，裂片本身也有轻微缺痕

银杏叶片化石

类群: 针叶树

科: 南洋杉科

株高: 30~50米

冠幅: 可达12米

 树叶: 常绿; 三角形, 末端尖锐; 基部相互重叠; 长5厘米

 雄球果: 单生或数个簇生, 垂挂在树枝上; 黄棕色; 长7~15厘米

 树皮: 厚且耐火烧; 灰棕色, 含树脂, 有深裂纹; 形成硕大的六边形盾片

雌球果将用2年多的时间发育成结实的球果, 直径可达20厘米

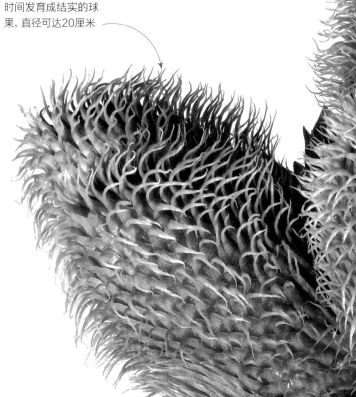

智利南洋杉

Araucaria araucana

这种独特的针叶树看上去和典型针叶树截然不同, 部分原因在于其原产地的自然环境恶劣。

作为智利国树, 智利南洋杉是古老的南洋杉科 (Araucariaceae) 中最著名的。这个科的植物在2亿年前至6 600万年前的侏罗纪和白垩纪时期广泛分布, 但如今仅存于南美洲和亚太的部分地区。智利南洋杉的树形呈尖塔状, 水平分枝轮生, 树干围长可达1.5米。这个物种生长于智利中南部和阿根廷西南部的有限区域, 生长在安第斯山脉东西两侧海拔高度900~1 800米范围内。

这个海拔高度多风, 而且经常发生雪崩、山体滑坡、地震及自然火灾, 但这种树非常适应这种环境, 能够很好地应对。它的树叶紧紧抱在一起, 这种形态有助于防止形成积雪压断树枝, 而厚厚的树皮保护内部的木质部和芽, 让它们免遭火灾的伤害。智利南洋杉生长速度缓慢, 但寿命长达至少830年。

种子栽培智利南洋杉相对容易, 它在欧洲和北美洲是深受青睐的观赏树木。它的英文名是 "monkey puzzle", 意为 "猴见愁", 对这个物种而言, 想出这个名字的19世纪英国园丁是一位聪明的营销大师, 它立刻让人想到智利南洋杉对喜欢攀爬的猴子造成的挑战。实际上, 根本没有猴子生活在它的自然分布区。

◄ 富含种子的球果

雌球果生长在枝条末端，通常与雄球果长在不同的树上。发育成熟的球果可容纳多达200粒种子（西班牙语称为piñones），这些种子很像大的松子。

► 智利南洋杉森林

智利南洋杉以纯林形式生长在山区（如右图所示），或者与南青冈属（*Nothofagus*）的各物种形成混交林。

有光泽的深绿色叶片呈螺旋状排列

对当地人的意义

对安第斯山脉南部的原住民而言，智利南洋杉（西班牙语为pehuén）具有重要的宗教意义和经济价值。其中一个部落非常依赖它，以至于他们被称为配文切人（Pehuénche）。他们从这种树身上获取木材用作燃料和建筑材料，获取树脂用作药物，还采集它的种子。在收获种子的季节（2~5月）以及整个冬季，种子可以生食、烤熟或煮熟食用。吃不完的种子用来喂养牲畜或出售。一般来说，这些沉重的种子不太可能散播到离树较远的地方，不过包括南美原鼠和长尾小鹦鹉在内的动物有助于它们的传播。虽然法律禁止砍伐智利南洋杉，但原始森林的面积仍在急剧变小，部分原因在于不受控制的森林火灾。

"（智利南洋杉的）生态是由被扰动驱动的……"

马丁·加德纳（Martin Gardiner），《世界濒危针叶树》
（*Threatened Conifers of The World*），2019年

其他物种

大叶南洋杉
Araucaria bidwillii

树形呈尖塔状，分布于澳大利亚昆士兰州的雨林。对于其分布范围内的原住民有着重要意义，被认为是神圣的树。

异叶南洋杉
Araucaria heterophylla

从澳大利亚到美国加利福尼亚州，它都是公园和花园里很受欢迎的观赏树木；原产地仅限于澳大利亚以东约1 400千米的诺福克岛（Norfolk Island）。

柱状南洋杉
Araucaria columnaris

树形高大，呈柱状，形如其拉丁学名（种加词*culumnaris*意为"柱状的"）；可长到约60米高。具体取决于生长在南半球还是北半球，它往往会略微倾斜生长。

雌球果长约6厘米；成熟时鳞片脱落，释放出里面的种子

树叶扁平且厚，革质，看起来非常不像典型针叶树的针叶

幼嫩小枝的树皮光滑，呈红色，表面有略隆起的疤痕

类群：	针叶树
科：	南洋杉科
株高：	30~50米
冠幅：	可达35米

树叶：常绿；扁平且厚，幼叶更长、更薄；对生或3枚簇生；长4厘米

树皮：灰色，光滑；覆盖表面的厚鳞片自动剥落并留下斑驳的外表

▲ 成熟小枝图示

澳洲贝壳杉的树冠远离地面，位于很高的位置，很少有人能够近距离观察它的树枝。树龄约40年的澳洲贝壳杉会开始结雌球果。

> "……有生命的大教堂……让人想起那个远去的时代，当时恐龙仍在地球上游荡。"

莱斯·莫洛伊（Les Molloy）评论澳洲贝壳杉森林，
《狂野新西兰》（*Wild New Zealand*），1994年

澳洲贝壳杉

Agathis australis

这些雄伟的针叶树分布在新西兰的北岛，生长在全世界最古老的森林里。

当人类在13世纪末从波利尼西亚东部迁徙到奥特亚罗瓦（Aotearoa，新西兰在毛利语中的称呼）定居时，他们发现这些岛屿主要被茂密的森林占据。他们信仰的宗教认为，所有自然事物，无论有生命还是无生命，都拥有一种普世的生命本质，

叫作"毛利"（mauri），于是他们称自己为毛利人（Māori）。在北岛的北半部分，生长在那里的澳洲贝壳杉尤其令他们震撼，他们视这些巨树为神明。有两棵最大的树幸存至今，分别被称为"森林之王"（Tāne Mahuta，右）和"森林之父"（Te Matua

最大的澳洲贝壳杉可提供约**255平方米**标准厚度的木材，足以**建造**一栋房子。

▶ 神圣的巨树

一名男子与头顶的巨树形成鲜明对比。他抬起头看着面前的"森林之王"，它是现存最大的澳洲贝壳杉，高达45.2米。

其他物种

大贝壳杉

Agathis robusta

生长于澳大利亚昆士兰州的两片雨林区域，高达39米。

贝壳杉

Agathis dammara

分布于印度尼西亚各地的巨型树木。柯巴脂（copal）主要产自这种树，它是一种来自内层树皮的白色树脂，用于制造清漆。

瓦勒迈杉

Wollemia nobilis

一度只有史前化石为人所知，直到1994年有人在澳大利亚发现了一个活体树木群丛，这是真正难得一见的"活化石"。

▼ 毛利人的独木舟

　　毛利人用火和石器将浮力相对较大的澳洲贝壳杉的树干挖空，建造成长达25米的巨型独木舟。

Ngahere）。

　　化石表明，澳洲贝壳杉可追溯至2亿年前至1.45亿年前的侏罗纪时代，它们的生存之道是成为生长环境中最高的树，其顶部耸立在四周森林林冠之上。一直到距离柱形树干基部15~30米，最低的分枝才会出现。树干表面还会脱落树皮薄片，这会阻止其他植物攀爬，而且这些薄片会在树的基部堆积成一个巨大的圆丘，不利于其他与之竞争的植物

生长。毛利人很珍视澳洲贝壳杉的树胶，它可用作药物或用来生火，也可作为颜料用于文身，或者充当咀嚼物，而相对较轻的木材很适合用来制造独木舟。砍伐和火灾减少了他们周围的森林面积，当第一批欧洲人抵达的时候，新西兰的森林覆盖率已经从约78%下降到只有53%。1841年，英国人在新西兰建立殖民地后，森林毁灭的步伐急剧加快。殖民地居民发现澳洲贝壳杉树干的弹性和长度非常适合用来制造船只的桅杆等。木材商和造船公司在澳洲贝壳杉生长地区的河流沿岸建起一座座蒸汽动力的锯木厂。因为大部分巨型澳洲贝壳杉都遭到砍伐，如今已无法知晓曾经最大的树究竟有多大。

现代挑战

如今，新西兰的森林覆盖面积已不足国土面积的1/4。澳洲贝壳杉森林呈零散的斑块状分布，据估计总面积已不足7 455公顷，那些最大的树只存活在特别茂密且难以进入的丛林。这些树躲过了被砍伐的厄运，如今却面临着新的挑战。由澳洲贝壳杉疫霉（*Phytophthora agathidicida*）引起的澳洲贝壳杉枯梢病在20世纪70年代被首次发现。它攻击澳洲贝壳杉的根系，破坏将养分输送至树冠的组织，导致树叶枯萎，树冠变得稀疏，树枝死亡，直到整棵树倒下，目前还没有治疗方法。为了防止这种疾病扩散，很多森林目前对游客关闭。

▲ 剥落的树皮

澳洲贝壳杉的树干持续脱落树皮薄片。这会让其他植物无法将根吸附在其树干表面，从而避免它们爬上树干。

澳洲贝壳杉是南洋杉科中最大的树，而且是世界第三大针叶树。

类群：针叶树

科：柏科

株高：可达18米

冠幅：可达3米

树叶：常绿；鳞片状；紧贴枝条，对生；长2~5毫米

雄球果：生长在枝条末端，黄色至棕色，长3~5毫米，释放花粉

雌球果：球形，数量比雄球果少，直径2.5~4厘米，成熟或遇火后开裂

其他物种

莱兰柏

Cupressus × leylandii

这种强壮的针叶树是由大果柏木（*C. macrocarpa*）和北美金柏（*C. nootkatensis*）杂交得到的。常用作树篱植物。

墨西哥柏木

Hesperocyparis lusitanica（异名*Cupressus lusitanica*）

原产于墨西哥和中美洲，生长迅速，对寒冷敏感。用于观赏和提供木材。

大果柏木

Cupressus macrocarpa

作为防风林种植于世界各地，自然分布范围仅限于美国加利福尼亚州沿海的两个地方。

◀ 画作中的柏木

荷兰画家凡·高（Vincent Van Gogh）在描述地中海柏木时说它"在线条和比例上美得像一座埃及方尖碑"。《两棵丝柏树》（*Cypresses*, 1889）是他的柏树系列画作之一，该系列一共有大约15幅作品。

地中海柏木

Cupressus sempervirens

作为地中海盆地的一道常见景致，这种柱状常绿树自出现古希腊文明以来就开始作为观赏树木被种植。

虽然野生地中海柏木生长在从希腊到土耳其再向南至利比亚的广大地区，但它们的天然分布范围难以确定，因为它们被人类广泛种植在地中海地区。虽然令人熟悉的铅笔状（或帚状）形态的确会出现在看似野生的树上，但是自然种群存在变异，可能拥有更宽的圆锥形轮廓。

地中海柏木对炎热、干旱环境的适应力很强。它微小的叶片可以有效防止脱水，而且与许多其他地中海针叶树相比，它的树叶更不易燃。因此，它常常被种植在路边和防火带。人们有时会特意放火以促使这种树的成熟球果打开，而球果会保护种子免遭这些人为火灾的伤害。

地中海柏木的英文名（Italia cypress）和拉丁属名（*Cupressus*）来自有关库帕里索斯（Cyparissus）的神话故事以及他与一位神灵的情事。这位神灵可能是阿波罗（Apollo，希腊神话中掌管音乐、艺术、光明和医药的神），也可能是西尔瓦诺斯（Sylvanus，罗马神话中的乡村田园之神）。两个版本的故事都与库帕里索斯和他非常喜爱的一头鹿有关。当这头鹿被他失手杀死时，悲伤不已的库帕里索斯痛哭流涕并提出自己要"永远哀悼"[奥维德（Ovid），《变形记》（*Metamorphoses*)第五卷]，于是神灵将他变成了一棵柏木。柏木与哀悼的关联由来已久，木材还被用来建造棺材。这种树在受伤时会流出含树脂的树液，而且在被过度修剪后不会恢复。

在犹太传统文化中，**诺亚使用柏木**建造了方舟。

▲ 变形的库帕里索斯

这幅版画出自16世纪荷兰画家科内利斯·科特（Cornelis Cort）之手，它描绘了神话人物库帕里索斯在痛失自己驯服的鹿之后变成一棵柏木的场景。

类群: 针叶树
科: 柏科
株高: 20~50米
冠幅: 可达15米

雄球果: 卵形, 黄色; 春末着生于上一年长出的枝条

树皮: 幼年树木的树皮呈紫色和灰色, 光滑; 成年后呈紫棕色且有沟痕

枝叶呈片状, 鳞片状小叶4枚轮生, 小叶带有很小的骨质锐利尖端

▼ 球果和枝叶

北美翠柏树干上的侧枝通常稍向下指, 靠近顶端处变得水平或向上。

成熟球果呈椭圆形, 从黄绿色变成红棕色, 6枚鳞片打开, 释放出其中的种子

北美翠柏

Calocedrus decurrens

　　这种壮观的针叶树拥有鲜艳的绿色枝叶, 让人很容易从远处看到它。北美翠柏以芳香著称, 被广泛用于制造铅笔。

　　在美国西北部的森林中, 北美翠柏是一道独特的景致。它的分布范围从俄勒冈州西部至加利福尼亚州, 并深入内华达州西部, 它的身影甚至还出现在墨西哥的下加利福尼亚州。

　　北美翠柏的英文名是"incense cedar", 字面意思是"熏香雪松", 这个名字有点误导人, 因为该物种和雪松属 (*Cedrus*) 中真正的雪松并无亲缘关系。熏香指的是它的木材可散发宜人的香味。这种木材

还很柔软, 可以沿任意方向轻松加工而不易开裂, 这种特性让它非常适合用于制造铅笔。

适应力强的生存者

　　在园艺领域, 北美翠柏是一种有用的常绿树, 因为它对疫霉根腐病和蜜环菌等病害有较强的抗性。它可以适应各种土壤条件, 能够忍耐炎热的夏天, 而且相对耐干旱和不怕火灾。它在一定程度上与柏科中生长在同一地区的另一个属——崖柏属 (*Thuja*) 类似, 二者拥有相似的球果。然而, 北美翠柏的球果通常因为自身重量的缘故垂吊在枝头, 而崖柏属物种的球果则是直立向上的。

◀ 北美翠柏纯林

　　北美翠柏纯林很少, 但并非不存在, 如美国西北部红小山荒野 (Red Buttes Wilderness) 中的这片森林。

其他物种

北美乔柏
Thuja plicata

大型常绿针叶树, 广泛生长在美国太平洋西北地区, 英文名"western red cedar"的字面意思是"西部红雪松", 但并不是真正的雪松。

欧洲刺柏

Juniperus communis

这个常绿物种通常长成低矮的灌丛状，算得上是全球分布最广的针叶树。欧洲刺柏是顽强的植物，从北极到高山之巅，它都以各种可适应当地环境的形态生存下来。

刺柏类植物包含大约50个物种，它们都拥有典型针叶树的常绿针叶，而且雄球花呈松塔形，释放借助风传播的花粉。然而，和雄球花生长在不同树上的雌球花会发育成形似浆果的球果，其膨大的肉质鳞片合生在一起，每个鳞片包裹一粒种子。这些球果通常需要生长2年才会成熟，但是不会像其他针叶树的那样裂开以释放其中的种子。它们依赖吃果实的鸟类，如田鸫（fieldfares）、太平鸟（waxwings）、鸫（thrushes）和松鸡（woodland grouse）等传播种子，这些鸟吞下相当苦的球果后消化掉肉质外皮，种子随粪便排出而扩散到适宜生长的地方。

刺柏针叶的上表面呈鲜绿色，沿着叶片中央陈列着一条较宽的纵向蓝绿色气孔（交换气体的孔）带；叶片下表面呈独特的龙骨状，颜色是灰绿色。有些灌丛看上去是灰色的，这是因为所有叶片都被翻转过来，只露出下表面。

一种分布广泛的树

从遥远北方的亚北极地区到地中海周围炎热、干旱的山坡，再到非洲热带地区的潮湿山地森林，刺柏类植物的不同物种广泛分布于这些区域。

▶ 冰雪中的食物

很多鸟类和哺乳动物以刺柏的浆果状球果和树叶为食，如右图中的骡鹿（mule deer）。这种常绿树木是这些动物的重要食物来源，尤其是在冬天。

在喜马拉雅山上海拔5 100米的高度也有它们的身影。欧洲刺柏的分布范围不算广，但也遍布欧洲大部分地区（虽然只生长在南部山区）、北非山区，以及南至喜马拉雅山的亚洲地区。它是唯一在欧亚大陆和北美洲都有分布的刺柏，其分布范围可达美国新墨西哥州和佐治亚州。

能伸能屈

在欧洲各海拔较低的地区，欧洲刺柏可以高达15米。实际上，最高纪录出现在2018年，由瑞典吕德（Ryd）的一棵刺柏创下，当时的测量结果是17.2米。这种树可以在干燥的白垩质或石灰岩质土壤上形成几乎纯粹的刺柏林。不过在更多情况下，欧洲刺柏的这种形态（亚种*communis*）通常与欧

刺柏被认为是对付毒药和瘟疫的强效草药，还有助产功效。

针叶呈绿色，上表面有颜色较浅的条带

➤ 刺柏特写
　　欧洲刺柏的小枝展示出了它的主要特征——尖锐的针叶和"浆果"，后者在植物学上被视为肉质球果。

成熟球果在经过2年的生长后呈有光泽的黑色，带有一层蓝霜，直径5~9毫米

类群： 针叶树

科： 柏科

株高： 很少长到15米

冠幅： 可达4米

雄球果： 小，圆柱形，单生，泛黄，通常和雌球果生长在不同的树上

树皮： 红棕色，纤维状，沿垂直方向呈带状剥落；在较幼嫩的树枝上是光滑的

幼嫩球果形似浆果，绿色，内含2~3粒种子

杜松子酒馆

在18世纪初的伦敦,杜松子酒成了比啤酒更便宜的饮品。于是,如这幅1822年的绘画所示,众多闹哄哄的杜松子酒馆纷纷涌现。

其他物种

圆柏
Juniperus chinensis

拥有从低矮灌丛到乔木的不同形态,成熟叶片呈短小的鳞片状。原产于中国大部分地区,如今广泛种植于公园、花园和教堂墓地。

西美圆柏
Juniperus occidentalis

生长在美国西部的内华达山脉。这个物种的老树长得很有气质,有时会从花岗岩悬崖的裂缝里长出来。

落基山圆柏
Juniperus scopulorum

从加拿大的不列颠哥伦比亚省至美国新墨西哥州的落基山脉地区都有分布。通常生长成灌木,但有时会长成饱经风霜的虬状老树。

"在欧洲各国刺柏进入了许多传统肉类菜肴的食谱中。"

鲁热蒙(G. M. Rougemont),《英国和欧洲作物图鉴》
(*A Field Guide to the Crops of Britain and Europe*),1989年

洲赤松(Scots pine)、欧洲云杉(Norway spruce)及其他针叶树结伴生长在斯堪的纳维亚半岛及苏格兰的北方针叶林中。动物摄食和恶劣天气将这些地区的植物塑造成十分低矮的灌丛状,株高很少超过其最大高度的1/3。

在其分布范围最北端的冻土苔原,在南欧、土耳其、喜马拉雅山脉以及北美洲西部的高山地区,欧洲刺柏是一种匍匐生长的垫状灌木,高度很少超过50厘米。亚种nana对大风环境和刺骨寒风的适应能力要强得多。在地中海周围的山区还有另一个中间型亚种hemisphaerica。这3个亚种都生长缓慢,所以高大的欧洲刺柏应作为古树而得到重视,有些大树可能已存活600年。

舌尖妙用

刺柏的木材经久耐用,而且有一种微妙的香味,但通常只适合用来雕刻小件物品。然而,它们的浆果很宝贵,可以捣碎后加入法式肉酱和炖菜中食用,还可以制作用于烹饪野味尤其是鹿肉的腌泡汁。刺柏被用来保存冷盘肉,而且在德国是制作德国泡菜的常用调味品。

刺柏最著名的用处是为杜松子酒(以及德式杜松子酒steinhäger)调味,尽管其基酒是通过反复蒸馏小麦酿造的。[杜松(*Juniperus rigida*)是原产于中国的刺柏属物种,外形与欧洲刺柏相似,因此gin通常被译为杜松子酒,有时音译为金酒或琴酒——译者注]。据说,荷兰医

生弗朗茨·德勒·博伊（Franz de le Boë）在17世纪首次生产出一款使用刺柏调味的蒸馏酒。一种早期版本的杜松子酒曾被西印度群岛的荷兰殖民者用作解毒剂治疗发热。英格兰女王伊丽莎白一世在位期间（1558—1603年），在荷兰服役的英格兰士兵会分到一点这种烈酒，以提升士气。很有可能就是这些士兵首次把杜松子酒带回英格兰的，在那里它很快就成了特权阶级的首选饮品，后来又被广泛普及，深受民众青睐。如今，当地的杜松子酒品牌按照

▼ 山上的老兵

英格兰北部蒂斯代尔河（Teesdale）上游的这棵高大的老欧洲刺柏经历了盛行风和岁月的侵袭，很可能是曾经屹立在这座山坡上的森林物种中的最后幸存者。

传统用各种植物制品调味，这些植物都来自酒厂周围的乡村，但是要想被归类为杜松子酒，就必须有刺柏味占主导的味道。

民间信仰

在民间传说中，刺柏对女巫和魔鬼有强大的抵御效果。早期的医生将刺柏的肉质球果视为宝贵的抗毒剂，可以对付有毒的野兽，而且可以祛除"身体中的寒气"，甚至认为它能够抵御瘟疫。内服时，这些球果是强效利尿剂，而且植物学参考书《大不列颠和爱尔兰植物志》（*Flora of Great Britain & Ireland*）描述它们"令尿液有紫罗兰的气味"。

肉质鳞片合生并包裹着里面的种子

▲ 果实和种子

与其他针叶乔木和灌木的木质化球果不同，刺柏的球果由膨大的肉质鳞片构成，每个鳞片包裹一粒种子。

▼小小的树叶
北美红杉叶片较小的表面积有助于减少通过气孔流失的水分；下表面的白色蜡质沉积进一步减少了水分蒸发。

类群：针叶树

科：柏科

株高：40～110米

冠幅：可达23米

树叶：常绿针叶，下表面有两条白线；螺旋状排列；长15～25毫米

球果：灰绿色至棕色；长3.5厘米，成熟时开裂并释放出种子

树皮：红棕色，厚，纤维状；成年树木的树皮有沟槽；嫩茎树皮呈绿色至棕色

球果将较小的种子散落到森林地被物上。种子发芽率低，但产量高

针叶常绿，但最终仍会脱落。落叶燃烧速度很快，可避免树木被烈火烧死

雄球果着生于树枝末端，释放大量花粉

◄ 雾中的大树
雾在加利福尼亚州北部沿海很常见，它起到降低空气温度和减少叶片水分流失的作用，从而让北美红杉能够长得很高。

北美红杉

Sequoia sempervirens

作为所有生物中最高的物种，巍然耸立的北美红杉是一道令人惊叹的风景。然而，巨大的体型也导致它们在20世纪中期被过度采伐。

在加利福尼亚州北部和俄勒冈州西南部沿海地区，生长着如今全世界最高的树木物种，而加利福尼亚寒流是成就这一高度纪录不可或缺的要素。该寒流从太平洋北部而来，沿着美洲西海岸向南流动并带来寒冷的海水，起到调节沿海地区气温的作用。盛行风还令下层寒冷的海水上涌，进一步降低气温并产生进入内陆的雾。如果没有这股寒流，这里的气温会比现在高，降雨和雾也会大大减少，北美红杉则将无法茁壮生长。

"海伯利安"（Hyperion）是有记录以来最高的北美红杉，高达115米以上。巨大的高度给它带来了很多问题，最大的问题就是水分运输。北美红杉的叶片持续不断地通过气孔散失水分，产生的吸力有效地将水分从根系向上拉到树干中。随着树越长越高，重力也越来越有可能阻断这股水流，但是雾提供了解决方案。当空气湿度很高时，通过叶片流失的水分会减少，雾中的水分可通过树叶和树皮被吸收，缓解对水分需求的压

▲ 国家公园
对北美红杉的采伐毁灭了许多森林和野生动物，但如今，大部分北美红杉林都受到美国国家公园管理局的保护。

力。雾中的水还会向下滴到土壤中,供根吸收。一棵北美红杉每年所需水量的30%来自雾气。多雾地区的北美红杉长得也更高。

尤罗克(Yurok)、托洛瓦(Tolowa)和维约特(Wiyot)等部落是美洲原住民中美洲红杉的人喜(俗)用系。

制造独木舟
美洲原住民用北美红杉木材来建造独木舟和建筑物。这种木材容易纵向劈开,制成平板。制造独木舟的技巧包括燃烧和手工刮擦。

天生的生存者

北美红杉适宜在凉爽、潮湿的森林中生长,这种环境看起来不太容易发生森林火灾,但北美红杉的许多适应性特征暗示它拥有在低强度火灾中幸存下来的能力。它们的树皮很厚,可达30厘米,保护着里面的维管系统。如果这种树被烧得只剩地下部分,它还能从基部重新萌发,这是一种在针叶树中很少见的能力。火灾还往往会消除竞争树种,促进北美红杉的萌发。森林火灾可能由闪电或人为引发,而且常见于北美红杉林周围的很多地区。抑制火灾发生反而不利于北美红杉森林以及许多依赖它们的物种的长期生存,包括濒危的西点林鸮(spotted owls)、

> **"一旦见过北美红杉,它就会在你的心中留下印记……伴你余生,挥之不去。"**
>
> 约翰·斯坦贝克(John Steinbeck),《查理偕游记》
> (*Travels with Charley: In Search of America*),1962年

其他物种

水杉
Metasequoia glyptostroboides

活体样本直到1941年才被发现,因此这种树有"活化石"之称。水杉原产于中国,生长迅速,树干有凹槽纹,树皮呈纤维状。

高耸入云

很多有记录以来最高的树都是针叶树,它们没有大多数阔叶树向四周扩展的树冠,因此总体而言长得更高。然而,从高度超过100米的北美红杉到比它矮小得多的近亲物种,如松树、落叶松和云杉等,不同针叶树物种的高度相差很大。

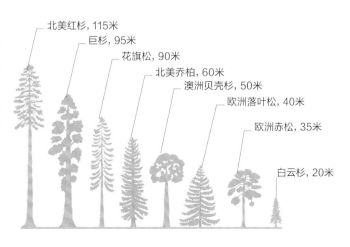

北美红杉,115米
巨杉,95米
花旗松,90米
北美乔柏,60米
澳洲贝壳杉,50米
欧洲落叶松,40米
欧洲赤松,35米
白云杉,20米

针叶树的高度

斑海雀（marbeld murrelets）以及洪堡貂（Humboldt martens）。

作为资源的北美红杉

在北美红杉森林中曾经居住着至少15个原住民族群，其中的很多族群都使用北美红杉木材。老龄北美红杉的木材通常没有节疤，因此容易劈开，而且这种木材耐火烧且不易腐烂。自然倒下的树和漂流木也被加以利用，有些原住民还会用火将矗立的树烧倒。他们使用由加拿大马鹿（elk）鹿角制成的楔子将木材劈成木板，用它们建造建筑物和独木舟。很多族群以采集橡子充当食物为生，他们会烧

掉植被以促进栎树生长，这对北美红杉也有好处。

19世纪初，对北美红杉的砍伐如火如荼地开始了，而且随着机械化的发展，伐木工开始进入最偏远的地区。1906年的旧金山地震使木材的需求量剧增，也向人们展示了北美红杉木材的价值，用它建造的建筑物通常能免于在火灾中被烧毁。1918年，森林遭受严重破坏，促使拯救红杉联盟（Save the Redwoods League）成立。1968年，红杉国家公园（Redwood National Park）建立，如今大约有82%的北美红杉原始森林得到保护。

> 北美红杉是**最古老**的生物之一。

▼ 砍倒巨树

在实现工业化之前，早期的北美红杉砍伐工作大部分是依靠人力使用巨型钢锯等基础工具完成的，尽管有些树干极粗壮。

日照林冠

在北美洲东部的这座森林中，茂密的林冠沐浴在柔和的清晨阳光中。随着雾气散去，松树和冷杉等针叶树的浓重绿色显现出来，与山杨和槭树等阔叶树美丽的黄色或红色秋叶形成鲜明的对比。

微小的鳞片状叶片围绕枝条呈螺旋状排列，赋予蓝绿色枝叶粗糙感

球果在第二年成熟并变成棕色，但在释放出其中的种子之前可以在树上停留20年

类群：针叶树

科：柏科

株高：可达95米

冠幅：25~35米

雄球果：黄色，单生，生长在短枝末端，无柄，长约5毫米

雌球果：绿色，卵形，长5~8厘米，簇生于树枝上，第二年成熟

树皮：红棕色，纤维状，柔软，海绵质地，厚达60厘米；极耐火烧

◀ **北美红杉的近亲**

虽然与北美红杉（见第64~67页）有很近的亲缘关系，但巨杉的不同之处在于鳞状叶片聚集在枝条上及球果可在树上停留数年。

巨杉

Sequoiadendron giganteum

北美红杉以高度闻名，巨杉则以其庞大的体型著称。它是目前存活的树木中体型最大的，而且它的寿命可以超过3 000年。

▲ **猛犸树**

《猛犸树的树桩和树干》（*The Stump and Trunk of the Mammoth Tree*, 1862年），画面中的这棵巨杉位于卡拉韦拉斯（Calaveras）县，已在1857年被砍伐，砍伐地点变成了观光景点，画面中有32个人正在树桩上跳舞。

在很久以前，最高大的巨杉就因其宝贵的木材遭到砍伐。如今，只剩少数生长在美国加利福尼亚州中部内华达山脉海拔900~2 700米的西侧山坡上，它们形成大约75个彼此隔绝的树丛，散布于那里的针叶林中。生存至今的最大一棵巨杉位于美国的红杉国家公园（Sequoia National Park），目前高82.6米，人称"谢尔曼将军"（General Sherman）。它的树干直径为8.25米，体积约为1 530立方米。2 100年的沧桑岁月让这棵巨杉老态尽显，它的顶部已残破不堪，只剩下一根轮廓参差不齐的长尖木。有记录以来的最大活体样本生长在红杉山林（Redwood Mountain Grove），也位于加利福尼亚

▶"格兰特将军"

第二大巨杉名为"格兰特将军"（General Grant），生长在加利福尼亚州的国王峡谷国家公园（Kings Canyon National Park）。它的树干比"谢尔曼将军"粗，直径达8.85米，但它矮了1米。

州，根据1998年测量的数据，它高达94.9米。这个物种直到1853年才为科学界所知，英国植物采集者威廉·洛布（William Lobb）在这一年将这种树的样本带回了英国。在他回国2周后，植物学家约翰·林德利（John Lindley）给这个物种起了拉丁学名 *Wellingtonia gigantea*，以纪念英国战争英雄阿瑟·韦尔斯利（Arthur Wellesley）——第一代惠灵顿公爵（Duke of Wellington）。1854年，它的拉丁学名按照植物学命名法规进行了修改，因为另一种与它没有亲缘关系的植物已经占用了同样的属名。然而，这种树在英国仍被称为 *Wellingtonia*。

火中诞生

野生巨杉生长在土壤由周围山体径流或夏季雨水灌溉的地方。雷电会引发火灾，而火灾正是该物种自然生态演替的一部分，从防火的树皮上就能看出这一点。球果在树上停留长达20年，偶尔打开外壳并释放少量种子。然而，来自火的热量会使球果完全打开，释放出的种子散播到被火清理干净且养分增加了的柔软土壤中。

近年来，环保措施减少了自然火灾，树下的灌丛得以生长。因此，火灾一旦发生，就会燃烧得更剧烈、更持久。这令气候变化成了这个物种面临的主要生存威胁。

"谢尔曼将军"的木材足以制造**282千米**长的标准板材，这些板材足以建造35栋拥有5个房间的房子。

长寿松

Pinus longaeva

类群: 针叶树	
科: 松科	
株高: 可达18米	
冠幅: 可达12米	

球果: 无柄,木质鳞片肥厚;种子在第三年夏天脱落;长7~9厘米

树皮: 红棕色,薄,扭曲,表面有带裂缝的不规则形状的厚脊纹,上面有鳞片状结构

　　生长在美国加利福尼亚州和内华达州的内华达山脉、饱受严酷气候的伤害和侵蚀,虬状的长寿松是已知地球上最古老的活体生物之一,其寿命长达数千年之久。

　　长寿松生长在加利福尼亚州的怀特山(White Mountains)及犹他州和内华达州境内的相邻山脉。该地区的其他山脉还生长着另外两个亲缘关系极近的物种——狐尾松(*Pinus balfouriana*)和刺果松(*Pinus aristata*),后者的英文名是Rocky Mountain brislecone pine,字面意为"落基山刺果松"。有趣的是,长寿松的英文名brislecone pine也意为"刺果松",为了以示区别,它有时又被称作"大盆地刺果松"(Great Basin brislecone pine)。

　　这个物种生长在海拔1 700~3 400米处。在这个高度,气温在-26℃~70℃之间,而且全年都有强风。因为这个地区位于其西边落基山主脉的雨影

▼倒下的古树

　　这棵巨大的长寿松在加利福尼亚州山区被砍倒,外露的木头上布满虬状的节瘤。体型如此巨大的长寿松肯定活了非常久。

区,所以这里的降水量极少,年均只有300毫米,而且大部分都是降雪。对于植物的生长,这里的夏季大部分时间过于炎热干旱,而在冬季又过于寒冷。这些树只能在早春积雪融化之后气温尚未变得过高的短暂时期内生长。这就意味着它们的生长期只有短短6周,在一年当中的其余时间,基本处于休眠状态。因此,一棵5 062岁的树(见第74页)其实相当于只生长了590年。

长寿松最高能长到18米,高的树都长在海拔最高的地方,那里的冬季积雪最多,能够为春季的生长提供最多水分。在干旱更严重的山下,树长得比较矮,很少能够长到6米。这些树生长得如此缓慢,以至于科学家需要用显微镜才能分辨和计算它们的年轮有多少圈。导致这种树生长速度缓慢的原因也解释了它为什么长寿。造成木头腐烂的真菌很少能够在干旱和气温0℃以下的环境中生存,所以死去的树枝可以连接在活体树木最后的躯体上而不会腐烂。

是死是活

对于很多古老的长寿松,其外围树干的大部分已经死亡,只有一条狭窄的活体组织存活在树干的

粉色保护性长鳞片将随着时间的推移变成紫棕色

雌球果

雄球果簇生于枝条末端

▲▶ 雌球果和雄球果
在这根新萌发枝条的顶端(上图)是一对非常幼嫩的雌球果。卵形雄球果(右图)生长于初夏。

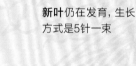

雄球果

新叶仍在发育,生长方式是5针一束

背风一侧,不受盛行风的影响。冰晶和沙粒被频繁的大风裹挟,剧烈地打击迎风一侧的死木头,但这根"条带状树皮"中最后的活体组织得到了很好的保护。这一特性塑造了长寿松虬状、苍劲的典型外观。这些树虽然只有一部分是活着的,但通常极为古老。

第一个证实它们拥有超长寿命的是来自亚利

"在哥伦布(Columbus)抵达新大陆的时候,这些树就已经非常古老了。"

大卫·爱登堡(David Attenborough)爵士,
《植物私生活》(*The Private Life of Plants*),1995年

其他物种

欧洲赤松
Pinus sylvestris
这个漂亮的物种分布在欧亚大陆北部的寒带林中,它的一个亚种在苏格兰形成了老喀里多尼亚森林(Old Caledonian Forests)。

西黄松
Pinus ponderosa
分布范围从不列颠哥伦比亚省至墨西哥;美国标志性树种,落基山脉东西两侧有不同的变种。

蒙特苏马松
Pinus montezumae
这个物种很高,有大分枝;分布范围局限于墨西哥和危地马拉的亚热带高山。

桑那大学的欧内斯特·舒尔曼（Ernest Schulman）博士。在1954年和1955年的研究中，他使用树木钻孔器（一根末端带尖的中空金属管）钻进活体树木的树干，取出一根穿透整根树干的细木条。回到实验室后，他计算出年轮，发现有几棵树已经超过4 000岁，于是推翻了此前认为巨杉（见第70~71页）是最古老树木的观点。

"普罗米修斯"之死

然而，一件不幸的事在1964年发生了。唐纳德·柯里（Donald Currey）当时是一位地理学研究生，正在以树木年轮作为研究过去气候的线索进行科研活动。1964年，他前往内华达山区寻找"普罗米修斯"（Prometheus）——一棵特别大而挺拔的长寿松。接下来发生的事有不同版本的描述。一些版本说他的树木钻孔器断在

树枝长而纤细

树木年代学

树木的木头是由一层名为形成层（cambium）的组织构成的。在春天和初夏，形成层产生一批较大的薄壁浅色细胞。夏末，生长速度减缓，形成层产生一圈较小的厚壁深色细胞。每个深色同心环标志着树木一年的生长，所以计算它们的数量可以估算树木的年龄。

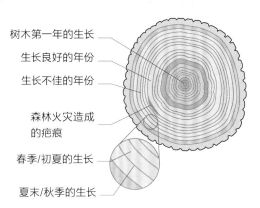

树木第一年的生长
生长良好的年份
生长不佳的年份
森林火灾造成的疤痕
春季/初夏的生长
夏末/秋季的生长

树木年轮（温带地区）

了树干里，还有一些版本则声称钻孔器太短，无法获取完整的木芯。无论原因到底是什么，他在绝望之下决定请求森林管理局批准砍伐这棵树，森林管理局竟然同意了，于是"普罗米修斯"被砍倒。然后柯里计算了它的年轮数量，发现它已经4 862岁，是当时已知的年龄最大的树。柯里后来的职业生涯很顺利，成了一名杰出的地理学教授，但是由于终止了"普罗米修斯"本可以延续的寿命，朋友们给他起了个伴随其一生的绰号——"杀手柯里"。

2010年，这个长寿纪录被打破，一棵生长在怀特山中某秘密地点的长寿松被发现已经活了5 062年（这些古树的位置通常保密，以防好奇的游客甚至破坏分子对其造成伤害）。这让它成为迄今最古老的非克隆活体生物，尽管有些通过根蘖扩张的树种可以形成更古老的克隆树丛，如颤杨（*Populus tremuloides*，见第130~133页）。在本书的撰写期间，这棵树据说仍在茁壮生长。

► 夸张的树形

这棵令人难忘的长寿松生长在美国犹他州，它长成了不同寻常的弯曲形态，这可能是由当地多风的环境造成的。

◄ 适应力极强的生存者

这棵古老的长寿松生长在美国因约（Inyo）县的怀特山，拥有典型的虬状节瘤外观。它的迎风面可能受到一层死木头的保护。

当**最早的一批法老**在古埃及**建造金字塔**时，世上**最老的长寿松**正在生长。

黎巴嫩雪松

Cedrus libani

华丽的黎巴嫩雪松如今在黎巴嫩极为稀有，而且更多是作为园景树种植在大型公园和花园里。

关于在地中海周边及西喜马拉雅地区是拥有4个雪松物种，还是只有1个包含多个亚种的物种，目前仍存在争议。这些物种在年轻时都呈金字塔形，但是顶部会随着年龄的增长变平。它们生长在5个不相连的地理区域，而且每个区域的雪松都有独特的特征，但目前尚不明确这些特征是否能赋予它们独立物种的地位。令局面更复杂的是，还有几个栽培变种生长在花园里，每个变种都有不同的形状和形态，以及颜色各异的树叶。

黎巴嫩雪松的分布范围从土耳其南部山区（在那里它可以生长在海拔2 000米处）延伸至黎巴嫩、叙利亚西部、以色列和约旦，尽管它已不再常见。它只生长在下午有雾的地方，以便

最古老的一批黎巴嫩雪松据称已经活了 **1 000多年**。

▶ "生命之树"

《前往黎巴嫩的雪松朝圣之旅》（*Pilgrimage to the Cedars in Lebanon*）是匈牙利画家蒂瓦达尔·琼特瓦利·科斯特卡（Tivadar Csontváry Kosztka）在1907年的画作。作为生育力的象征、"生命之树"和"知识之树"，雪松在匈牙利神话中扮演着重要角色。

雄球果（孢子叶球）呈圆柱状，坚硬，长6厘米

类群： 针叶树

科： 松科

株高： 可达38米

冠幅： 可达15米

树叶： 常绿；针状；长，密集簇生，或在枝条末端单生；长达3厘米

雌球果： 直立，棕色，桶状，末端圆形，长9~15厘米

树皮： 深棕色，起初光滑，随着年龄增长而颜色变深且长出裂隙

密集簇生的深绿色针叶让枝条看起来很像毛刷

▶ 孢子叶球

黎巴嫩雪松的雄球果在植物学上称为孢子叶球。在成熟时，它们的外层鳞片打开，释放出云雾状浅黄色花粉。

"漂亮的针叶树……曾经遍布白雪皑皑的高山之巅……
从黎巴嫩南部到土耳其南部。"

雅克·布隆代尔(Jacques Blondel)和詹姆斯·阿伦森(James Aronson),
《地中海地区的生物学和野生动植物》(*Biology and Wildlife of the Mediterranean Region*),1999年

◄ 独特的形状

成年雪松拥有一排排优雅的水平伸展分枝，这让它们成为原始森林、公园和花园中绝不会被认错的地标。

位于黎巴嫩山上的一棵**黎巴嫩雪松的树干直径**据记录达**3.45米**。

从空气中吸收水分。然而，当被种在欧洲和北美洲各地的公园和花园里时，它表现出了惊人的适应性，在这些地方，黎巴嫩雪松优雅伸展的分枝让它成为精选观赏植物。

作为标志性树种，雪松的身影出现在很多国家的传统文化中。《圣经》(Bible)中经常提到它们。所罗门第一圣殿是用雪松木建造的。推罗王希兰向所罗门王承诺，他将"如你所愿砍伐雪松木和刺柏木。我的手下会将它们从黎巴嫩运到地中海岸边，而我会让它们作为木筏漂浮，沿着海路漂流到你指定的地方"[《列王纪上》(Kings)第5~6节]。

黎巴嫩雪松的衰落

所罗门对雪松木材的使用似乎标志着黎巴嫩雪松在其自然分布范围开始减少。在基督教时代开始之前，它甚至就被用于造船、建造通用构筑物，以及用在装饰上。砍伐量在20世纪大大增加，用于建筑工程、铁路和当作燃料，部分原因是两次世界大战的需求。在如今的黎巴嫩，原始雪松林只幸存下来14处零散的碎片。放牧、采伐、城市化、冰雪运动及害虫都成为原始雪松林减少的原因。

如果扩大对该物种的定义，它的分布范围将广

泛得多。土耳其雪松（Cedrus stenocoma）原产于安纳托利亚（Anatolia）西南部；北非雪松（Cedrus atlantica）分布在阿尔及利亚和摩洛哥的阿特拉斯（Atlas）山脉，并且有两种形态：一种形态拥有闪闪发光的绿色针叶，另一种的针叶是蓝灰色的，甚至有点发白；雪松（Cedrus deodara）生长于从阿富汗北部到印度西北部的喜马拉雅山西部地区；最后，塞浦路斯雪松（Cedrus brevifolia）是塞浦路斯特罗多斯（Trodos）山的特有物种，针叶短粗且钝。

所罗门圣殿
这幅画描绘了雪松被砍倒用以建造耶路撒冷第一圣殿的《圣经》故事。在这座圣殿奢华的装饰中，包括用雪松木雕刻的墙壁，墙壁表面覆盖着黄金。

其他物种

北非雪松
Cedrus atlantica

生长在阿特拉斯山脉（位于阿尔及利亚和摩洛哥），被一些植物学家认为是一个地域变种（这里列出的3个物种都是如此）。

雪松
Cedrus deodara

整体呈圆锥形，顶端呈细尖塔状。生长在喜马拉雅山脉西部海拔1 200~3 300米的范围内。

神圣的雪松

正如这幅19世纪的画作所示，雪松是黎巴嫩的文化认同的一部分。如今那里只有14片野生雪松树丛幸存，而且如果不是被视为神圣之树，并且是重要的标志性丧葬地点的话，就连它们也难以幸存。最大的树丛之一位于卜舍里（Bsharre），自1999年就作为神圣的卡迪沙（Qadisha）山谷中的一处世界遗产地受到保护，被称为"上帝的雪松林"。

右画展示了"上帝的雪松林"

塞浦路斯雪松
Cedrus brevifolia

只在塞浦路斯西部山区有分布。一般可长到大约20米高，针叶比其他雪松的短。

日本落叶松

Larix kaempferi

▲ 松林秋色

日本落叶松的自然分布范围主要是山区，它们可以在裸土和多岩石的山坡上良好生长，这要归功于它们在年幼时就长成圆锥树形。

这种落叶针叶树原产于日本一个相对较小的地区，它生长迅速，而且会长得很高。早春萌发的新叶让它看起来非常漂亮，之后还会呈现出灿烂的醒目秋色。

类群： 针叶树

科： 松科

株高： 可达35米

冠幅： 可达15米

 树叶： 落叶；尖刺状；在当年的长枝上轮生；长约4厘米

 雌球果： 生长在短枝上，基部有一些叶片；第一年秋季成熟

 树皮： 幼年时光滑，呈红棕色或紫棕色；老树有裂缝且呈鳞片状

雄球果生长在无叶片的短枝上，之后短枝枯死

日本落叶松通常需要约50年才能长到最高。

成熟球果直立，鳞片反卷，成熟于秋季

雌球果拥有珠鳞和苞鳞，胚珠着生在珠鳞上，授粉后苞鳞延长并盖住种子

顾名思义，日本落叶松是落叶松家族的成员，该家族包括落叶松属（*Larix*）的落叶针叶树，分布于全球范围内的北方寒带林。和其近亲一样，日本落叶松在温暖的夏季茁壮生长。落叶松的落叶习性让它们可以忍耐寒冷的冬季，这让它们成为所有树木中分布最靠北的种类，可以在北纬71°以北生长。在北美洲、俄罗斯和亚洲的北方寒带林中，都可以找到落叶松的身影。落叶松也生长在欧洲、北美洲和亚洲的山区，分布范围南至北纬27°。日本落叶松是分布区域较靠南的山地物种之一，原产于本州岛（日本列岛中最大的岛屿）中部的少数几个地点。

生长迅速

日本落叶松的特点在于其球果和一年生枝条，前者成熟后拥有反卷（向外弯曲）鳞片，后者

叶片呈灰绿色或者泛蓝，下表面有浅蓝绿色气孔

▶ 短枝上的球果

雄球果和雌球果生长在3年或更久的短繁殖枝上。这些短枝出现在部分营养枝（长出树叶的枝条）的基部。

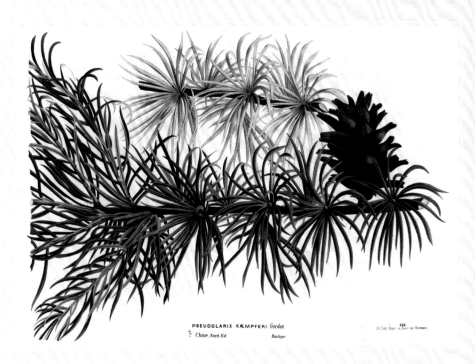

PSEUDOLARIX KÆMPFERI Gordon
Chine, Nord-Est.   Rustique

死病。疫霉（*Phytophthora*）的拉丁学名的字面意思是"植物杀手"，它们是类似藻类的植物病原体，在适宜环境下破坏性极强，日本落叶松被感染后疫霉会迅速扩散。这种脆弱性限制了日本落叶松的林业应用潜力。相比之下，欧洲落叶松（*Larix decidua*）和邓凯尔德落叶松（*Larix × eurolepis*）的易感性低得多。

用材树种

日本落叶松的木材呈红棕色，质量轻且持久耐用。它可用于施工建设、覆盖层、家具及渔船上的甲板。由于具有天然的耐腐蚀性，它在过去被用来做栅栏等物品，后来逐渐被施以防腐措施的现代木材取代，在不利的环境条件下，防腐措施可以为木材提供更长期的保护。除了日本之外，日本落叶松还在欧洲得到广泛种植。高二氧化硅含量意味着加工它所用的切割刃易变钝。

▲ 肯普弗的落叶松

日本落叶松的拉丁学名是以博物学家恩格尔伯特·肯普弗的名字命名的。这幅19世纪创作的画展示了容易和日本落叶松弄混的金钱松（英文名golden larch，字面意思是"金色落叶松"），它的曾用拉丁学名*Pseudolarix kaempferi*也是以肯普弗的名字命名的。它和日本落叶松的区别在于它的球果更大一些。

在第一年呈红紫色且有粉霜，之后颜色变灰。日本落叶松拥有在更黏重的土壤中生长的能力，而且比欧洲落叶松生长得更快，这吸引了英国林务官的注意，并用它和欧洲落叶松培育出一个杂交物种。当两个近缘物种或品系杂交时会出现杂种优势，于是这个杂种的生长速度更快。在英国较潮湿的西部地区，人们发现日本落叶松容易感染多枝疫霉（*Phytophthora ramorum*），患上落叶松猝

◀ 日本落叶松盆景

日本落叶松是很受青睐的盆栽树种，因为它们可以在贫瘠的土壤上生长，而且拥有漂亮的剥落状树皮和美丽的秋色。

其他物种

邓凯尔德落叶松
Larix × eurolepis

日本落叶松和欧洲落叶松的杂交种，生长迅速，应用于林业；球果是双亲物种的中间类型。

欧洲落叶松
Larix decidua

中等尺寸的落叶松，原产于中欧，材用树种。年轻时株型苗条，随着年龄的增长而变粗。

北美落叶松
Larix laricina

遍布北美洲北部；特色是其小小的球果，每个球果有大约20个圆形鳞片。

白冷杉

Abies concolor

这个坚韧而优雅的常绿物种原产于北美洲山区，可以适应从高温到寒冷的环境条件。

白冷杉是一种高大的针叶树，在其分布范围中的某些地区可以形成广阔的森林。在其分布范围的南部，它会变成伴生树种，如在巨杉树丛中（见第70~71页）。它的特点是叶片正面和背面都有气孔，气孔在正面形成一条波纹状宽条带，在背面形成两条边缘清晰的条带。

蓝绿色叶片呈针状，较扁平

叶片尖端较钝平

火灾伤害

年轻白冷杉的树皮薄且有很多树脂泡，这让它们很容易被森林火灾伤害。在白冷杉与巨杉混生的区域，这对巨杉有益，因为巨杉的厚树皮能够防火，所以火灾能够有效防止白冷杉的生长势头压过巨杉。随着时间的推移，白冷杉的树皮会变成软木状，对森林火灾也拥有了一定的忍耐力。它的新鲜枝叶很容易被点燃，但这个物种能依赖自身的繁殖力重新占据受森林火灾影响的区域。

在生命的前40年左右，白冷杉可能不会形成球果和种子。球果主要长在树的顶部。它们在一个生长季中成熟，然后分解并释放出其中的种子，留下细长的中央柄（孢子叶轴）立在枝条上。在年幼以及继续生长时，球果呈浅蓝色或橄榄绿色，但在成熟后变成棕色。雄球果生长在树冠下半部分树枝的背面，它们在春天打开外壳，长1~2厘米。

▲ **树叶**

白冷杉的叶片在被揉碎时会散发出与柠檬类似的气味。如上图所示，叶片呈独特的蓝绿色。

类群: 针叶树

科: 松科

株高: 30~50米

冠幅: 5米

树叶: 松弛地生长在枝条上，向上弯曲；呈灰绿色或蓝绿色；轮生；长达6厘米

球果: 圆柱状或椭球状；橄榄绿色、黄绿色或浅蓝色

树皮: 年轻树木的树皮光滑且有树脂泡，后逐渐呈软木状且长出沟痕

砍伐白冷杉

在美国，白冷杉长期以来因其木材用途遭到大量砍伐。白冷杉木是一种用途广泛的软木，可应用于工程建造，制作框架、平台木板、地板和纸浆等。它还是制作圣诞树的主要树种之一。

**伐木火车，
美国俄勒冈州，约1890年**

◀ 枝条去除积雪

欧洲云杉呈圆锥形,它的分枝轮生排列,所以最下面的树枝生长得最久也最长。这种形状有助于树木及时去除过量积雪,防止压伤。

新鲜绿尖每年春天从云杉枝条上长出,在斯堪的纳维亚半岛被广泛采摘食用

▶ 针叶排列

在所有云杉中,针叶都通过一种名为叶枕(pulvinus)的挂钩状结构与茎相连。当针叶脱落时,叶枕宿存,所以云杉的枝条很好辨认。

欧洲云杉

Picea abies

欧洲深邃的云杉森林为许多民间故事提供了灵感,而这种高大、苗条的针叶树就是云杉森林的主要组成树种。在北欧和其他地方,它还常被制作成圣诞树。

类群: 针叶树

科: 松科

株高: 可达50米

冠幅: 可达15米

球果: 悬挂在枝条末端;有锐尖棕色鳞片;干燥时打开,释放出带翅种子

树皮: 浅棕色至灰色;鳞片状;嫩枝呈棕色,在针叶生长的地方有明显叶枕

新枝叶从上一年形成的芽中长出；鳞片保护芽过冬

锐尖针叶生长在大部分云杉上，这一点有别于冷杉，冷杉的针叶是圆润的

▲ 螺旋云杉

欧洲云杉的针叶呈螺旋状排列，因为这是最高效的排列方式，让树木能够获得最多光线，并通过光合作用制造出最多养料。

长久以来，森林就一直散发着庄重、神秘感，让生活在附近的人产生剧烈的情感共鸣。也许这是历史原因造成的，森林在以前是危险的地方，满是亡命之徒和野兽，而正是受此启发，数不清的故事和传说产生了。在《格林童话》中，黑森林代表着危险或充满魔法的地方，而从《吉尔伽美什史诗》（*Epic of Gilgamesh*）到托尔金（J. R. R Tolkien）的奇幻小说，其他冒险故事也常涉及深入森林的旅程。

常绿森林尤其可怕，它们浓密的林冠令人难以辨别方向，只有很少的光能够抵达森林地表，而且天空和地平线都被遮住了。在北欧，欧洲云杉是这些茂密、高耸的森林的主要组成部分。

这个针叶树物种可以形成纯林，即至少80%的

森林由同一个物种组成。欧洲云杉的树苗可在其他树种的林冠下缓慢生长，最终赶超它们。欧洲云杉的分布范围几乎不间断地从挪威延伸至俄罗斯西部，并自此开始逐渐过渡到近缘物种新疆云杉（*Picea obovata*）。在南边，它的分布范围主要在欧洲中部的山区，包括阿尔卑斯山和喀尔巴阡山，并进入巴尔干半岛。作为一种颇有用处的材用树，它被广泛栽培，也出现在西欧和北美洲，并在这些地方成为归化物种。

用途和习俗

欧洲云杉是木材和造纸木浆的重要来源。它从16世纪开始被人工种植，但直到20世纪才广泛进行林业栽培。此后，随着单位面积产量更大的巨云杉（*Picea sitchensis*）从北美洲引入欧洲，欧洲云杉的热度逐渐降低。然而，随着气候变得越来越干，

皇家传统

　　英国的第一棵皇家圣诞树由乔治三世的妻子夏洛特皇后竖起，但这项传统是他们的孙女维多利亚女王及其丈夫阿尔伯特亲王普及的。他们和年幼子女共同享受这一传统节日的图片被报刊刊登出来，大众很快就接受了这种新的基督教传统。夏洛特皇后的圣诞树是一颗红豆杉，但阿尔伯特亲王更喜欢从他的故乡德国进口的云杉。

维多利亚女王的圣诞树

云杉啤酒不一定含酒精，它是用云杉芽和针叶调味的，富含**维生素C**。

　　欧洲云杉可能会重新受到林务官们的青睐，因为它比巨云杉更适应干旱土壤，而目前人们也正在开展试验，为将来的欧洲云杉林业种植确定最佳种源。

　　从前，欧洲云杉还以在圣诞树市场占有支配地位而闻名。这个物种生长迅速且散发着圣诞气息，这让它成为许多欧洲家庭的首选，但是它也有缺点——针叶容易脱落。如果不定期浇水，它会迅速掉光针叶，留下光秃秃的树干。如今，它作为圣诞树的角色在很大程度上已被原产于土耳其的高加索冷杉（*Abies nordmanniana*）取代，后者即使浇水很少也不会落叶。高加索冷杉的生长速度较慢，因此生产成本较高，这导致圣诞树价格上涨。它还缺少云杉的树脂气味，对很多人来说，这是圣诞节的传统气味。

◀ 共鸣板

　　硬木被用来制造弦乐器的主体，但共鸣板最好用软木（如云杉木）制作，因为它们传播声音的性能更好。

鲁特琴的**共鸣板**是用云杉木制作的

> "……远方的一排云杉看上去就像墨水斑点，
> 这个灰色的上午仿佛是没有结尾的句子，
> 而它们就是为这个句子添加的标点符号。"

凯特·沃尔珀特（Kate Walpert），
《沉没的教堂》（*The Sunken Cathedral*），2015年

▶ 神秘的森林

　　这幅《黑云杉森林》（*Dark Spruce Forest*, 1899）出自挪威最著名的画家爱德华·蒙克（Edvard Munch）之手，它展现了欧洲云杉森林的神秘和恐怖感，令人想起无数神话传说。

其他物种

高加索云杉
Picea orientalis

　　原产于高加索地区，针叶在所有云杉中是最短的。较慢的生长速度限制了它在林业中的应用。

塞尔维亚云杉
Picea omorika

　　分布范围仅限于西伯利亚至波斯尼亚边界上的德里纳河河谷。树体细长优雅，可作为观赏植物栽培。

巨云杉
Picea sitchensis

　　所有云杉中体型最大的。这个物种来自北美洲太平洋沿海，生长迅速，可以长到90米以上。

花旗松

Pseudotsuga menziesii

　　这种高大的常绿针叶树原产于北美洲西部，是最大的针叶树之一。它的英文名Douglas-fir的字面意思是"道格拉斯冷杉"，但它并不是真正的冷杉，而是一个小属（黄杉属）的成员，这个属的拉丁学名（*Pseudotsuga*）意为"假铁杉"。

类群：针叶树

科：松科

株高：90~100米

冠幅：可达20米

树叶：常绿；深绿色，针状；在枝条上呈辐射状生长；长达3厘米

树皮：起初光滑，呈灰色；逐渐变厚成为软木状且有深褶，变成红棕色

◄ 花旗松群丛

花旗松群丛出现在加拿大不列颠哥伦比亚省的大熊雨林（Great Bear Rainforest）。这座森林的名字取自生活于其中的熊，它们会撕开花旗松厚厚的树皮，尽情享用里面的树液。

刘易斯和克拉克原木小屋

全世界最大的原木小屋

全世界最大的原木小屋于1905年在波特兰建造，它是刘易斯和克拉克远征百年纪念博览会的一部分。一条中央柱廊用了50多棵未剥树皮的花旗松树干。这栋建筑后来逐渐荒废，而且由于花旗松本就易燃，最终在1964年被一场大火夷为平地。

其他物种

加拿大铁杉
Tsuga canadensis

长寿针叶树，呈宽圆锥形，拥有紫灰色树皮和短针叶。它们有许多矮化类型，是很受欢迎的花园植物。

异叶铁杉
Tsuga heterophylla

高大、优雅的针叶树，拥有柔软、下垂的枝叶，树木顶端略向下弯曲。原产于北美洲，作为树篱被广泛种植。

花旗松分布于不列颠哥伦比亚省至加利福尼亚州中部（包含沿海地区），可以适应多种环境条件，从温和的海洋性气候到气候更严酷的内华达山脉，它都能适应，而且可以在内华达山脉海拔1 800米的地方生长。在森林里，花旗松较低的分枝通常会脱落，上半部分的大部分枝叶会留下，而在更开阔的地方，更有可能从靠近树干基部的地方产生分枝。花旗松的寿命很长，有的已经活了1 000多年。花旗松雌雄同株，即雄球果和雌球果生长在同一棵树上，其中雄球果簇生在枝条背面，雌球果则生长在枝条末端，它们都会从黄色变成粉色，再变成浅棕色。

这个物种在18世纪首次被欧洲人记录，长期以来，它被原住民用于制作鱼钩和雪鞋，为他们提供木柴，树枝还被用来铺床。成熟的花旗松森林是赤树鼩（red tree vole）的栖息地，它们在树枝里筑巢，以花旗松的针叶为食，与其他针叶树的针叶相比，它们更喜欢吃花旗松的。在被揉碎时，这些针叶会散发甜香的树脂气味。花旗松如今被广泛种植于欧洲各地以及南美洲的部分地区。

花旗松的木材强度高且经久耐用，这种针叶树是全世界最重要的材用树种之一，广泛种植于温带地区，它在降水量高的地方生长得最好。它的木材不仅很适合用来做家庭房屋的框架和桁架，还是理想的地板材料，很容易吸附涂料和染料。它还被用于制作圣诞树，针叶背面的白色条纹让它看上去像结了霜，更加吸引人。

花旗松可以作为花园树木种植，它在冷凉气候下生长良好，在炎热、潮湿环境及夏季干燥的地区长得不太好。种在花园里的花旗松很少能够长到生长在自然环境中的高度。

圆柱形雌球果朝下倒挂在枝头，三裂苞片令它有别于所有其他针叶树

► 食物来源

体型较小的鸟能够紧紧抓住成熟球果，吃掉鳞片下面的种子。这些种子还会被小型哺乳动物吃掉，如道氏红松鼠（Douglas squirrel）。

"一种喜阳树木……森林火灾烧过之处，会重新长出这个物种的茂盛树丛。"

利奥·安东尼·艾萨克（Leo Anthony Isaac），
《花旗松的繁殖习性》（*Reproductive Habits of Douglas-fir*），1943年

季节更迭

　　初雪过后，柔软、洁白的粉雪撒满了美国阿拉加州费尔班克斯周围的北方寒带林。在这座以针叶树为主的森林中，高大挺拔的云杉为冬季景观增添了一抹绿意，而颤杨、桦树和杨树以浓烈的黄色和橙色呈现出灿烂的秋季色彩。

类群: 针叶树

科: 红豆杉科

株高: 15~20米

冠幅: 可达20米

树叶: 常绿；细长，锐尖，背面有两条白线；在枝条两侧长成两排；长达38毫米

雄球果: 雄球果和雌球果长在不同树上；雄球果呈黄色，球形

树皮: 红棕色，剥落状；树干通常有深凹槽；嫩茎为绿色至棕色

◀ 雕塑般的树枝

欧洲红豆杉古树通常有着复杂的形态。长在多风地区、被做成树篱或经过造型的树也会长出蜿蜒曲折的枝条，就像在美国画家格雷格·撒切尔（Greg Thatcher）的这幅画中的一样。

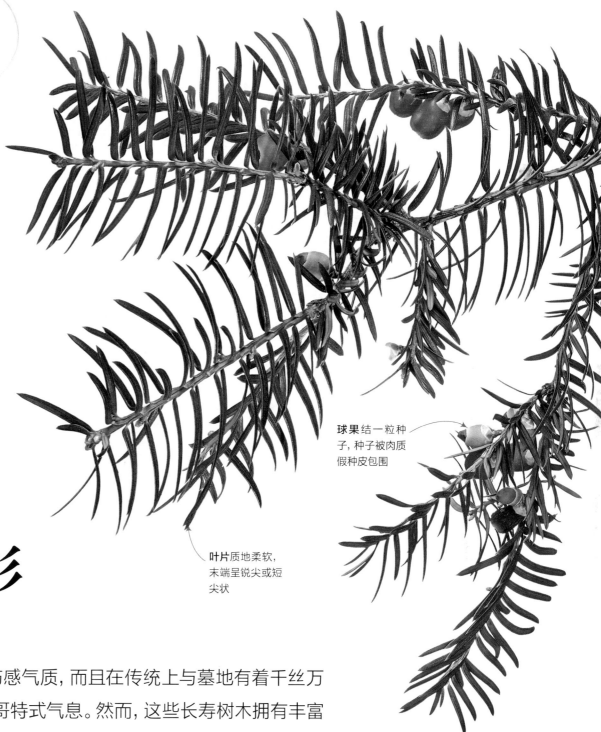

球果结一粒种子，种子被肉质假种皮包围

叶片质地柔软，末端呈锐尖或短尖状

欧洲红豆杉

Taxus baccata

欧洲红豆杉的枝叶自带伤感气质，而且在传统上与墓地有着千丝万缕的联系，散发出令人生畏的哥特式气息。然而，这些长寿树木拥有丰富的历史和不同寻常的特征。

在民间故事里，树木的身影从未缺席。在欧洲，数千年来红豆杉一直丰富着故事讲述者的想象力。虽然在英语中它被称作"英国红豆杉"（English yew），但这种常绿树的生长范围十分广大，从不列颠群岛向东至伊朗，向南经意大利至北非。它的确切自然分布范围难以确定，因为人类曾经促进了它的传播。欧洲红豆杉通常为独生或少量丛生于下层林木，而有些森林中也会由它占据主导地位。不过，在欧洲的教堂和其他宗教建筑的庭院里，欧洲红豆杉才有了自己在传说中的一席之地。

欧洲红豆杉拥有几个令人敬畏的特征。这种树几乎全株有毒，含有名为紫杉碱的生物碱，如果大量摄入会导致心脏骤停。出现中毒症状通常是由食用叶片引起的，不过毒素含量在种子中最高，而且

▲ 叶片和球果

欧洲红豆杉的深色常绿针叶为包裹欧洲红豆杉种子的鲜红色假种皮（种衣）提供了完美的背景。

在吸入花粉或欧洲红豆杉木材的锯末之后也会出现症状。和许多常绿植物一样，欧洲红豆杉令人肃然起敬的另一个原因是它们能够在整个寒冷的冬季保留叶片，冬青、常春藤和槲寄生也因为类似的原因备受崇敬。它们还拥有惊人的再生能力，砍倒的树可以从基部重新萌发，而且枝条在接触土壤时会生根，长成新的树。此外，欧洲红豆杉还以长寿而闻名，可存活2 000年以上。不过，对古欧洲红豆杉进行精确的年代测定有很大难度。随着年龄的增长，它们的树干通常变得中空，所以没法计算年轮，而且很多古树林是蔓生分枝生根后形成的，它们其实是一个可追溯到几千年前的巨大克隆生命体，尽管其中有的树干可能只有几百年的历史。

"在广袤无垠和幽暗深邃中，
这棵树茕茕独立！
一个有生命的东西，
生长得如此缓慢，以至于从未腐烂。"

威廉·华兹华斯（William Wordsworth），
《红豆杉》（Yew Trees），1815年

用于战争的武器

　　欧洲红豆杉的木材长期以来备受珍视。就像松树等其他针叶树的木材一样，它是一种软木，这意味着它柔韧且易加工。不过，它是最硬的软木之一，而柔韧和强度的结合让欧洲红豆杉很适合制作长弓。中世纪的英格兰长弓被用于打猎和战争，最为人称道的是曾经帮助英格兰军队在百年战争期间击败法国，如阿金库尔（Agincourt）战役和克雷西（Crécy）战役。在这段时期，欧洲红豆杉是如

直木纹

　　欧洲红豆杉木受到工匠的青睐。这种木材往往有很多节瘤，而且老树通常是中空的，因此它被用来制造小物件、制作木雕，以及用作饰面薄板。欧洲红豆杉木经久耐用，不易腐烂和生虫。

不同的欧洲红豆杉木

在克雷西作战的英格兰军队包括6 000～7 000名长弓手。

弓的战斗

在克雷西战役（1346年）中，英格兰士兵（右）使用长弓击败了一支装备弩弓的法国雇佣军，随后击溃了法国的骑兵冲锋。弓箭手是如此重要，以至于用来制作长弓的欧洲红豆杉木也受到高度重视。

其他物种

日本粗榧
Cephalotaxus harringtonia

原产于日本、韩国和中国东北。常绿灌木或小乔木，有形似李子的球果，一个球果含有一粒种子。

日本榧
Torreya nucifera

生长在日本和韩国；有锐尖常绿针叶和肉豆蔻大小的种子，种子有绿色肉质包被。

加州榧
Torreya californica

分布范围仅限于加利福尼亚州。长得很像同属的亚洲近亲。榧属（*Torreya*）在美洲的其他成员只有一个，即生长在佛罗里达州的臭榧（*T. taxifolia*）。

欧洲红豆杉在民间传说中具有重要意义，而且是弓木的来源，因而是古老建筑周围的常见景致，但它们还作为景观树种以及修剪造型树和树篱得到广泛种植，后一种应用方式可追溯至古罗马时期。欧洲红豆杉生长缓慢，这意味着造型树的修剪次数可以不那么频繁，大大节省了劳动力。欧洲红豆杉可以从老木头上重新萌发，而且老树的下垂树枝可生根并长出新的树干。年老树篱很容易通过重度修剪重新焕发生机，而很多其他树篱物种会被这种修剪杀死。

▼ 墓地中的欧洲红豆杉

欧洲红豆杉常见于教堂墓地，在某些情况下，它们比教堂建筑的年代还要久远。由于欧洲红豆杉在异教传统中被认为是神圣的，所以它们的生长地点常被用于建造教堂。

鸟类和浆果

欧洲红豆杉是针叶树，但它们的球果却不同于松树、云杉和雪松的球果。这些球果极为简单，每个球果只包含一粒种子，种子被名为假种皮的肉质结构包裹。作为欧洲红豆杉唯一没有毒的部位，假种皮通常是红色的，因此对通常以浆果为食的鸟类很有吸引力。欧洲红豆杉并不结浆果，因为只有开花植物才能结浆果，但它们的球果和浆果发挥一样的作用，即使种子被带到距离母株很远的地方。

此重要，以至于得到广泛种植，以提供制作长弓所需的长条形木材。1472年颁布的威斯敏斯特法令（Statute of Westminsteer）规定，所有抵达英格兰的船只，每卸下一吨货物必须缴纳制作4张长弓的木材。欧洲红豆杉木的品质还吸引很多人用它制作乐器，许多中世纪鲁特琴的碗状部分就是用这种木头制成的。现代钢琴箱和原声吉他的共鸣板、侧板也可能是由红豆杉木制成的。

桃柘罗汉松

Podocarpus totara

外表与欧洲红豆杉非常相似的罗汉松，包括桃柘罗汉松，分布于美洲、非洲、东亚和澳大拉西亚的暖温带地区。

类群： 针叶树	
科： 罗汉松科	
株高： 可达30米	
冠幅： 可达15米	

树叶： 常绿；窄而锐尖，背面有隆起中脉

树皮： 厚，深棕色至银灰色；成年后条状剥落

桃柘罗汉松是新西兰特有的一种常绿针叶树，在毛利文化中具有重大意义。作为一个生长缓慢的物种，桃柘罗汉松拥有极长的寿命，不过无法确定大树的准确年龄，因为年轮图案难以辨别。这种树一开始呈向外扩散的灌丛状，成熟后可长出巨大的树干。老树可能有气生根。它的花是单性花，雄花和雌花长在不同的树上（雌雄异株）。雌花结出的果实（严格地说是球果）由2枚合生肉质鳞片组成，它们成熟时呈鲜红色，形成一个卵形结构。果实末端是一个圆形种托，其中含有1~2粒种子。罗汉松的英文名"podocarp"来自希腊语单词"podos"，意思是"脚"，而这种树

▼ 幸存者

这棵桃柘罗汉松位于新西兰南岛的班克斯半岛上，是被清理后的一片林地遗留下来的一棵树。

的果实据说像一只脚在踢足球。桃柘罗汉松的木材坚硬且质量相对较轻，它被毛利人用来建造独木舟（waka taua），这是个漫长的过程，从挑选合适的树到成品完工可能需要花费数年之久。容纳100名战士的最大独木舟的长度可达24米，由绳索将几个独立的部位绑在一起组成。木材中的大然油脂可防止木材腐烂并确保船只不渗水。按照传统，每砍倒一棵桃柘罗汉松就得种一棵替代它的幼苗以安抚森林之神坦讷（Tane），因为这相当于让它的一个孩子从世界上消失。

▼ 雕刻独木舟船首

这个木质毛利人独木舟船首被认为是用桃柘罗汉松木雕刻的，两侧都有复杂的圆环和螺旋形雕刻图案。

毛利人的**雕刻图案**常常受到自然元素如蜘蛛网、鱼鳞的启发

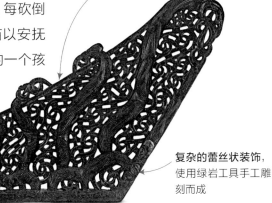

复杂的蕾丝状装饰，使用绿岩工具手工雕刻而成

其他物种

罗汉松

Podocarpus macrophyllus

原产自中国南部和东部，以及日本南部。罗汉松属（*Podocarpus*）分布最北的物种。

核果杉

Prumnopitys andina

常绿针叶树，原产自智利和阿根廷部分地区。拉丁学名曾为*Podocarpus andinus*。

第 3 章

开花的树

　　这些树归于一个高度多样化的类群，即被子植物。该类群
包括木兰亚纲植物、单子叶植物和真双子叶植物。它们的种子
包裹在果实中发育。

▶ 硕大的花朵

荷花木兰的花朵硕大，直径可达25厘米，并且散发出一种强烈的柠檬香气。花朵每天早上盛开，夜晚合拢，如此持续数日（这种过程名为感夜性）后凋落。

奶油色花朵单生于枝条末端

树枝上生长着宽大的常绿叶，在冬季容易积雪并折断

树叶正面呈有光泽的深绿色，背面长有锈色毛，尤其是在叶嫩时

类群： 木兰亚纲植物

科： 木兰科

株高： 18~25米

冠幅： 可达10米

树叶： 常绿，椭圆形，全缘，互生，长4~15厘米，宽1.5~3.5厘米

果实： 木质化聚合果，长7~10厘米；每个心皮纵向开裂，释放出1粒种子

树皮： 灰色，粗糙，裂成鳞片状；嫩枝光滑，呈绿色至棕色，表面覆盖丝状毛

荷花木兰

Magnolia grandiflora

荷花木兰的碟形白色花朵被有光泽的深绿色叶片衬托得格外醒目。这种树在原产地美国被称为"南方木兰"（southern magnolia），它拥有非常古老的血统。

木兰类植物代表了开花植物中的早期类型，它们的一些特征在更晚演化出的树木中很罕见。典型的花通常拥有保护花蕾的花萼（sepals）和具有观赏性的花瓣（petals），但是二者在木兰中并无区别。这说明当木兰在约1.3亿年前首次出现时，花萼和花瓣这两种各具特点的结构尚未完全演化出来。每朵木兰花包括6~12枚瓣状结构，名为被片（tepals）。这些硬挺的革质被片可以承受甲虫的侵扰，这些行动略显笨拙的昆虫经常飞到木兰花上觅食花粉。早在蜜蜂等社会性昆虫演化出来之前，甲虫就已在为花授粉了，许多早期被子植物至今仍然依赖它们授粉。

高贵庄严之花

荷花木兰和美国南方有着紧密的联系。2020年，美国密西西比州投票重新设计州旗，取消了有争议的南方邦联战斗徽章。新的州旗上有一朵荷花木兰——该州的州花。密西西比州还宣布荷花木兰是它的州树。从弗吉尼亚到佛罗里达和得克萨斯，

▲ 结籽
花期过后，每朵花中央的雌性生殖结构（心皮）都会木质化并长成球果状。每一枚心皮释放出一粒种子，种子由肉质结构包被，并由一根丝线与果实相连，如这幅植物学插画所示。

其他物种

二乔玉兰
Magnolia × soulangeana

落叶木兰类植物，玉兰（*M. denudata*）和紫玉兰（*M. liliiflora*）的杂交后代，率先在法国被培育出来。树型低矮而伸展，花朵白紫相间，形状似郁金香。

星花玉兰
Magnolia stellata

原产于日本。落叶灌木，开大量白色花，每朵花拥有许多被片。非常适合种在小花园，且可作为树篱种植。

> "香气传遍西边的树林，
> 高大的木兰傲然耸立，未被遮蔽。"

玛丽亚·高恩·布鲁克斯（Maria Gowen Brooks，约1794—1845），美国诗人

这种优雅的树分布于美国南方的很多州。虽然原产于美国沿海地区，但它的栽培范围广泛得多。

虽然荷花木兰与美国南方之间存在许多文化关联，但"magnolia"这个英文名并非源自美国。这个属在1703年首次由法国植物学家查尔斯·普吕米耶（Charles Plumier）命名，以纪念另一位植物学家皮埃尔·马尼奥尔（Pierre Magnol）。荷花木兰在17世纪被英国植物学家马克·凯茨比（Mark Catesby）首次带到欧洲。它不是第一种抵达欧洲的美洲木兰类植物，当时北美木兰（*Magnolia virginiana*）已经在欧洲的花园里站稳脚跟，但是这种新型木兰的壮美

姿态很快就让北美木兰相形见绌。它在暖温带地区长成独立式乔木，而在气候更冷凉的地区是贴墙生长的观赏大灌木。

▶ 纸币上的荷花木兰
美国总统安德鲁·杰克逊（Andrew Jackson）在白宫南柱廊旁种了一棵荷花木兰，直到最近，它仍是20元美钞上的图案。

◀ 雄花
雄株开的花外表与雌花相似。两种花都在春季开放。

花粉粒吸引飞虫

叶片有光泽，质地结实，边缘略呈波浪状

类群： 木兰亚纲植物

科： 樟科

株高： 6~18米

冠幅： 可达10米

果实： 紫黑色浆果，长10厘米，含1粒种子

树皮： 树皮会开裂剥落，很可能是应对寒冷的反应

▶ 雌花
雌花呈黄绿色，直径约9毫米。月桂雌雄异株，雌花和雄花开在不同植株上。

月桂

Laurus nobilis

有香味的月桂叶片可以用来为多种菜肴增添风味，它正是因为其叶片而被人类广泛种植，还作为一种常见的花园植物种植在广大温带地区。不过它还拥有可追溯至古典时代的历史，产生了丰富的文化象征含义。

这种常绿乔木或大灌木长得十分茂密，坚韧的深绿色叶片散发香味，常常低垂至地面，不过成年树有时会长出无分枝的树干。它原产自地中海地区，但如今作为香草花园不可或缺的成员而得到广泛种植。在规则式花园中，它通常被修剪成致密的角锥形或圆锥形，或者被整枝修剪成茎干挺直、边缘整齐的形态。虽然这个物种能够长得相当大，但大多数种在花园里的植株通常因为定期修剪而保持得较紧凑。在气候温和的地区，月桂还常被用作树篱。

月桂属于一个大的植物家族——樟科（Laura-
ceae）。虽然月桂属（Laurus）只有2个物种——另一
个是亚速尔月桂（Laurus azorica），但樟科的规模非
常庞大而且极为多样，拥有将近3 000个物种，其中
包括园丁们熟悉的一些其他乔木和灌木。月桂是雌
雄异株树种（植株要么是雄性，要么是雌性），在开
花时可以区分二者，但必须仔细观察才能区分。如
果花受精，雌树会在秋季结紫黑色浆果状核果，果
实中含有一粒种子。

　　新鲜叶片全年可用于烹饪，但它们也常常被干
制以供冬季使用。在为炖菜和法式肉酱调味的香料
包（bouquet garni）中，月桂叶是不可或缺的成分，
而且一枚叶片就能为牛奶布丁增添微妙的香气。
月桂叶片中的精油用于芳香疗法和制作化妆品。将
几段切下来的枝条投入冬天的篝火，随着油脂的燃
烧，它们会闪光并爆裂。

照叶林

　　樟科植物主要分布在气候较温暖的地区，
而在湿度较高的地方，它们可以形成名为照叶林
（laurisilva forests）的群落。这些森林常常包括其他
外表相似的常绿植物，如木兰和桃金娘。

　　照叶林演化于数百万年前。在冰河时代之前，
温暖潮湿的气候在地球上占据主流时，它们占据了
大部分可生长的陆地。在北半球，随着地球变冷，

> **"在宫殿深处，
> 矗立着一棵生长了很久的
> 月桂树的树干……"**
>
> 维吉尔（Virgil），《埃涅伊德》
> （Aeneid）第2卷，公元前19年

▶ 代表耶稣复活

在西方绘画中，月桂常常被用来象征耶稣复活，如在意
大利画家吉罗拉莫·戴·利布里（Girolamo dai Libri）创作于约
1520年的这幅《圣母和圣婴》（Madonna and Child）中。

◀ 照叶林

照叶林演化于远古时代。这些保留至今的树木遗迹提供了研究远古气候的线索。

空气变得更干燥，它们基本上死光了，只剩下地中海地区的月桂。早期森林中还剩下一些残留的碎片，生长在加那利群岛、马德拉群岛和某些毗邻山区。

神话和象征

月桂与古希腊神祇阿波罗的关系（据奥维德在《变形记》中所记）来自有关达芙妮（Daphne）的故事：她是一个年轻的宁芙（nymph）仙女，不情愿被阿波罗追求，她的父亲河神珀涅俄斯（Peneus of Thessaly）为了保护她，把她变成了一棵月桂树。在古希腊，月桂是智慧、和平和护卫的象征，按照传统，使用月桂枝条编织的桂冠以阿波罗的名义奖励给胜利的将军、运动员，以及诗人和音乐家。古罗马延续了这种做法。那不勒斯的一座穹形墓穴据说埋葬着诗人维吉尔，它的入口附近曾经种了一棵月桂树以纪念这位诗人。这棵树没有活到现在，因为来到墓穴的访客会剪下枝条当作纪念品，这种过多的修剪导致了它的死亡。

在文艺复兴时期的意大利，为各个领域的英雄戴上桂冠的做法重新流行起来，杰出的诗人会获得"桂冠诗人"的称号。最早获得此项殊荣的诗人之一是彼特拉克（Petrarch，1304—1374），他的十四行诗是最著名的爱情诗之一。

自然虫害防治

月桂尖翅木虱（bay sucker）是一种小型灰白色木虱，在夏季以月桂树的叶片为食，会对叶边缘造成损伤。要想在不使用杀虫剂的情况下防治月桂尖翅木虱，可以将这种昆虫的天敌，如黄蜂、瓢虫和某些鸟类等捕食者吸引到受影响的区域。可以通过种植一系列植物来实现这一点。

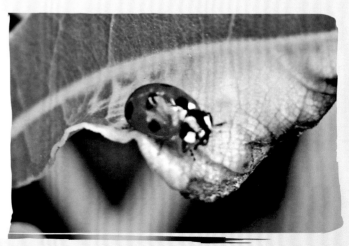

瓢虫正在捕食月桂尖翅木虱

锡兰肉桂

Cinnamomum verum

这种小型常绿树原产自斯里兰卡。曾用的拉丁学名*Cinnamomum zeylanicum*意为这座岛屿在历史上曾用的名字——锡兰（Ceylon）。

叶片具明显叶脉，渐尖

作为樟科的一员，锡兰肉桂的树皮、木材和叶片都有芳香气味。它的名字（cinnamon）在英文中还代表颜色——一种柔和、温暖的红棕色（肉桂色），也用来代表用它的内树皮制成的一种香料（肉桂）。虽然它的其他近缘物种也可以制作肉桂，但锡兰肉桂被认为是风味最纯粹的。

作为这种香料的来源，锡兰肉桂长期以来都是一种拥有重要经济价值的植物。在古埃及，从树皮中提取的油（约90%的成分是有机化合物肉桂醛）用于尸体防腐。后来，它又被用在熏香中，以及为牙膏和药物增添风味。从叶片中提取的油用于化妆品和香水产业。

经典风味

用于烹饪时，肉桂棒通常被打碎以增加风味，或磨成粉末后添加到各种菜肴中。很多厨师认为，在任何以苹果为基础的甜点中，这种香料都是必不可少的。

▲ 锡兰肉桂叶片

叶片对生，可提取出一种风味柔和的油。为了提炼这种油，人们在雨季将它们从嫩枝上摘下来。

▼ 肉桂棒

内树皮从树上剥下后被卷成管状或棒状，然后阴干以保存其中的油脂。

表面质地**脆薄**

类群：	木兰亚纲植物
科：	樟科
株高：	10~15米
冠幅：	14~18米

树叶： 常绿；窄卵圆形；革质，呈有光泽的绿色；对生；长7~18厘米

树皮： 红棕色；在成年树上，外树皮可能变成灰棕色

尸体防腐

肉桂在古埃及用于尸体防腐。这幅画中的场景来自一部纸莎草文献，它描绘了在下葬一具经过防腐处理的尸体之前举行的仪式。

肉豆蔻

Myristica fragrans

　　这种芳香常绿树以其主要经济产品（同名香料）而闻名，而且它还产生另一种香料——肉豆蔻种衣（mace）。它原产自印度尼西亚的班达群岛（Banda Islands），肉豆蔻贸易在那里曾导致持续数百年的冲突和殖民压迫。

类群： 木兰亚纲植物	
科： 肉豆蔻科	
株高： 10~20米	
冠幅： 10~20米	

 树叶： 常绿；正面有光泽，背面覆盖白霜，叶柄有沟槽；互生；长8~15厘米

 树皮： 光滑，灰棕色或棕色，含有水样粉色或红色树液，可用作染料

　　数千年来肉豆蔻一直是令人觊觎的香料，它在公元6世纪抵达印度，然后传播至君士坦丁堡并继续向西拓展。人们一开始不知道这种香料源自哪里，而当阿拉伯商人在13世纪推断出它的起源时，他们认为这是商业敏感信息，因此决定保密。这种状态维持了3个世纪，直到葡萄牙和荷兰商人追踪并发现了这种树的来源地——班达群岛，它是摩鹿加群岛的一部分，位于今印度西尼亚境内（甘蔗也起源于这里）。葡萄牙人和荷兰人开始争夺对这座群岛的控制权，这导致岛上居民遭受恶劣对待。

果实单生，下垂，成熟后变成黄色

在17世纪，人们相信肉豆蔻有催情功效。

叶片呈椭圆形或卵形，正面呈有光泽的深绿色，边缘无锯齿

最终荷兰人用武力在那里建立了荷属东印度殖民地，他们的管理一直持续到第二次世界大战后。然而，一场更早的战争加速了肉豆蔻树的扩散：在拿破仑战争期间，英国曾短暂地占领这座群岛，并抓住机会将树木运输至斯里兰卡、马来西亚和新加坡，然后又从那里转运到坦桑尼亚沿海的桑给巴尔

岛，以及西印度群岛，尤其是格拉纳达。肉豆蔻还在印度的喀拉拉邦得到栽培。

　　这种树起源于热带，只能忍耐轻度的霜冻，因其果实而得到广泛种植。肉豆蔻年产量167 800吨，其中印度尼西亚、危地马拉和印度3国共占85%的份额。实生树苗在6~8岁时结果，但在此之前无法知道它们是雄树还是雌树，只有雌树才会长出种子，而且雌、雄树在自然界中的数量大致相同。考虑到实生树苗在结实方面固有的不可靠性，人们有时使用嫁接树木，即用经过选择的结实克隆

◀ 树的各部位

　　这幅19世纪的法国雕版画是依据一张植物学插图制作的，它从左到右依次展示了肉豆蔻树的花、核果、株型、假种皮和种子。

▲ 肉豆蔻种子

　　这颗开裂且成熟的肉豆蔻种子来自印度喀拉拉邦，这种状态的种子已经可以收获，而且能够看到核果内的假种皮。种子包裹在假种皮中。

健康手册

这幅插图来自《健康全书》（*Tacuinum Sanitatis*）——一本中世纪的健康手册，它展示了一棵肉豆蔻树正在被用来制作养生饮品的场景。在当时，肉豆蔻被认为拥有一系列健康益处，并被用在传统医学中以治疗各种疾病。

肉豆蔻传统上用于治疗风湿病和霍乱。

粗糙的外表面很容易搓碎

雌树搭配足够数量的雄树以确保有效授粉。树木的种子产量巅峰期是20~25岁，约60岁时商业生产逐渐归零。

生命的香料

　　果实是核果，成熟时开裂，露出里面的种子（肉豆蔻）以及部分包裹种子的假种皮（种衣）。肉质外壳（果肉）有甜味，可制造果酱，在印度尼西亚文化中可用来制作甜点；它还可以做成果汁或泡菜。肉豆蔻种衣是果肉下面的一层鲜红色组织，几乎将种子完全包裹。人们将它从种子上取下，铺平、晒干，然后搓碎制成香料。种子在太阳下晒6~8周，这导致种仁从种皮上收缩，种皮开裂。取出种仁磨碎，就得到了肉豆蔻。种仁也可以搓碎使用。肉豆蔻种衣和肉豆蔻的味道类似，肉豆蔻的味道更甜，而肉豆蔻种衣的风味更微妙，还呈鲜艳的橙黄色。在印度尼西亚、印度和欧洲烹饪中，它们被用来为咸味和甜味菜肴增添风味。

▲ 搓碎的肉豆蔻

　　搓成碎末的肉豆蔻是很多厨房的常备调料，可以用在蛋糕和布丁里，还可以用在炖菜和咖喱风味的咸味菜肴中。

用途广泛的种仁

除了制造香料之外，种仁还可以用来制作其他产品。可以压榨种仁生产出肉豆蔻脂——一种富含油脂的红棕色产品，拥有和香料同样的气味和味道。压榨种仁还可以得到一种油，对它进行精炼可得到肉豆蔻酸，可用于替代可可脂。此外，还可将肉豆蔻磨碎后进行蒸馏，生产一种含有数种有机化合物的浅黄色或无色精油。从香水业到烹饪，这种精油的用处很多，还可以作为牙膏和某些止咳药的成分。这种精油的味道和肉豆蔻碎末类似，可以用来缓和刺激，或者为香皂增添香味，但它和碎末香料不同，它不会在香皂里留下砂砾般的残渣。

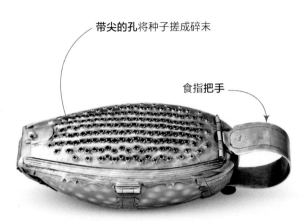

带尖的孔将种子搓成碎末

食指把手

▲ 肉豆蔻搓碎器

这件英国肉豆蔻搓碎器产自约1690年，它以一个宝螺螺壳为底座制作而成，螺壳在其中充当收纳香料碎末的容器。

其他物种

银背肉豆蔻

Myristica argentea

原产自巴布亚岛（新几内亚岛旧名）；种子小，近球形，有时被掺入肉豆蔻中以假乱真。

马拉巴肉豆蔻

Myristica malabarica

生长在印度西南部的低地沼泽地，假种皮完全包裹种子。

"从那时起，人们就一直渴望得到种子，用于栽培宝贵的肉豆蔻。"

《胡克的植物学日记和邱园杂记》
（*Hooker's Journal of Botany and Kew Garden Miscellany*），班达群岛，1857年

剂量造就毒药

如今已知的是，在足够大的剂量下肉豆蔻会对人产生一些生理和神经影响，不过烹饪或化妆品行业通常使用的剂量水平是安全的。它有可能造成的影响包括精神错乱、惊厥、谵妄、恶心和头痛。这些中毒症状在摄入的几个小时后出现，而且可以持续数天，有时甚至导致死亡。大剂量使用还会导致早产。肉豆蔻还会干扰某些药物（如止疼药）发挥作用。宠物可能被肉豆蔻的气味吸引，如果吃下太多肉豆蔻，它们有可能丧命。

▲ 1723年的巴达维亚

这座荷兰殖民港口（位于今印度尼西亚雅加达）是荷属东印度公司在亚洲的肉豆蔻贸易枢纽。在荷兰人到来之前，班达群岛本土居民一直在开展肉豆蔻贸易，已经做了数百年的肉豆蔻生意。

索科龙血树

Dracaena cinnabari

这些华丽的常绿树如雕像般伫立，仿佛不受时间的影响，形状好似一把半打开的雨伞。除了不同寻常的外观，它们还以深红色"龙血"树液闻名，是在非洲之角沿海的索科特拉（Soqortra）群岛严酷的环境下生长的许多独特植物中最令人难忘的种类之一。

类群: 单子叶植物

科: 天门冬科

株高: 可达9米

冠幅: 可达12米

树叶: 常绿；坚硬，剑形；簇生于年幼枝条末端；长30～60厘米

果实: 球状肉质浆果；成熟时从绿色先变成黑色再转为橙红色；含2～3粒种子

树皮: 一开始呈灰色，光滑，逐渐长出裂纹；常带有因提取树脂造成的伤口

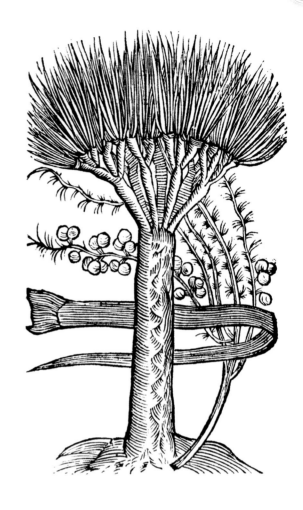

◀ 宏伟的树林

索科特拉岛上的菲尔米辛（Firmihin）石灰岩高地是索科龙血树的大本营。这里的树全都是大型成年树，形成了游客喜欢的景观，但这里基本上没有幼年树木。

▶ 龙和果实

这幅来自1640年的版画描绘了同属物种龙血树（*Dracaena draco*）的植株和果实，该物种原产于马德拉群岛、加那利群岛和佛得角群岛。

"这种奇怪而可敬的树长得很大，像松树一样。"

约翰·杰拉德（John Gerard），在《植物通志》（*Generall Historie of Plantes*）中描述索科龙血树，1633年

龙血树属（*Dracaena*）的60~100个物种是如此独特，以至于难以说清它们之间的分类学关系。虽然它们通常被归入天门冬科，但某些分类系统认为它们与龙舌兰相关，或者也许应该自成一科，即龙血树科（Dracaenaceae）。有少数几个物种长成大树，但大部分物种是低矮的灌木。有些物种作为室内植物被人类种植，其中最常见的是虎尾兰（*Dracaena trifasciata*）。

宝贵的树液

有几种龙血树会在树皮被割伤时流出红色树液，但索科龙血树自古罗马时代以来就是这种树液最著名的来源。根据传说，一条龙和一头象打斗，龙将象杀死了，龙自己也受了伤，它流出的血凝结后长出了第一棵索科龙血树。干燥的龙血树液在古代备受珍视。古埃及人用它对尸体进行防腐处理，而古罗马人将它用作颜料中的色素和给玻璃上色的染料，还用它为宝石增色、治疗疟疾和烧伤，以及粘牢松动的牙齿。后来，它又作为优质小提琴的木材染料而受到重视。尽管如今它基本上已被合成染料取代，但在这种树的原产地索科特拉群岛——也门的一座群岛，当地居民至今仍然用它治疗胃病、为木头染色、装饰陶器，还将它用作唇膏。

索科龙血树的独特性主要来源于索科特拉岛。它是索科特拉群岛的4座岛屿中最大的，位于非

深红色树脂易碎，不溶于水

▲ 龙血

古时候，作为龙血出售的红色树脂来自索科龙血树。如今，它更有可能来自亚洲的省藤（rattan palms）。

◀ 引导水分

这种树的构造是为了收集而非排出水分，它的形状就像一把半打开的雨伞，辐条状分枝全都在一个部位与树干相连。这种形状可以将树叶承接的水分引导至分枝，再转运到树干和树根。

洲之角以东225千米的印度洋。它属于也门，位于该国北部。大约1 800万年前，这块土地从非洲大陆中分离出来。从此以后，在那里的与世隔绝的环境中演化出了一些相对缺乏流动性的物种。这座岛屿上超过1/3的维管（含有输送养料和水分的导管组织）植物是特有种（只分布在索科特拉岛上）。

山中迷雾

索科特拉岛是一座山地岛屿，最高点海拔1 550米。岛上的低地干旱贫瘠，但山区会有冬季季风带来的降雨，而且经常处于雾气笼罩之下。索科龙血树适应了这些环境条件，树叶可以从雾气中收集水分，并将水分引导至海绵质地的树枝中储存起来。浓密的树冠为下面的土地遮阴，有助于落下的种子萌发，这也解释了这种树成片生长的原因。

然而，索科特拉岛的气候正在变化。环境证据表明，山区的云雾覆盖区域这些年来已经减少，而且变得更加碎片化且不稳定。由于气候变干和过度放牧，很多现存的树丛只剩下老树，没有留下任何幼苗可以在它们死去时取代它们的位置。

它们的**分枝程度**说明索科龙血树可能已经活了**500年**之久。

其他物种

龙血树
Dracaena draco

分布于西班牙加那利群岛中的拉帕尔马（La Palma）岛。在葡萄牙的马德拉群岛地区，城市广场上生长着优美的老树。葡萄牙的亚速尔群岛地区也引进了该树。

香龙血树
Dracaena fragrans

观赏植物，原产自非洲热带地区，拥有带彩斑的棕榈状叶片，可作为室内植物或树篱种植，成年后开有香味的白色花。

类群: 单子叶植物

科: 龙舌兰科

株高: 5~12米

冠幅: 可达8米

树叶: 常绿; 蓝绿色, 边缘呈黄色; 矛形; 坚硬, 末端是一根硬刺; 螺旋状排列; 长20~36厘米

花: 钟形, 有6枚蜡质奶油色或绿白色裂片

树皮: 粗糙, 软木质, 有沟槽并裂成近方形鳞片

▶ **莫哈维沙漠的地标**

短叶丝兰是莫哈维(Mojave)沙漠中一个非常显眼的物种, 粗壮的树干和延伸的分枝末端是一簇密集的常绿叶片。

短叶丝兰

Yucca brevifolia

短叶丝兰的形状个性十足, 看上去十分引人注目, 还透着一丝怪异。在美国西南角的莫哈维沙漠, 它们的身影主导着那里的高海拔干旱台地和坡地景观。

短叶丝兰是美国加利福尼亚州、犹他州和亚利桑那州交界沙漠地区的特有物种, 生长在海拔610~1 800米的地方。那里的气候非常干旱, 而且植株生长所需的大部分降水都是冬季降雪, 所以这种树的细长肉质叶片有利于储存水分。

死去的叶片围绕年幼树干和分枝形成一圈"斗篷"

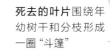

和飞蛾展开合作

这些树通常在降雪结束后不久的3~5月开花, 但不会每年都开花。人们认为某种气温和湿度组合会诱导该物种开花。这些树依赖丝兰蛾[丝兰蛾属(*Tegeticula*)物种]传粉。雌蛾从一朵花上采集一小

◀ **丰富的花朵**

短叶丝兰在早春开花, 花朵簇生成硕大的圆形花序, 直径达30~50厘米。

团花粉后会飞向另一棵正在开花的短叶丝兰, 将自己的卵产在其中一朵花的绿色子房中。接下来, 它将自己采集的花粉搓到这朵花的柱头上, 为它授粉。等到它的幼虫孵化出来时, 这种花也已经发育出了种子。幼虫会吃掉一部分种子, 但是还会有数量足够多的种子存活下来, 传播到其他地方并长成新植株。

其他物种

千手丝兰

Yucca aloifolia

分布于美国的北卡罗来纳州至佛罗里达州、阿拉巴马州, 墨西哥, 百慕大群岛, 以及一些加勒比海岛屿。开白花, 可以长到7米高。

树芦荟

Aloidendron dichotomum

在纳米比亚南部和南非的纳马夸兰（Namaqueland），粗壮的树干和伸展的树冠让这种矮生树木在那里的多岩石半沙漠地区成为一道醒目的景致。树芦荟通常长成孤独的"地标"，但是它们在少数地方可以形成由数百棵树组成的森林群丛。

类群: 单子叶植物
科: 阿福花科
株高: 可达9米
冠幅: 可达8米

果实: 干燥的绿色蒴果，逐渐木质化；开裂后释放出许多带翅的种子

树皮: 一开始颜色浅，然后变成金棕色；裂成边缘尖锐的鳞片

▶ 树芦荟森林

树芦荟森林很稀有，而且在它们出现的地方很有名，如图中展示的这座森林，它位于纳米比亚南部的基特曼斯胡普（Keetmanshoop）。

尖刺状叶片可以长到约30厘米长

分枝形成独特的喇叭状株型

树芦荟以前曾被归入芦荟属（Aloe），拉丁学名曾为Aloe dichotomum。芦荟属植物一般是低矮的肉质灌木，因此在2013年，根据生长形态和分子生物学方面的差异，7个树状芦荟从该属中分离出来，归入单独的树芦荟属（Aloidendron），树芦荟也许是这个新属中最著名的物种。这个物种的形状非常像索科龙血树（见第110~112页），它们的分枝都从树干顶端上的一点向外呈辐射状，就像一把半打开的雨伞。然而，这两种树之间并没有很近的亲缘关系，它们的相似性是"趋同演化"的一个例子，即两个不相关的物种演化出了类似的适应性特征，以应对具有挑战性的环境，对于这两种树而言，挑战是干旱的沙漠。

干涸景观

树芦荟生长在沙漠和多岩石半沙漠地区，这些地方的降水极少，而且基本发生在冬季。它们在黑色岩层之间生长，而这些岩层会在气温经常达到38℃的夏季吸收热量。它们的根系的扩张范围很广，这样做既是为了寻找稀少的水分，也是为了将它们固定在岩石和薄薄的砂质土中。

来自它们花朵的大量花蜜会吸引昆虫、鸟类和狒狒，但蜂类才是这个物种的主要授粉者。对于社会性动物——织巢鸟而言，

这种树是很受欢迎的筑巢地点。该物种的英文名quiver tree意为"箭囊树"，因为该地区的土著居民桑（San）人会将这种树的树枝挖空，制成捕猎时使用的箭囊。

▲ 二叉状分枝

树芦荟的茎在生长过程中分裂为两支，这张在纳米比亚拍摄的仰视照片展示了它的这个特征。

> "……既难看又有趣的一种树。
> 它是一个芦荟类物种……"

约翰·巴罗（John Barrow）爵士，《非洲南部内陆游记》
（*An Account of Travels Into the Interior of Southern Africa*），1801年

颜色鲜艳的花瓣
吸引食蜜鸟

幼嫩的绿色茎秆
支撑着花序

◀ 橙黄色花组成穗状花序

这种树在6~7月开花，长出多分枝穗状花序，由黄色瓮形花朵组成。花长约3厘米，有醒目、突出的橙色雄蕊。

其他物种

大树芦荟

Aloidendron barberae

中型乔木，拥有粗壮的树干。生长在莫桑比克的沿海河谷及南非东海岸地区。

类群: 单子叶植物

科: 棕榈科

株高: 35米

冠幅: 12米

树叶: 常绿;裂成多枚革质深绿色小叶;长达6米

花: 浅黄色,有3枚花瓣、3枚萼片,以及6枚雄蕊(雄花)和3室子房(雌花)

果实: 卵形,从绿色逐渐变成棕色,长达30厘米,重达2 000克

椰子

Cocos nucifera

椰子生长在许多热带地区的海边。它们以巨大的硬壳果实而闻名，这些果实在海上漂浮数月后依然可存活，这也许有助于解释它们为什么分布得如此广泛。

椰子大概起源于印太地区，而在大约4 500年前迁徙至太平洋的波利尼西亚人使得椰子扩散得更加广泛。后来，马来西亚和阿拉伯商人将经过改良的椰子类型带到印度、斯里兰卡和东非。

在16世纪，欧洲探险家将这个物种引入西非、美洲大西洋海岸、加勒比海地区，以及后来的澳大利亚北部热带沿海地区。欧洲人在很多国家建立了大型椰子种植园，所以椰子真正的自然分布范围无从知晓。

层层都是宝

椰子树可以结出多达30个圆形或卵形大坚果，每个坚果都包裹在柔软的绿灰色纤维质外皮

▶ 椰子单柄大酒杯
17世纪初，抛光椰子壳和镀金白银的搭配深受富有之家的青睐。

中。在坚果的壳里是可食用的雪白色肉质层（胚乳），肉质层里面是一个空腔，其中含有一些富含糖分的液体（椰子水）。正是这些养料储备让椰子在海上漂浮数月也能生存下来。新植株的微小胚胎嵌在胚乳中，它发育出的枝条和根会从位于坚果果壳一端的3个软"眼"里长出来。

这种树的所有部位几乎都可以为人类所用。来自外皮的纤维可以用于制作绳索和地垫，还可以用在无泥炭基质中。它的树干可用作建筑材料，树叶可以用来编织篮子和覆盖屋顶。果肉可以制成椰蓉或椰肉干。从椰肉干中提取的油用于制造肥皂和化妆品，还用于生产人造黄油。

◀ 荒岛椰子树
椰子树生长在全球大部分热带地区海边排水良好的砂质土壤或者沿海森林中。它需要120~230厘米的年降水量才能生存。

▶ 海上航行的果实
果实可以在海上自由漂浮许多个星期，无论在哪里被冲上岸，都仍然能够发芽。这让它们能够占领遥远的岛屿和珊瑚环礁。

"椰子树喜欢听人说话。"

谚语，引自《椰子种植手册》
（*Coconut Planter's Manual*），1907年

稳如磐石

　　在马来西亚的丹浓谷（Danum Valley）热带雨林，这棵娑罗树（shorea tree）无惧恶劣的自然条件，牢牢地站在原地。这种高大的常绿树扎根在浅土壤中，为了抵御风雨并维持自身的稳定，它在树干基部发育出了膨大的板状根。

◀ 马赛克镶嵌画

　　这幅公元6世纪的马赛克镶嵌画以海枣树为背景，描绘了东方三博士来朝的场景。在对耶稣诞生的某些讲述中，圣婴据说出生在一棵海枣树下。

类群: 单子叶植物	
科: 棕榈科	
株高: 可达23米	
冠幅: 可达4.5米	

 树叶: 常绿；叶柄基部有刺；羽状复叶，小叶对生；长约6厘米

果实: 大致呈圆柱形，黄色或红棕色；长达7厘米

▶ 海枣园

　　海枣树成行种植，埃及、伊朗和沙特阿拉伯是主要出产国。果实以不同速度成熟，每年必须分数次采摘。

海枣

Phoenix dactylifera

　　海枣以其甜蜜、黏稠的果实闻名于世，广泛栽培于北非、中东和南亚地区。

　　海枣树通常拥有一根笔直竖立的树干，顶端长着一丛拱形羽状复叶（由多枚小叶组成的大叶片），让这种树看起来像一把大遮阳伞。然而，如果允许茎干基部长出的分枝继续生长的话，这个物种也能发育出多根树干。随着树干向上延伸，位于下部的复叶脱落，留下其木质化的基部，并形成海枣树极具特色的树干。海枣树经常种在海边，而且已在许多热带和亚热带地区归化，它们非常坚挺，能够承受海滨大风和周期性洪水的侵袭。年幼海枣树从基部长出羽状复叶，是很受欢迎的室内植物。

　　在春季或夏季，成簇的奶油色花从这些树的树冠上垂吊下来。它们会发育成质地黏稠的海枣果，每个果实内含一粒长条形种子。随着果实的成熟，它们的果皮会皱缩。果实呈黄色或红棕色，可鲜食、干制或加工，而'美卓'（'Medjool'）这个海枣品种因其类似焦糖的味道被视为上品。鲜果是完整出售的，但是当海枣被干制或加工时种子会被去除，而且在磨碎、浸泡或者发芽后（最后一种情况较为少见）可以用作牲畜饲料。

　　海枣树除了被人种植以获取果实之外，还可以在树上切口以使其流出树液（海枣蜜），这种液体可以直接饮用或加工成糖，还可以经过发酵后生产一种酒精饮料——被古埃及人称为"生命饮品"。然而，在树上切口流出树液会阻碍结实，因此这并不

其他物种

非洲海枣（垂枝刺葵）

Phoenix reclinata

　　优雅的棕榈类植物，产生几根背离中心的拱形树干，果实很干。

林刺葵

Phoenix sylvestris

　　原产自印度和巴基斯坦。簇生的果实呈黄色或橙色，成熟时则变成深红色或紫色。

是常规操作。这种树的几乎所有部位都有用处：它的木材可用作建筑和栅栏材料；树叶可用来覆盖屋顶；纤维可缠绕成绳索，或者用作包装材料；木质化叶基可作为燃料焚烧。

从庙宇到教堂

海枣已在北非和中东栽培了至少5 000年。在古埃及，它作为生育力的象征备受尊崇，并被广泛种植在庙宇庭院中。古埃及建筑师艾纳尼（Ineni）将海枣与无花果、角豆树（carobs）等其他果树种在一起。在一些墓穴壁画中，海枣树被种在观赏水池旁边以供遮阴，水里有鱼和水禽，它们被认为是人死后灵魂的食物来源。

这个物种的属名（Phoenix）与神话中的不死鸟同名，人们相信它是这种鸟的栖息之所，就像在莎士比亚的戏剧《暴风雨》（The Tempest）中提到的那样："现在我将相信独角兽确实存在，而且阿拉伯有一种树，凤凰住在里面。"海枣在亚伯拉罕诸教中有重要意义，它的名字出现在《律法书》（Torah）、《圣经》（Bible）和《古兰经》（Qur'an）中。在犹太教中，它是住棚节（Sukkot）期间使用的4种植物之一，这个节日是为了纪念犹太人在奔赴应许之地的途中穿过沙漠四处流浪的岁月。在基督教中，这种树与胜利有关，暗示精神对肉体的胜利。这可能是对一项古典时代传统的文化挪用：古罗马人在公元70年攻陷耶路撒冷后将海枣作为胜利与和平的象

灰绿色小叶细长，且间隔均匀

▶ 海枣叶片

这些叶片是羽状复叶，小叶对生在一根粗壮的拱形中脉上。小叶在靠近复叶末端时变短，从而产生圆形轮廓。

◀ 收获果实

采果人身上拴着绑带，将老叶叶基当作立足点，爬上海枣树的树干。熟练的采果人常常赤脚爬上树干。成熟的海枣很容易摘下来，但是采摘时要避免擦伤它们。

"它的叶片上下起伏，嗖嗖作响。
它在想，也许我的叶片是羽毛。"

罗宾德拉纳特·泰戈尔（Rabindranath Tagore），《海枣树》
（Palm Tree），摘自诗集《儿童博拉纳特》（Sishu Bholanath），1922年

小叶沿着中脉分布，
长度不一，最长可达
30厘米

征。在此之前，古罗马人的市场上已有海枣出售，而且罗马将军尤里乌斯·恺撒（Julius Caesar）据说很喜欢这种果实。

从圣地回到西欧的中世纪朝圣者会将海枣树叶当作纪念品带回家。在圣枝主日（Palm Sunday）这天，海枣树叶还被用来装饰基督教堂。很多领域的胜利者至今仍被奖励象征性的棕榈（海枣是棕榈科植物，其英文名date palm的字面意思就是"结海枣的棕榈"——译者注），而戛纳电影节金棕榈奖是电影人梦寐以求的荣誉。海枣叶片还被广泛用作装饰图案，而且经常出现在中东古建筑留存至今的

残片中。在装饰派设计（Art Deco）流行的时代，风格化的棕叶饰图形（多枚棕叶向外扇形伸展）迎来了复兴，甚至直到今天也相当常见。

石制品，装饰有海枣树和纽索饰——一种精美的重复图案

▶ 装饰性海枣树

这件来自公元前3 000年的石制品被发现于波斯湾，上面装饰着雕刻出的海枣树，它在当时、当地是很流行的图案。这件物品有一个把手，可能是个哑铃。

类群: 真双子叶植物

科: 杨柳科

株高: 可达25米

冠幅: 可达15米

 树叶: 落叶; 细长, 锐尖; 基部有一对小托叶; 长可达14厘米

 雄柔荑花序: 绿黄色柔荑花序, 由众多释放花粉的小花组成

 树皮: 灰棕色, 有众多浅裂纹; 嫩枝呈黄绿色, 有光泽

▶下垂的枝叶

披针形叶片生长在细长、下垂的小树枝上, 正是这些枝条造就了这种树的独特的垂枝株型。雄花和雌花开在不同的树上并排列成密集的穗状, 即柔荑花序。

具浅锯齿的叶片使水滴从叶尖滴下, 在某些文化中, 这种现象与哀悼时落泪联系在了一起

垂柳

Salix babylonica

这种树原产自中国, 但在其他地方也有栽培, 拥有令人难忘的株型, 一眼就能辨认出来。它的身影出现在许多画作中, 以衬托中国古代皇宫的宏伟或者渲染英格兰乡村的纯朴之美。

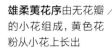

雄柔荑黄花序由无花瓣的小花组成，黄色花粉从小花上长出

▶ 鬼魂和优雅

在日本，垂柳种植广泛，尤其是在水边。它们象征气质优雅的女性，但也象征食尸鬼和邪灵。

"柳树不会被积雪的重量压断。"

日本谚语

垂柳在世界上的很多地方都是一道常见景致，然而令人吃惊的是，它的起源至今尚未得到确认。这种垂枝植物最有可能是一种原产自中国北方且株型更直立的柳树的突变形态，这种直立的柳树可能是旱柳（*Salix matsudana*），如今有很多植物学家认为它和垂柳同属一个物种。在某一时刻，这种柳树的一个垂枝类型被发现，人们从它身上采下插条并广泛传播。垂柳沿着丝绸之路穿过中亚来到中东，并从那里继续扩散到欧洲和更远的地方。

后来，瑞典植物学家卡尔·林奈使这种树的起源问题变得更加混乱，林奈将垂柳的拉丁学名命名为*Salix babylonica*，暗示它起源于古巴比伦（Babylon，今伊拉克）。虽然他在命名时所描述的树位于荷兰，但给他灵感的是《圣经》中《诗篇》（*Books of Psalms*）第137篇的内容："我们坐在巴比伦的河边，一追想锡安就哭了。我们把琴挂在那里的柳树上。"其实生长在伊拉克幼发拉底河河边的树是杨树而非柳树，但林奈的命名还是被保留了下来。

柳树和水

在湿地、沼泽与河口，柳树是一道常见的景致。很多柳树拥有在水分饱和的土壤中生存且茁壮生长的卓越能力，而且它们四处延伸的根系有助于

▲ 动人的图案

垂柳图案在中国绘画中极常见。在书法家吴熙载绘制的这幅纸扇面（作于1852年）中，一只蝉趴在一根秋日柳枝上。每一片柳叶都是用画笔一笔画出的。

稳定河堤和水滨岸线。这些水生生境常常遭受恶劣天气和水位快速变化的影响，这些可能导致树木被清除。此时柳树就会展示它们的另一项关键生存技能——在新地点快速生根的能力。柳树的枝条富含吲哚基丁酸——一种促进生根的生长激素，而任何尺寸的树枝都可在数周之内生根。柳枝提取物常常用来促进其他植物的插条生根，而且易于繁殖的特性还让柳树在重新造林、防风林以及坡面加固项目中成为很受欢迎的选择。柳枝易于生根，它们被编织成栅栏后会生根并长出叶片，形成"树篱栅栏"。

虽然柳树很容易通过扦插繁殖，但它们也会开花结籽。大多数柳树是雌雄异株的，即分别有雄性和雌性植株。在欧洲和澳大利亚，大部分垂柳是雌株，说明当初是一个雌性克隆体被引入到这些地区并通过扦插繁殖。在世界上的其他地方，雄性克隆体更常见。传统上认为只有风能为柳树花授粉。然而，一些研究发现，昆虫和风都会发挥作用，共同提高授粉成功率。

花蜜和花粉
柳树花可产生花蜜和花粉。对于蜂类和其他授粉昆虫来说，它们是宝贵的食物来源。

文化关联

垂柳出现在民间故事和传说中，是绘画和工艺品中常常出现的图案，并被用在传统药物中。在中国，它是不朽和重生的象征，这或许是因为它容易扦插生根。在中国的某些地区，人们在仪式上携带柳枝以消除旱灾，或者戴上柳枝编织的帽子求雨。

在18世纪的英国，进口的中国绘画和工艺品令东方审美受到更多认可。为了满足对这些产品和图

> "最坚硬的树最容易折断，
> 而竹子或柳树通过随风弯曲而生存下来。"
>
> 李小龙（1940—1973），美籍华人武术家和演员

其他物种和品种

曲枝垂柳
Salix babylonica 'Tortuosa'

垂柳被广泛栽培的一个克隆品系，因直立形态和扭曲枝条而被种植。人们常采集枝条用于花艺。

黄花柳
Salix caprea

分布范围横跨欧亚大陆，落叶灌木或小乔木，是英国最常见的柳树之一。

五蕊柳
Salix pentandra

原产自欧洲和亚洲。落叶灌木或小乔木，叶片和作为烹饪香料的月桂叶相似。

案的更大需求，英国的陶瓷厂创造出具有中国艺术风格的柳树图案，用在它们生产的瓷器上，这种图案至今仍在使用。

在传统中医中，柳树皮被用在治疗头痛、发热和炎症的药物中。早期的欧洲人也会用柳树皮缓解疼痛，这和某些美洲土著部落的做法一样。柳树含有名为水杨酸的植物激素，这种化合物后来被开发成了止痛药阿司匹林（乙酰水杨酸）。

拿破仑柳

1815年，法国皇帝拿破仑·波拿巴（Napoléon Bonaparte）被流放到南大西洋的圣赫勒拿（Saint Helena）岛，据说他在那里的时候喜欢坐在一棵垂柳下，并希望死后埋在这儿。这棵树的插条曾被送到世界各地，并且常常顶着"拿破仑柳"（Salix napoleonis）的名号。

▲ 高墙内的垂柳

垂柳在英文中又称"北京柳"（Beijing willows），它被广泛种植在中国首都各处，包括故宫内及其周边。

画中是圣赫勒拿岛上的拿破仑坟墓

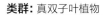

类群：真双子叶植物

科：杨柳科

株高：可达25米

冠幅：可达20米

树叶：落叶；细长；正面暗绿色，背面蓝绿色；互生；长达10厘米

树皮：暗灰色；成年树的树皮有深裂缝。含有可用于止痛的水杨苷

◀ 幼嫩的雌柔荑花序

柔荑花序在早春长出。图中所示的雌柔荑花序可以长到4厘米长，而雄柔荑花序稍长，长达5厘米。雄性和雌性柔荑花序生长在不同的树上。

嫩枝上的**树皮**是光滑的，随着年龄的增加而长出纹理

雌柔荑花序在受粉后伸长

◀ 巨大的柳树

白柳是柳树类物种中体型最大的，它生长迅速，但容易得病。它的树冠有时会长成不对称的倾斜姿态，如图所示。

白柳

Salix alba

白柳以其微微发亮的细长叶片闻名，它同时拥有传统和现代用途，而且是一种很受欢迎的花园植物。

和柳属（*Salix*）所有成员一样，白柳这个落叶物种通常生长在水体附近。它分布于欧洲以及西亚和中亚的部分地区。如果看到一棵树生长在某个看似干旱的地方，就能肯定那里有地下水源。如今，它在洪水频发地区被越来越多地种植，这是为了加固潮湿土壤以控制水灾，这个过程称作"水树篱建设"（hydro-hedging）。

它的名字（英文名为white willow，与其中文名白柳同义——译者注）取自覆盖叶片的丝状毛，虽然叶片本身呈深浅不一的绿色，但它们在微风的吹拂下看上去就像闪烁着明亮的白光，尤其是在每年的头几个月。花长成醒目的柔荑花序，与新叶在同一时间或者稍微提前出现。

白柳长期以来因其有弹性的嫩枝而受到重视，这些枝条很适合用于编织篮筐（包括热气球下面的吊篮）和制作栅栏。刺激柳枝生长的方式有2种：一种是将所有地上部分切除至地面高度（平茬）；另一种是让树干生长数年，然后削去树冠中的所有树枝（截顶）。白柳的一些类型拥有鲜艳的红色或黄色树枝。

在欧洲，如果圣枝主日这天没有海枣树叶可用，人们会用白柳装饰基督教堂，并将柳枝编织成十字架。在凯尔特人的信仰中，白柳还和月亮有关。白柳树皮在医学上一直被用作止痛剂。

其他物种

爆竹柳

Salix fragilis

最大的柳树之一，树枝很脆，容易在大风中折断。

瑞香柳

Salix daphnoides

枝条呈紫红色，幼嫩时覆盖一层白霜。蓬松的雄柔荑花序引人注目。

▼ 秋叶

颤杨一般生长在冷凉气候区，并在冬季降临前落叶。树叶上的积雪会导致树枝断裂。

类群: 真双子叶植物

科: 杨柳科

株高: 可达25米

冠幅: 10米

树叶: 落叶；近圆形；具圆齿；互生；在幼树上可长达20厘米

雌柔荑花序: 落叶树；雌花绿色，无花瓣，生长在下垂的柔荑花序中

树皮: 白色或浅绿色；白垩质，光滑，有明显的深色枝痕

颤杨的**叶柄**是扁平的，有兜风效果，这导致叶片在微风中颤抖

颤杨的**成熟叶片**近圆形，但新枝和根蘖条上的叶片是三角形的，而且尺寸是前者的2倍或者更大

颤杨
Populus tremuloides

颤杨的树皮含有用于**光合作用的**绿色**叶绿素**，尤其是在生长季早期。

作为北美洲分布最广泛的树木，颤杨的分布范围从阿拉斯加腹地延伸至墨西哥中部的山区。一些树林已有数千年的历史。

确定一棵活体树木的年龄可能有困难。对于砍倒的树，可以通过检查木头中的年轮计算这棵树的年龄。在生长季的每一年，树干都会向外扩张，产生一层新的输导组织，而这个过程会在树干中产生肉眼可见的年轮。活体树木有时可以用年轮法测定年龄，只要它们拥有足够宽的树干可供取出木芯样本。然而，估计颤杨的年龄尤其困难。单棵树干可以砍倒，察看年轮后发现它们的年龄是50～150岁，北美洲西部的树通常比北部的树活得更久。颤杨是克隆生物，每棵树都可以从树根的芽上长出新的枝条（见第133页）。随着时间的推移，整座小树林逐渐形成，其中的每棵树都与"邻居"相连，而且它们在遗传上完全相同。较老的树干渐渐死去并被新的茎干取代，于是整个生命体可以生存成千上万年。位于美国犹他州的潘多（Pando）颤杨林占地面积40公顷，拥有大约48 000棵树，它们全都是同一生命体的一部分。树木的年轮只能告诉我们单根茎干的年龄，但是没有准确的方法能够确定这个群体的真正年龄，目前估计它至少已有14 000岁。

颤杨具有长成大片树林的能力，它们在其占据的生境中是重要的组成部分并不奇怪。它们有时被称为关键种（keystone species），这个生态学术

▶ 秋季树叶

随着气温下降，绿色的叶绿素分解，呈现出黄色的类胡萝卜素，正是这些色素使颤杨具有灿烂秋色。有些颤杨在秋天还会呈现出红色。

哀伤之树

15世纪意大利画家安德烈亚·曼特尼亚（Andrea Mantegna）的这幅画描绘了耶稣受难的场景。在基督教传统中，钉死耶稣所用的十字架被认为是用颤杨木制作的。因此，颤杨树叶在风中的颤抖据说是这些树悲痛时的颤动。

weidemeyerii）将颤杨及其近亲物种作为幼虫的食物。河狸经常吃颤杨的树干和小树枝，并用较大的树枝筑坝。和颤杨一样，河狸也是关键种，因为它们通过筑坝为许多其他动植物创造了赖以生存的栖息地。

种群和生存

自20世纪90年代以来，人们观察到颤杨种群一直在减少，尤其是在北美洲西部。到目前为止，没有任何病虫害被确定为背后的原因，造成这种现象可能是人为因素，如火灾、过度放牧以及气候变化。其他树种也可能在其中发挥了作用。颤杨无法在荫蔽环境中生长，而随着时间的推移，常绿针叶树的幼苗可能会在颤杨林中站稳脚跟。这些树形成的树荫最终会导致颤杨死亡；反之，森林火灾会抑制这些树苗的长势。随着栖息地被人类侵扰，食草动物（包括家畜）更多地采食颤杨，大大减少了其再生，并进一步促进针叶树对颤杨林的侵蚀。模型研究发现，气候变化将导致更多火灾，和只危害针叶树的害虫如西黄松大小蠹（moutain pine beetle）的扩散一样，这有利于颤杨。然而，如果非本土害虫侵害颤杨林，那么颤杨的克隆习性会让它们容易遭受大规模损失。因此，颤杨的未来似乎处于不确定的状态。

语指的是这样一类生物，如果将其从生态系统中移除，会造成生态系统的崩溃。颤杨的树叶和枝条是驼鹿、野兔、豪猪、松鸡和黑熊等动物的重要食物来源，而且这种植物的快速生长和再发芽能力保证了供应稳定。颤杨上生活着多种昆虫，微点拟斑蛱蝶（Limenitis

其他物种

黑杨

Populus nigra

原产自欧洲，以及北美洲和西亚部分地区；生长迅速，落叶树，喜潮湿生境。

欧洲山杨

Populus tremula

与原产自北美洲的颤杨相似，也有颤抖的叶片，但边缘锯齿更粗。

加杨

Populus × canadensis

原产自欧洲的黑杨与原产自北美洲的美洲黑杨（eastern cottonwood）杂交的后代；可作为防风林树种。

颤杨和人类

在颤杨广泛的分布范围中，原住民以多种方式利用这个物种。木头被用来制作独木舟、框架和工具，有时用于建造原木小屋，尽管它在建筑工程中并不受青睐。如今，它被广泛用于生产造纸用的木浆以及建筑用胶合板。它的内树皮有甜味，可生食或烹饪后食用，或者加工成粉。外树皮曾作药用，治疗痛风、发烧等病痛，而覆盖树皮的白色粉状物被专门收集起来，用作除臭剂和止汗剂。根、叶和芽也各有用途，无论是对人类社群还是对自然群落，颤杨都十分重要。

这个物种还出现在各种神话和民间信仰中。曾有人相信，一个人要是戴上颤杨枝条做成的冠，就能造访冥界并安然回归，而且人们在一些欧洲古坟堆里发现过颤杨冠。在凯尔特神话中，颤杨树枝的摆动被认为是这种树在与来世交流。

克隆群体

颤杨生成随风飘扬的带棉絮种子。这让它能够迅速占据空荡荡的生境，如发生过火灾的区域。然而，微小的种子含有的营养物质很少，不能长期生存。随着母株根系上的芽长成新树，克隆繁殖让颤杨能够实现在本地扩张。所有这些树在遗传上都是完全相同的。

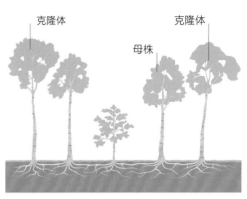

克隆群体示例

共同的根系

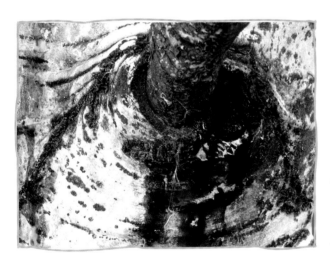

◀ "流泪"的伤口

颤杨在树干受伤时会流出树液以密封伤口，从而阻止昆虫和真菌进入内部。

▼ 河狸的食物

河狸喜欢吃颤杨胜过任何其他树木，但从树根上萌发的克隆颤杨枝条会产生一种驱赶食草动物的化学物质，从而使自己得以发育成熟。

"颤杨，轻盈纤薄；风迅捷地掠过。"

帕特里克·汉内（Patrick Hannay），苏格兰诗人，1622年

类群: 真双子叶植物

科: 桦木科

株高: 可达30米

冠幅: 可达10米

树叶: 落叶; 卵形, 渐尖, 边缘有锯齿; 互生; 长达5厘米

柔荑花序: 雄柔荑花序呈圆柱形, 下垂, 长2~5厘米; 雌柔荑花序相对较短, 先直立后下垂

◀ **垂枝桦树林**

垂枝桦纯林极为稀有, 主要分布在排水良好的轻质土壤上, 如这片位于德国的树林。这种树独特的银色树皮上点缀着瘤状黑色鳞片和隆起。

垂枝桦

Betula pendula

作为北温带和北极地区的60个桦树物种之一, 垂枝桦是一种优雅的落叶树, 拥有银色树皮和细长、下垂的枝条。在欧洲各地, 它与另外两个物种形成生态混生关系。

作为一种树形优雅的园景树, 垂枝桦被种植在欧洲和北美洲各地的公园、住宅区和市政绿化区, 以及郊区街道两侧和家庭花园中。它在欧洲南部和低地、西西伯利亚、土耳其和摩洛哥等气候较温和的地区的轻质土上形成林地, 而且分布范围北至挪威境内北极圈以北地区。依靠风力传播的带翅种子让它很容易占领欧石南丛生的荒野。然而, 垂枝桦在此类生境中通常是寿命较短的早期先锋树种, 随着更高的栎树或松树站稳脚跟, 它最终会被闷死。老树的上半部分树冠的银白色树皮是其显

著特征, 而下半部分树干通常拥有硕大的钻石形黑色瘤状鳞片和隆起。然而, 每棵树的树皮都有所差异, 要想确认某棵树的确是垂枝桦这个物种, 必须检查它的小枝和叶片, 小枝应该是无毛的, 叶片边缘有两排锯齿, 形状稍不规则的较长锯

▶ **啄木鸟和桦树**

年幼的垂枝桦可能拥有红棕色树皮。在空气洁净的地区, 这些树皮很快会被地衣占据。大斑啄木鸟撬开树皮寻找甲虫的幼虫, 并在更老的树上挖洞筑巢。

成年大斑啄木鸟身披独特的黑白相间羽毛

地衣常常会生长在垂枝桦的树干上

其他物种

杨叶桦

Betula populifolia

原产自北美洲东部，分布范围从新斯科舍省向南延伸至北卡罗来纳州；拥有灰白色的树皮，自1750年起就作为观赏植物在欧洲种植。

红桦

Betula albosinensis

来自中国西部山区的桦树。株高可达22米；拥有多层连续且平行剥落的古铜色纸状树皮。

加拿大黄桦

Betula alleghaniensis

北美洲东部五大湖地区和阿巴拉契亚山脉北部地区潮湿林地的标志性物种；树皮剥落成薄而脆的小碎片。

齿穿插在2~3个较短锯齿中。

桦树三重奏

在包括英国在内的众多欧洲地区，另外两个桦树物种更常见，但是常常被忽视。英国博物学家爱德华·斯特普（Edward Step）在1904年撰写《路边和林地树木》（*Wayside and Woodland Trees*）时，认为对桦树的鉴定容易得多，因为它们全都被视为一个内部存在变异的物种，即白桦（*Betula alba*）。他写道："桦树的生长范围遍及我们的不列颠群岛，而且无论是生长在伦敦市区的公共用地上、郊区花园中，还是遥远北方的苏格兰高地上，它似乎都同样适应当地环境。它的踪迹比任何其他树都更深入北方，而且它的存在对拉普兰地区的本地居民而言是一大福利。"

当时，整个欧洲的情况也可以用类似的话描述。然而，如今人们认识到他提到的生长在苏格兰

▶ 柔荑花序和叶片

垂枝桦的枝叶形态优雅，拥有细长、下垂的紫棕色小枝，闪闪发亮的绿色叶片在秋天变成灿烂的金黄色，而夏末则在枝头挂满大量正在结果的低垂柔荑花序。

的树其实是毛桦（*Betula pubescens*），它是北欧和中欧最常见的桦树物种。拉普兰人的桦树如今被命名为香桦（*Betula odorata*），它分布在包括苏格兰和威尔士丘陵在内的西欧各地以及中欧山区，不过有些权威仍将它视为毛桦的*tortuosa*亚种。从特征上看，这两个物种都有带绒毛的小枝，叶片上只有一排同样大小的锯齿。它们比较矮，树形更像灌木，和垂枝桦相比没那么醒目，但中欧和北欧的大部分桦树林是由毛桦组成的，而香桦

"那棵桦树长着银色树皮，

树枝如此低垂，如此美丽，在树下……"

塞缪尔·泰勒·柯勒律治（Samuel Taylor Coleridge），
《黑衣女士的歌谣》（*The Ballad of the Dark Ladie*），1834年

塞缪尔·泰勒·柯勒律治

塞缪尔·泰勒·柯勒律治（1772—1834）是英格兰诗人、哲学家。他非常热爱英格兰乡村，乡村为他创作诗歌提供了灵感。在1802年的诗《情人的决心》（*The Picture of the Lover's Resolution*）中，他写道："我发现自己/在一棵枝叶下垂的桦树下（它是森林树木中/最美丽的，树林的淑女）。""下垂"的枝叶说明他提到的是一棵垂枝桦。

> 在凯尔特神话中，垂枝桦是**纯洁和更新**的象征。

正在结实的柔荑花序膨胀起来，吊在短柄上；它们会开裂，传播其中的种子

主要生长在亚北极地区和海拔较高的丘陵上。让情况更复杂的是，所有3个物种都可以种间杂交，形成一系列"难以分辨的桦树"。

景观树木

这3种桦树都是在相同的树上长出雄性和雌性柔荑花序，通常先花后叶或花叶同放。低垂的雄柔荑花序长达5厘米，由众多小花构成。这些小花释放花粉，花粉乘风抵达雌柔荑花序。雌柔荑花序较短，一开始是直立的，但是随着受粉后果实的发育，它们会变长并低垂。果实发育成熟后，它们开裂并释放长度仅2毫米的小坚果，坚果被膜状翅包裹，这有助于它们借助风力扩散。

这3个物种都是重要的景观树木，春天萌发的新叶呈浅黄绿色，秋叶呈金黄色。垂枝桦的木材密度大且具有细腻的纹理，主要用于镶嵌饰面薄板，用在室内装修和家具上。然而，桦树作为一种材用树种的价值被低估了，它的木材可制成优质地板等产品。垂枝桦是芬兰的国树，它的嫩枝在传统芬兰浴中被沐浴者用来轻轻抽打自己的皮肤。

叶片边缘有2排锯齿；稍弯曲的较长锯齿穿插在2~3个较小的锯齿中

◀《卡勒瓦拉》中的森林

在芬兰史诗《卡勒瓦拉》（*Kalevala*）的这张插图中，智慧长者维纳莫宁（Väinämöinen）坐在典型的北方寒带林中，身边是欧洲赤松（左）和垂枝桦（右）特色鲜明的树干。

纸桦

Betula papyrifera

纸桦拥有古铜色或白色的剥落状树皮和在秋天变成黄色或橙色的树叶，是北美洲北部内陆地区潮湿林地中一道醒目的景致。它的树皮和树干受到美洲原住民的极度重视。

▼纯林

在原有森林被砍伐或烧毁的区域，纸桦会形成纯林。它会从树桩上迅速再生。纸桦通常只有一根树干，如果被食草动物啃食，则会发育出多重树干。

类群: 真双子叶植物

科: 桦木科

株高: 可达20米

冠幅: 可达6米

树叶: 落叶；卵形，基部为圆形，锐尖，边缘有锯齿；互生；长8~12厘米

雄柔荑花序: 春季长出，挂在枝头末端；从绿色变成黄色；长2~4厘米

树皮: 古铜棕色，随着年龄的增长变成白色；有黑色平行皮孔

独木舟桦

桦树皮被美洲原住民用作独木舟的防水材料。美洲原住民、手工艺从业者和爱好者至今仍在制作桦树皮独木舟。

"该物种是重要的演替树种，经常在火灾、伐木或耕地抛荒后出现。"

《北美洲植物志》(*Flora of North America*)，第3卷，1997年

纸桦（又名独木舟桦）是北美洲的重要景观树种，生长范围从加拿大拉布拉多延伸至阿拉斯加南部。在年龄较大的树上，鲜艳的黄色秋叶与闪闪发光的白垩色树皮形成鲜明的对比。它尤其常见于次生林中（从砍伐或火灾中恢复的树林）。纸桦是风媒授粉植物，雄性和雌性柔荑花序生长在同一棵树上。初夏授粉后，果实在秋季发育。微小的带翅种子从柔荑花序中释放，很容易被风吹散，让这种树能够占据新开辟的生境，该物种最容易通过树皮辨认，它的树皮呈纸片状剥落，赋予了该物种"纸桦"

的名称。在其分布范围内，纸桦是原住民的重要树木，他们将树皮用作独木舟的外防水层，用树皮覆盖屋顶或者用作书写材料。他们用纸桦的树枝编织篮子和摇篮，用它的木头制作箭、雪鞋、长矛和雪橇。树液和内树皮可充当应急食品，而它的树脂有医药用途。在其分布的很多地方，至今仍有人收集纸桦的树液，用于制作糖浆以及酿造自制啤酒和果酒。它的树皮还可以用作引火物，即便是在潮湿状态下。

桦树皮是驼鹿越冬的主食。虽然它的营养价值较低，而且因为含有大量木质素（一种有机聚合物）而难以消化，但它仍然是这些动物的重要食物，因为当冬雪覆盖大地时，桦树皮不但数量丰富，而且十分易于采食。

充满装饰细节的盖子上嵌有豪猪刺和黄铜平头钉

▶ 桦木盒

这个极具装饰性的美丽木盒出自美洲原住民之手，长23厘米，制作于1890—1910年间。它展示了纸桦木用途的广泛性。

其他物种

河桦

Betula nigra

来自美国东部潮湿树林和溪边的茂密树木；薄如纸的树皮卷曲成条状剥落。

黄桦

Betula lenta

来自美国东部树林的桦树；有光泽的红棕色树皮让它容易被误认成樱花树。

类群: 真双子叶植物

科: 桦木科

株高: 可达31米

冠幅: 可达10米

树叶: 落叶; 倒卵形 (末端更宽), 边缘有锯齿; 互生; 长达10厘米

果实: 木质化, 球果状; 幼嫩时绿色, 成熟时深棕色; 长约2厘米

树皮: 年幼时呈紫棕色, 颜色随着年龄的增长变深; 裂成矩形鳞片

上一年的果实, 形似球果。果实在秋天释放种子, 但是会在枝头上保留到第二年春天

欧洲桤木

Alnus glutinosa

这个有用的落叶物种广泛分布于其原生地, 有时作为河堤防洪或"再野化"项目的一部分而被种植。

桤木类一共有35个已知物种, 它们与桦树 (见第134~139页) 的亲缘关系极近, 以至于欧洲桤木这个物种在被"分类学之父"卡尔·林奈首次命名时得到的竟是 *"Betula alnus"* 这个拉丁学名。主要区别在于桤木的果序, 它被称为"假球果", 因为它不同于植物学上真正的针叶树球果。木质鳞片由花叶 (苞片) 愈合而成, 而且里面的果实严格地说是核果, 它们可以漂浮在水中并沿着溪流传播, 在岸边发芽。

欧洲桤木的自然分布范围包括除最北端和最南端之外的欧洲各地, 以及西亚。因其木材的价值, 欧洲早期殖民者将这种树带到了北美洲。如今在那里, 它有时被种植在沙丘和废弃矿井周围不稳定的或者刚刚清理过的土地上, 以减少土壤侵蚀和增加土壤肥力。逸生植株遍布五大湖区, 而在其他地方, 它作为观赏树种得到种植。

如今, 欧洲桤木的主要价值是作为潮湿林地的景观树种, 常与柳树混生。由于这种特化生境, 一

▲ 春天的柔荑花序

微小的花簇生在柔荑花序中, 通常出现在2月或3月。风将雄柔荑花序的花粉传播到同一棵树或邻近树木的雌柔荑花序上。

► **桤木沼泽**
　　欧洲桤木生长在湖泊和溪流旁边的潮湿土地上。它常常是欧洲各处林地中沼泽和湿地的优势树种，并且与雪花草（water-violet）长在一起。

柔荑花序在叶片萌发之前出现，这有利于风媒授粉

雌花生长在短柄末端短而粗硬的紫棕色柔荑花序中

雄花数量众多，簇生于长达7厘米的下垂柔荑花序中，在春天散发一团团花粉

丰富的野生生命
　　对于生物多样性而言，欧洲桤木是一种有着重要意义的树。成年的欧洲桤木上生活着各种地衣、苔藓、真菌，以及超过140个昆虫物种，如幼虫以叶片为食的桦三节叶蜂（birch sawflies）。黄雀（siskins）和小朱顶雀（lesser redpolls）等鸟类吃它的种子，而落入溪流中的叶片是水生昆虫的食物。

威尼斯的大部分地区由欧洲桤木的**防水木材**支撑，因为**撑起这座城市**的运河地桩就是用这种木材建造的。

欧洲桤木叶片上的桦三节叶蜂幼虫

▲ 凡·高的木屐

欧洲桤木的木材非常适合雕刻成木屐的鞋底，这种鞋子曾广泛穿在工厂工人的脚上。图中这双木屐是凡·高画的。

为它们曾经被平茬或截顶。在平茬中，树干被重复截短至接近地面的高度，以刺激多根茎干的生长，这些茎干可以作为木杆或小径材使用。截顶与之类似，但树干在更高处被截短，以便树木之间的空地能够放牧牛羊而不让它们吃到新萌发的枝条。

欧洲桤木的木材相对坚硬，容易加工，所以它曾被制成扫把头、工具把手，以及木屐的鞋底。如今，它更多被用来制造胶合板、饰面薄板或木浆。得益于生活环境，欧洲桤木的木材耐水性好，于是被用在河岸打桩、输水管和船只中。

皮革和火药

欧洲桤木的树皮富含单宁，从前在制革业中很受重视，会产生一种浓郁的橙色。在过去，欧洲桤木的木头还会被焚烧成焦炭，以充当火药的主要成分。为了制造火药，焦炭粉末会与硫黄和硝酸钾（硝石）混合在一起，前者降低引燃火药所需的温度并增加燃烧速度，后者在燃烧时释放氧气，增加爆炸威力。

如今，很多欧洲桤木种群正在遭受赤杨衰退病原菌（*Phytophthora alni*）的侵害，这种类似藻类的病原菌是20世纪欧洲自然生态系统中出现的最具破坏力的病害之一，最终会杀死这种树。

些天然的林地得以在发达地区幸存。欧洲桤木的树根含有中空的瘤，生活在瘤中的细菌利用空气中的氮元素制造硝酸盐，帮助欧洲桤木在贫瘠的土壤中生长，而且这个过程会让周围土壤变得更肥沃。

被削短的树

虽然欧洲桤木可以长成高大的树木，但它们在大多数情况下长得比较矮且拥有多根树干，这是因

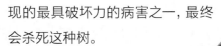

嫩枝呈灰棕色，覆盖着许多黏性腺体

▶ 在春天觉醒

图片依次展示了欧洲桤木的嫩叶从冬芽中萌发直到晚春的状态，嫩叶是在柔荑花序出现很久之后才萌发的，这是桤木与桦树之间的重要区别。

冬天的叶芽明显具柄，被坚硬的椭圆形红棕色鳞片保护，鳞片上有灰色斑点

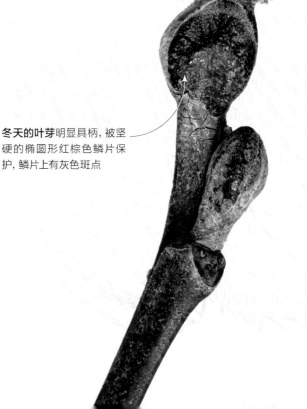

其他物种

红桤木
Alnus rubra

北美洲最大的本土桤木属物种, 分布于从阿拉斯加至加利福尼亚州等西部各州; 生长迅速, 可以长到25米高。

灰桤木
Alnus incana

典型亚种拥有灰色树皮, 分布范围从斯堪的纳维亚半岛至阿尔卑斯山脉和高加索地区, 在北美洲还有另外2个亚种。

意大利桤木
Alnus cordata

和其他桤木不同, 它在干旱的山区土壤中茁壮生长; 分布于意大利南部、科西嘉岛和阿尔巴尼亚。在科西嘉岛与欧洲桤木自然杂交。

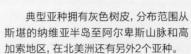

"一旦领略过桤木沼泽之美……
那原始天性的魅力将持续多年, 经久不散。"

杰弗里·格里格森 (Geoffrey Grigson), 《英国人的植物志》
(*The Englishman's Flora*), 1996年

新叶末端常常有小缺口

萌发中的叶片具有黏性, 种加词 *glutinosa* 就是这样来的

芽鳞保护着发育中的树叶

叶柄呈黄绿色, 无毛

双子纠缠 生长在英格兰德比郡一个山坡上的这两棵夏栎 (*Quercus robur*) 拥有方向几乎完全一致的扭曲树干，这种形态可能是它们对该地区强风环境的对抗结果。这两棵树的分枝点较低，树上有苔藓，为萧索的冬天增添了一抹颜色。

森林苹果

Malus sylvestris

美丽的粉白色花让这种落叶小乔木在花期特别醒目。它结出的小果实是许多哺乳动物的宝贵食物来源。

森林苹果也被称作野苹果（wild apple、crab apple）或酸苹果（sour apple），它冠形宽大，原产于高加索地区和伊朗北部。虽然它最常见于古老的林地和老树篱中，但它的花和果实在开阔环境中生长得最好。这种树在林地环境中可能拥有单根树干，并且能够长到15米高。然而，它通常在一定程度上长成灌木状，从基部伸出数根茎干。它的矮穹顶形树冠非常茂密，树枝形状扭曲，在春天开满成簇的略带香味的花朵，在秋季则挂满一串串果实。

森林苹果的新枝一开始有些许毛，长到夏天就会变得光滑无毛。叶片边缘排列着细密的小圆

▼ 春天的花

在春季，森林苹果的花与更小的嫩叶一起萌发。醒目的白色花朵可能晕染有粉色斑点。

每簇花有4~7朵花和2~4片叶

椭圆形或卵形树叶的末端有一个短尖，基部则呈圆形或楔形

花有5片花瓣和20枚雄蕊

类群: 真双子叶植物
科: 蔷薇科
株高: 可达10米
冠幅: 可达6米

树叶: 落叶；卵形；正面深绿色，有光泽，背面白绿色；互生，3~7厘米

树皮: 光滑，深棕色，老树的树皮长出裂纹并裂成小方块

锯齿，叶片上的侧脉构成环形，但不延伸到叶片边缘。当叶片半展开时，花在上个生长季的短枝上形成伞状花序，所有花都从同一点伸出花梗。接下来它们会结出球形或扁圆形的果实，这些果实直径2~4厘米，长在短果柄上。成熟的果实呈有光泽的绿色并带有一些锈色斑纹，顶端长着5枚显眼的萼片。奶油白色的果肉多汁，但味酸且质感坚韧。每个果实有5个小室，每个小室内有1~2粒浅棕色的卵形种子。在秋天，成熟的果实可能散落在树下的

空地上，仿佛一颗颗两端有空洞或凹陷的黄绿色弹珠。虽然很多动物以森林苹果为食，但它们不适合人类食用，因为它们的味道很酸，但是可以将其

"一棵开花的苹果树就像一条从天堂传送到人间的讯息……一条关于纯洁和美的讯息。"

亨利·沃德·比彻（Henry Ward Beecher），美国牧师，约19世纪

▼ 森林苹果树

在开阔环境中，这种树会形成圆形树冠，但是在林地中，它们会长得更高，通常只有一根主干。

花朵短暂地遮住叶片，为蜂类提供大量觅食机会

宗教传说

在《圣经》的《创世记》中，讲述了亚当和夏娃是如何在毒蛇的引诱下吃了禁果——常被说成是一个苹果。

了重要作用。

文学和民间传说

从诗歌到散文，苹果出现在很多文学作品中。英国剧作家威廉·莎士比亚曾在《仲夏夜之梦》和《李尔王》（*King Lear*）中提到野苹果，许多神话和民间传说中也提到了苹果。

在北欧神话中，苹果与青春相关。森林苹果在凯尔特民间传说中象征爱情和婚姻，它的种子被用来在仪式中占卜信息。在《圣经》的《创世记》（*Book of Genesis*）第2章第1节，上帝告诫亚当和夏娃不要去吃善恶智慧树上的禁果——常被说成是苹果。然而这种联系并无依据，因为在这段叙述中，唯一真正被提到的树是无花果树。

制成可食用的果酱。这种树的木材极为坚硬致密，因此很适合用于雕刻，或者加工成类似国际象棋棋子那样的小物件。

▼ 树叶和果实

在秋天，森林苹果的果实成熟，球形或扁圆形的果实多汁，有酸味，质地有弹性。

"有时我扮作一颗烤熟的野苹果，
躲在老太婆的酒碗里。"

威廉·莎士比亚（William Shakespeare），《仲夏夜之梦》（*A Midsummmer Night's Dream*），约16世纪

著名亲属

森林苹果在外表上与栽培在果园中的苹果（*Malus pumila*）非常相似。然而，它的果实比栽培的苹果小。这两个苹果属（*Malus*）近亲之间的另一个关键区别是，野苹果的枝条和叶片成熟后基本上是光滑无毛的，而苹果的枝条、叶片和花一直都有毛。尽管二者存在许多相似之处，但森林苹果并不是苹果的直系祖先。不过，这两个物种可以杂交，而且森林苹果在某些用于酿酒的苹果品种的刺激性味道或涩味培育方面发挥

▼ 鹿

亚洲的这些小型或中型鹿是少数几种将森林苹果的果实作为秋季重要食物的鹿之一。

五裂花萼（萼片）
宿存于果实顶端

成熟叶片的大小是花
周围叶片的2倍

苹果的起源

生长在天山的一片野生苹果林，天山是坐落在中国、哈萨克斯坦和吉尔吉斯斯坦三国边境的山脉。在这里，栽培苹果的野生祖先——新疆野苹果（*Malus sieversii*）据说会基于树木的授粉方式结出不同的苹果。这片森林被认为是现代苹果品种的起源。

天山苹果林

其他物种

苹果
Malus pumila（异名*Malus domestica*）

落叶小乔木，枝条和叶片有毛；果实完全成熟时味甜，花比森林苹果的花大。

多花海棠
Malus halliana（异名*Malus floribunda*）

小乔木；春季开花，花蕾呈玫红色，开放后变成淡粉色，花量很大，可遮挡树枝；结直径2厘米的黄色果实。

花环海棠
Malus coronaria

来自北美洲东部的小乔木；5月或6月开花，4~6朵白花簇生，散发紫罗兰香味；结直径2~4厘米的黄绿色果实，味道很酸。

野樱花有5片花瓣，不同
于某些栽培品种有更多
片花瓣

▲ 樱花

樱花树是落叶乔木，叶片在冬季脱
落。在春天，花早于叶出现，营造出一派
纯粹的繁花盛景。

类群: 真双子叶植物

科: 蔷薇科

株高: 可达5米

冠幅: 可达5米

树叶: 落叶; 边缘呈锯齿状，
落叶前呈黄色和红色; 互
生; 5~13厘米

树皮: 光滑，灰棕色，有水平
排列的皮孔; 嫩枝呈泛红的
绿色，有奶油色皮孔

"樱花树下，没有陌生人。"

小林一茶（Kobayashi Issa），诗人，约19世纪

幼嫩叶片通常
呈古铜色

樱花包括一簇产生花粉
的雄蕊，围绕着位于中
央的雌性子房和柱头

▲ 鸟和花

樱花是日本绘画中常见的
图案。葛饰北斋（Katsushika
Hokusai）所作的这幅木刻版画
描绘了一只欧亚莺（bullfinch）
落到正处花期的垂枝樱花上的
场景，这种鸟会以樱花为食。

山樱桃

Prunus serrulata

　　一种树的花让一国的国民暂停下来，这种情况并不常见，
但山樱桃（俗名樱花或山樱花）的春花做到了。

　　樱花在日本是一种文化现象，每年春天，它的盛开备受人们期待，而且花期预报会和天气预报一起播报。赏花为日本全国国民所痴迷，吸引着各个年龄段的人群，老一辈人遵循名为"花见"（hanami，意为赏花）的延续数百年的传统，坐在树下的毯子上啜饮清酒，而青少年们则手举自拍杆，为将要发布在社交媒体上的照片摆姿势。樱花树常种植在学校四周，因为盛花期与学期开学的时间重合，学生们在进入教室后能够沉浸在这样的植物美景中。樱花还被日本越来越多地用来推动国际旅游业，以及向国外推广日本文化。2020年东京残奥会的吉祥物"染井吉"（Someity）就是以一个樱花品种命名的。

传统和现代

　　"花见"传统起源于公元8世纪，起初的焦点是梅花，但樱花很快就取代了它的地位。这项传统始于宫廷贵族，但后来逐渐传播开

樱花用盐和醋腌制后可
用在糕点糖果和花茶中。

▶ 备受欢迎的节日

观赏樱花的传统名为"花见"，有数百年的历史。在这张拍摄于约1890年的照片上，人们聚集在东京上野公园（Ueno Park）赏樱，如今的赏樱人群仍然会去那里。

来，如今是日本社会各个阶层的共有传统。樱花在日本有很多象征意义。它们的出现非常短暂，盛花期只有3天，让人意识到生命转瞬即逝的本质。相比之下，古老的"花见"传统被尊崇为日本文化中备受重视的部分。樱花图案出现在100日元的硬币上、日本文身艺术（刺青）中，以及日本国家橄榄球队的徽标上。第二次世界大战期间，日本政府用樱花挑动日本国民的民族主义情绪，并将它们种植在日本帝国主义占领的国家，包括朝鲜和中国。

几个樱花物种

樱花树的野生起源并无定论。山樱桃（*Prunus serrulata*）原产于日本、朝鲜半岛以及中国大部分地区。虽然它会结樱桃果，但果实小且味酸。花呈粉色或白色，每朵花有5片花瓣。樱花似乎是几个原产于日本的野生樱类物种杂交产生的，特别是大岛樱（*Prunus speciosa*）和日本山樱（*Prunus jamasakura*），前者是原产于大岛和本州伊豆半岛的白花树种，后者开粉花，来自日本中部和南部。这两个物种被一些植物学家视作山樱的两种形态，而最近的DNA研究发现，其他野生樱类物种也参与了现代樱花品种的培育。

在日本，人们根据颜色、花瓣数量和株型对樱花进行分类。典型樱花的每朵花

▶ 陶瓷上的樱花

这个带有樱花图案的陶瓷茶壶制造于17世纪初的日本。它是日本传统茶艺的一部分。

图案设计呼应了在传统"花见"仪式中用来围起野餐区域的布帘

其他物种

东京樱花

Prunus × yedoensis

广泛栽培的樱花树；杂交的开白色或浅粉色花的樱花树；它真正的亲本如今仍有争议。

富士樱

Prunus incisa

原产于日本；灌木或小乔木，开白色或浅粉色花，秋叶火红。适宜盆栽。

细齿樱桃

Prunus serrula

来自中国西部的物种，开白花；以其有光泽的古铜色树皮而闻名。

櫻花的花期可持續1~2周，但盛花期只有3天。

轉瞬即逝

因為賞花期很短，所以賞櫻花必須抓緊時間，正如這幅印刷版畫所展示的那樣。櫻花的轉瞬即逝也是它們如此受追捧的部分原因。如今，為了便於安排"花見"，天氣預報和應用程序會幫助人們預測盛花期。

海报上的风格化
樱花

▲ 最受喜爱的花
　这张日本政府铁路旅游海报上画了一座标志性的宝塔和一些盛开的樱花。

有5片花瓣，但是重瓣花的花瓣多于5片，被称为千重樱。垂枝樱是枝条下垂的樱花，包括一些有记录以来最古老的品种。位于福岛县的一棵名为"三春瀑布樱"（Miharu Takizakura）的垂枝樱据说有千年历史。大部分樱花是粉色或白色的，但是黄花和绿花类型也被培育了出来。人们仍在不断培育新的品种，一家育种商利用辐射培育出了'仁科乙女'（'Nishina Otome'）这个全年开花的变异品种。

　19世纪下半叶，随着日本开放各个港口、更广泛地开展对外贸易，日本樱花树被引入欧洲。它们很快就成为欧洲城市街道、花园和公园的时尚点缀，并为当时的许多画家提供了灵感，包括凡·高和克劳德·莫奈（Claude Monet）。

樱花在20世纪

　樱花一直是日本最高等级的"外交名片"，而樱花树长期以来被用作加强和其他国家关系的外交礼物。1912年，日本向美国赠送了3 000棵樱花树，作为送给美国人民的礼物。从美国第一夫人海伦·塔夫特（Helen Taft）和日本大使的妻子珍田子爵（Viscountess Chinda）夫人主持的种植典礼开始，它们被种在了华盛顿特区。这些树为这座城市持续至今的国家樱花节（National Cherry Blossom Festival）打下了基础。1910年，曾有一批樱花树从日本运往美国，然而它们因感染了病害而被销毁，1912年的这些树将它们取而代之。

　英国园艺家、鸟类学家科林伍德·英格拉姆

（Collingwood Ingram）是著名的日本樱花权威学者，他曾前往日本，并且于归国后在自己位于英格兰南部肯特郡的家中种下很多樱花品种。1926年，他受邀前往日本樱花协会发表演讲，在此期间，他看到一幅画，画上是一种被认为已经灭绝的白色樱花。他曾在英格兰见过这种樱花，并将它重新引进日本。科林伍德被亲切地称为"樱花"英格拉姆。

花期

　　在日本，每年的樱花季都有着重要的文化意义。保留在京都的历史记录可追溯到1 200年前，而且这些记录表明樱花的花期直到19世纪都没有出现显著变化，而在19世纪之后，樱花的开放时间开始提前。城市化水平提高形成的热岛效应导致了这一发展趋势，而全球变暖也加剧了这种变化。

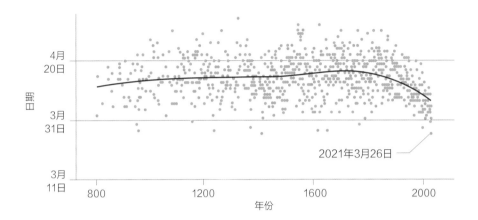

▼ 交错的花期

　　奈良县的吉野山（Yoshino Mountain）以其4座樱花林闻名，它们分布在不同的海拔高度，所以樱花可以连续开放。

西班牙探险家在**18世纪**将第一批扁桃引入今天的加利福尼亚州。

◀《巴布尔纳玛》中的插图

数百年来，扁桃一直是重要的贸易商品。这幅16世纪的插图来自《巴布尔纳玛》（*Baburnama*）——莫卧儿（Mughal）帝国的统治者巴布尔（Babur）的回忆录。图中展示了扁桃在运送前称重的场景，发生在撒马尔罕（今乌兹别克斯坦境内）附近的一座村庄。

扁桃

Prunus dulcis

扁桃是大约5 000年前人类最先栽培的坚果树种之一。如今，全球每年的扁桃产量达135万吨，大部分产自美国和欧盟国家。

坚硬的外皮保护可食用的种子

扁桃［国内将扁桃（*Prunus dulcis*）作为欧洲李（*Prunus domestica*）的异名，这与国外的分类和命名有所不同——译者注］很可能原产于东南亚国家，是体型相对较小的落叶物种，以其美丽的花和可食用的种子闻名。它被广泛种植，并在地中海盆地和西亚归化。扁桃生长在气候温暖且供水充沛的地区，但寒冷天气很容易破坏其生长。它还被种植在其他气候较温暖的地区，包括美国加利福尼亚州、南非和澳大利亚，其中加利福尼亚州是全球扁桃产量最大的地区。2019—2020年，美国收获了超过100万吨扁桃，接下来排列在产量榜单上的依次是欧盟（13.7万吨）、澳大利亚（11.1万吨）、中国（4.5万吨）和土耳其（1.5万吨）。

扁桃的果实（巴旦木）就像一个俄罗斯套娃：可食用的种子在表面有小坑的坚硬果核中发育，果核被包裹在绿色肉质外皮中。外皮不适合人类食用，不过会被啮齿动物和鸟类（如乌鸦和喜鹊）吃掉。在此过程中，这些动物将果核散布到各处，而种子

▲ 扁桃核果

在植物学中，扁桃果属于核果——拥有1粒或多粒种子的肉质果实，每粒种子都被包在坚硬致密的果核中。扁桃果在成熟时裂开。

钵状花外表精致,有5片花瓣。颜色基本上呈白色,中心呈浅粉色

类群: 真双子叶植物
科: 蔷薇科
株高: 4~10米
冠幅: 可达7.5米

树叶: 落叶;披针形,正面深绿色,背面颜色较浅,有细锯齿。长达12厘米

种子: 绿色肉质果实包裹着干燥的木质外壳,其中含有可食用的扁桃种子

树皮: 深灰色或棕色;幼年光滑,随着成熟而长出裂纹和缝隙

每朵花宽3~5厘米

花单生或对生,绽放于早春叶片尚未展开时

▶ **开花的扁桃**

　　扁桃有很多品种,具体取决于所处的地理区域和每个区域的气候条件。图中这个正在开花的品种会在3~4月开漂亮的粉色花。

会从中萌发出来。扁桃的花呈白色，或由粉色逐渐变为白色。它们在早春叶片尚未展开时出现在树上，有时早至2月就已现身，并由昆虫授粉。

各种风味

扁桃有3种类型。第1种是可食用的甜仁型扁桃（*P. dulcis* var. *dulcis*），它的种子可以生食或烹饪后食用。种子含有40%~60%不饱和油脂以及20%的蛋白质。从种子中提取的油脂可用于制作糕点、糖果和化妆品。第2种是苦仁型扁桃（*P. dulcis* var. *amara*），它很可能是最初的野生类型。它有强烈的苦味，苦味源于一种名为苦杏仁苷的化学物质，这种化学物质会释放致命的有毒氰化物。苦仁扁桃油用于食物调味（微量使用）和化妆品行业。第3种是杂交型扁桃（*P. dulcis* var. *persicoides*），因其醒目的粉色花而闻名。

▲ 美妙滋味

在这张宣传法国食品的海报（1900年）上，一位女士正在品尝使用普罗旺斯地区出产的扁桃制作的饼干。

> "扁桃是最原始且精致的一种调味香料，
> 遗憾的是……如今用它调味的菜肴非常少。"

德鲁热蒙（G. M. De Rougemont），《英国和欧洲作物图鉴》（*A Field Guide to the Crops of Britain and Europe*），1989年

◀ 扁桃园

很多扁桃品种需要和其他品种杂交授粉才能结实。位于美国加利福尼亚州的庞大商业果园需要140万个蜂箱的蜜蜂为这些树授粉。

其他物种

杏

Prunus armeniaca

落叶树，原产于亚洲；果实由可食用的果皮（果实的肉质外层）和里面的一颗果核组成。

欧洲李

Prunus domestica

人工栽培的落叶树；樱桃李（Cherry Plum）和黑刺李（Sloe）的杂交后代；因味甜的外层果肉而被广泛种植。

类群：真双子叶植物

科：蔷薇科

株高：可达8米

冠幅：可达6米

树叶：落叶；呈有光泽的深绿色；细长的披针状；边缘有细锯齿；互生；长5~15厘米

花：淡粉红色，有时为白色；在叶片展开之前开放；单生或对生；直径2.5~3.5厘米

树皮：灰棕色；随着树龄的增加而长出细裂纹和缝隙

桃

Prunus persica

桃产自中国山区，在中国栽培了数千年，后经由古代丝绸之路被带往波斯，并被古罗马人种植。

桃树是落叶树，株型低矮，向四周伸展的分枝易于修剪，从而令果实更容易采摘。桃树的寿命通常为10~20年。幼嫩的树苗常常从丢弃的果核中长出，出现在垃圾填埋场和居民住所四周，但它们极少能长到成年，而重瓣品种经常被种在花园中供人观赏。

因可结出可食用的果实，这个物种从13世纪起在欧洲较温暖的地区进行商业种植，而如今已栽培于世界各地的温暖地区。2018年，桃的全球年产量据估计为2 450万吨，其中的几乎2/3来自中国。在美国，大部分国内产量来自佐治亚州，该州素有"桃州"之称。新鲜果实的储存时间只有几周，所以大部分的桃被装罐、干制，或者加工制作成果冻、果酱、果汁或果酒。桃的含糖量约为8%，且大部分是蔗糖。

桃的果实拥有表面多毛的可食果皮，而与之亲缘关系紧密的物种——油桃则拥有光滑且有光泽的果皮。这种区别源自一个单基因突变，它令果皮光滑的油桃出现在一棵桃树的枝条上，这棵树本来结的是果皮带毛的桃。

寿桃
这幅画绘在乾隆时期（1736—1796）的一个花瓶上，画中的桃在中国文化中是长寿的象征。

嫩叶一开始紧紧折叠在叶芽中，随着植株生长而逐渐展开

花芽在春天先于叶片在枝头绽开

▶ 桃花
桃花在春天开放。它们可能较小并呈淡粉红色，或者较大但呈更浅的粉色或白色。大多数品种是自花授粉。

类群: 真双子叶植物

科: 蔷薇科

株高: 可达15米

冠幅: 可达12米

树叶: 落叶; 卵形或椭圆形, 具短尖或圆尖; 互生; 长达12厘米

果实: 倒卵球形, 基部浅凹并具宿存花萼, 表面点缀小皮孔

树皮: 棕色或黑色, 表面形成小鳞片

西洋梨

Pyrus communis

西洋梨是一种大型的长寿树木, 主要生长在果园中。除了其果实, 人们栽种西洋梨的原因还有它在春天会开放覆盖整棵树的美丽花朵。

西洋梨据说起源2 000多年前的西亚, 如今在全世界都有栽培。它的叶片正面呈有光泽的中绿或深绿色, 背面呈较浅的哑光绿色。叶片起初有毛, 生长到秋季时变成无毛。叶片中间的主脉很明显, 但侧脉小而多。树叶通常没有秋色, 叶片在秋季变黑后脱落, 但是在某些树上或者某些年份的树上, 树叶会变成漂亮的黄色或红色。西洋梨拥有致密、坚硬的木材, 这让梨木适合制作雕塑和橱柜, 此外它还有其他用途。

风味十足的水果

西洋梨因风味十足的果实而被栽种, 果实成熟时味甜且带有类似花香的气味, 而且有多种形状和

大小。在西洋梨的某些类型中, 果实几乎呈圆形, 而不是典型的梨形——从果柄末端开始变大, 最宽处位于果实顶端。

欧洲的西洋梨可以通过果实顶端宿存的花萼

7~9朵**花簇生**, 形成宽5~8厘米的花团, 开放在可能呈尖刺状的短枝上

梨在采摘后放置, 令其继续成熟, 让它们变得更软、更甜

◀ 果酒榨汁机

这幅17世纪的插画展示了苹果和梨如何变成果酒: 先将它们压榨出果汁, 然后用从果皮上提取的酵母菌处理。梨果酒称为梨酒 (perry)。

（萼片）鉴别。亚洲的梨源自另一个不同的物种，虽然它们看上去和西洋梨相似，但它们的表面通常有更多的"点"，即皮孔。此外，它们的果实末端没有花萼，这是因为花萼早已脱落而留下了一个圆形凹陷。这两种梨树结的烹饪用梨有相同之处，那就是它们在成熟时非常多汁，而且果肉中含有少量沙砾感的石细胞。在未成熟的果实中，石细胞令果肉无法食用，除非加以烹饪；当果实成熟时（成熟得非常迅速），果肉有着黄油般的质感，很好吃。这些果肉还被压榨并发酵，酿成梨酒。

▶ 西洋梨品种

已有数百个西洋梨品种被命名，它们的果实呈现一系列形状、颜色和大小，包括锈黄色圆形和绿色倒卵球形。

PYRUS communis　　　POIRIER commun.

每朵花有5裂花萼、5片边缘皱缩的花瓣、18~20枚雄蕊，以及3~5枚离生花柱

◀ 西洋梨的花

西洋梨有1 000多个品种。法国品种'世纪梨'（'Doyenné du Comice'）的花富含花蜜，吸引大量授粉昆虫，如蜂类和蛾类。

叶片在花期处于半展开状态，呈有光泽的绿色，边缘有小锯齿

其他物种

豆梨

Pyrus calleryana

常作为行道树种植；枝叶与西洋梨相似；果实直径2厘米；花萼盘在果实成熟前脱落。

柳叶梨

Pyrus salicifolia

叶片上覆盖着银灰色绒毛，正面的毛在夏季脱落。大多数植株长成垂枝形态。

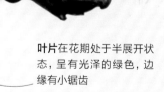

卵形或圆形的深红色
肉质果实在夏末至初
秋成熟

钝裂叶山楂

Crataegus laevigata

作为一种原产于欧洲西部和中部的常见落叶树篱植物，钝裂叶山楂对于任何旨在吸引野生动物的混合树篱而言都是至关重要的，而且在需要一棵小树的花园中，它已经成为颇受欢迎的选择。它的果实可供野生动物和人类食用。

笔直或曲折的
枝条上有尖刺

钝裂叶山楂的树枝
常被鸟类用来筑巢，
如图中这只麻雀

类群: 真双子叶植物

科: 蔷薇科

株高: 可达10米

冠幅: 可达8米

树叶: 落叶；近末端处浅裂，有光泽；互生，长达5厘米

树皮: 在成年树木上，灰色树皮长出缝隙，并裂成鳞片状小块

◀ **钝裂叶山楂树枝上的麻雀**
在冬天，鸟类以山楂果为食。
小型鸟类被密集纠缠的枝条保护，
免受恶劣天气和捕食者的伤害。

这种株型紧凑且多刺的灌木状树分布于欧洲各地，常作为古老树林的一部分，它还生长在北非地区。钝裂叶山楂很容易和近缘物种单柱山楂（*Crataegus monogyna*）杂交，以至于真正的钝裂叶山楂物种已经变得很稀有。钝裂叶山楂仍然以树篱的形式在农业中发挥重要作用，可以限制牲畜的活动范围并为它们提供遮挡，尤其是在多风地区。群体种植时，它们会形成几乎无法穿透的屏障，即便是在冬天没有叶片时。为了达到这个目的，定期进行修剪有助于防止钝裂叶山楂树发育出无分枝的树干。树篱铺设（hedge-laying）是一项实践了数百

▼ 开花的树枝

白色或粉色的花松散簇生，在仲春与新叶一起出现，散发出独特的轻微麝香气味。

两性花有5片花瓣，由昆虫授粉

叶片具浅裂

其他物种

单柱山楂
Crataegus monogyna

分布范围与钝裂叶山楂相似，可通过叶片分裂程度区分二者——它的树叶裂得很深。

鸡距山楂
Crataegus crus-galli

原产于北美洲；拥有极为尖利的刺；在秋天，叶片变成鲜艳的橙色、鲜红色或紫红色。

> "我发现整条小路弥漫着一阵阵山楂花的香味。"
>
> 马塞尔·普鲁斯特（Marcel Proust），《在斯万家那边》（*Swann's Way*），1913年

年的传统技术。每棵树在地面以上的部分几乎被切断，使树干的上半部分可以折成锐角，然后像编织篮子一样将侧枝编入相邻的树中。这些树尽管受到损伤，但仍会继续生长，而这样做可以保持低矮的顶部轮廓。

里山楂树，这棵树每年开2次花，时间分别是春天和圣诞节前后。

钝裂叶山楂的木材非常坚硬，常用于制作工具把手，而它结出的山楂果长久以来被用于制作食品和饮品，如果冻、山楂酒和蜜饯。

信仰和传统

钝裂叶山楂长期以来被认为拥有魔力，这些魔力既有好的也有坏的。按照传统，它与死亡和葬礼相关，因此室内装饰要避免使用带花的枝条。根据传说，将由山楂木制成的木桩穿透吸血鬼的心脏就能杀死它；钝裂叶山楂的花被割伤时会散发出难闻的气味，这种气味闻起来像黑死病。

也许是因为花期在复活节前后，所以钝裂叶山楂在基督教中被赋予象征意义，如耶稣的荆棘王冠。在一个关于圣经人物亚利马太的约瑟（Joseph of Arimathea）的故事中，他曾来到英国，并在位于西南部的格拉斯顿伯里（Glastonbury）将自己的手杖插入地里。手杖萌发出枝叶，并长成格拉斯顿伯

荆棘王冠

《圣经》中有3篇《福音书》提到耶稣在受难时佩戴着一顶荆棘王冠，其中的荆棘被很多人认为是广泛分布在基督教世界西部地区的钝裂叶山楂。一件据说正是此王冠的物品自公元5世纪以来就是备受尊崇的圣物。后来的各个圣骨匣中都有荆棘的存在。

受难的耶稣

类群: 真双子叶植物

科: 蔷薇科

株高: 可达20米

冠幅: 可达7米

树叶: 落叶；边缘有锯齿；羽状复叶，含5~8对小叶；长达20厘米

花: 小，奶油色或白色，簇生成为宽大的平顶花序；有类似生肉的香味

树皮: 光滑，有光泽，深棕色或灰色，带有奶油色皮孔；嫩枝呈棕色，有毛

叶片表面呈鲜绿色，而且外表与欧梣 (*Fraxinus excelsior*) 的叶片相似。北欧花楸的英文名 "mountain ash" 的字面意思就是"山白蜡"

果实上的五角星是宿存萼片形成的

北欧花楸

Sorbus aucuparia

无论是从高山上的岩石裂缝里萌发出来，还是被种在城镇里，北欧花楸都是一种适应性很强的坚韧树木，在维持野生动物生存方面发挥着宝贵作用。

北欧花楸（又名欧亚花楸）很受园丁和景观设计师的欢迎，因为它可以保持较小的株型、拥有漂亮的花和鲜艳的秋色，而且其果实是鸟类在冬季重要的食物来源。然而，北欧花楸在山区原产地最引人注目。它的自然分布区十分广阔，从冰岛和英国向东延伸至遥远的俄罗斯，而且它是山区矮化植被中唯一的落叶树种。虽然能够在崎岖的地形中茁壮生长，但北欧花楸也生长在低海拔的平原和林地。它之所以能够成功适应多种生长环境，部分原因在于其果实是深受一些鸟类和哺乳动物青睐的食物。对于鸫和太平鸟等在冬季迁徙的鸟类而言，一旦寒冬降临它们的繁殖区域，这些果实就会越发重要。在果实被这些鸟类吃下之后，北欧花楸的种子会被带到和母株有一定距离的地方，从而扩大其种

▲ 鲜艳的果实

北欧花楸的果实可以长到约8毫米宽，它们是鸟类的食物来源，而且可以用在烹饪中，如为饮品调味以及制作果冻。

植范围。

北欧花楸的果实可能并不像它们表面上看起来那样。通常，果实和种子是同一物种的两棵植株进行有性繁殖产生的，但是北欧花楸可以和花楸属（*Sorbus*）的其他物种 [如白花楸 (whitebeam) 和棠楸 (service tree)] 杂交，产生叶片呈中间状态的杂交物种。杂交物种一般不育，但花楸会利用名为无融合生殖的过程令不育植株结籽。因此，光是在不列颠群岛就有超过45个花楸属物种，它们中的大多数都是在其他地方找不到的。

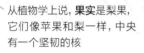

颜色由黄转橙，最终变成红色。果实常在夏末出现，早于其他结果树木

从植物学上说，**果实**是梨果，它们像苹果和梨一样，中央有一个坚韧的核

簇生果实，在一根枝条上可能包含80个或更多的梨果

▶ **北欧花楸仙子**

北欧花楸常被种植在住宅附近，或者其树枝常被挂在墙上充当装饰物，这是因为人们相信它能够驱赶女巫或邪灵。英国插画家西塞莉·玛丽·巴克尔 (Cicely Mary Barker) 笔下的北欧花楸仙子是对它的奇幻化描绘。

"花楸树，红丝线，女巫看到跑不见!"

苏格兰谚语，托马斯·戴维森 (Thomas Davidson)，《花楸树和红丝线：故事、传说和民谣中的苏格兰巫术杂记》(*Rowan Tree and Red Thread; A Scottish Witchcraft Miscellany of Tales, Legends and Ballads*)，1949年

其他物种

棠楸
Sorbus domestica

树叶与北欧花楸相似，但果实大小与樱桃相仿。原产于欧洲和北美洲，但在野外很少见；被广泛种植。

白花楸
Sorbus aria

与北欧花楸不同的是，白花楸的树叶不裂成小叶，而且背面呈明显的白色。原产于欧洲和北美洲。

糖槭

Acer saccharum

　　这种落叶树原产于北美洲东部，它在那里是天然阔叶林的主要成员和枫糖的主要来源，并赋予新英格兰地区闻名遐迩的壮观秋色。它的树叶还是加拿大的国家象征，并以风格化的样式出现在加拿大国旗上。

类群: 真双子叶植物

科: 无患子科

株高: 35米

冠幅: 可达15米

 树叶: 落叶；掌状，质地如纸；对生；宽8~15厘米

 果实: 种子对生于有两片翅的翅果中，在秋季脱落

 树皮: 有小凹槽；成年树的树皮有沟痕且呈灰色

糖槭的寿命很长，可以生长300年甚至更久。它们会自发形成茂密的圆形树冠，不过在拥挤的森林环境中它们会长得更高，而树冠则较窄。它们的秋色可能每年都不一样，届时树叶变成黄色、橙色或鲜红色，而且不同颜色可能会在同一时间呈现在同一棵树上。

糖槭适宜在冬季寒冷的地方生长，因为它们需要经历气温骤降才能产生甜蜜树液，所以将这种树引入其自然分布范围之外进行商业生产的尝试基本上都没有成功。全球几乎所有枫糖浆都产自加拿大和美国，在那里，一棵树每年可以产生多达60升的树液。魁北克省是枫糖浆的主要生产和

▲ 秋季色彩

北美洲的糖槭森林在秋天是很受欢迎的旅游目的地，城市居民很乐意长途驾车去观赏层层叠叠的树木爆发出浓郁的色彩。

出口地区。也可以从红花槭（*Acer rubrum*）提取树液，但这个物种的生产期较短，因此不是种植商的首选。虽然佛罗里达糖槭（*Acer saccharum* subsp. *floridanum*）可以在更温暖的地区生长，但它没有被大量商业种植。目前还不明确这种树的树液是在什么时候被人类首次获得的，但考古证据表明，在欧洲殖民者到来之前

40千克的树液最终能得到**1千克的枫糖浆**。

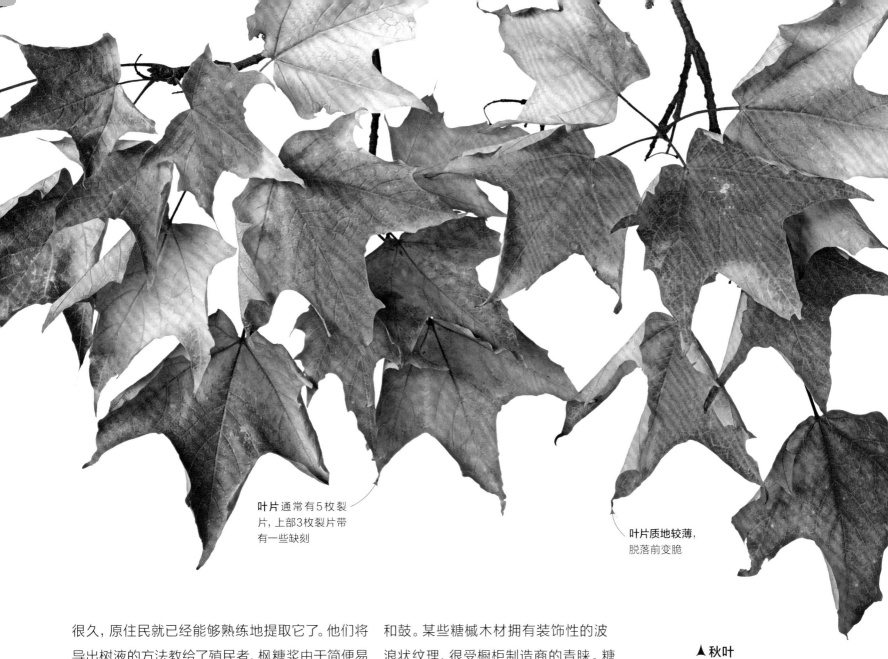

叶片 通常有5枚裂片，上部3枚裂片带有一些缺刻

叶片质地较薄，脱落前变脆

很久，原住民就已经能够熟练地提取它了。他们将导出树液的方法教给了殖民者，枫糖浆由于简便易得而很快成了殖民者的主要甜味剂。糖槭的木材也有重要的经济价值，是保龄球馆和篮球场的地板材料，它还被用来制作棒球棍和乐器，尤其是弦乐器和鼓。某些糖槭木材拥有装饰性的波浪状纹理，很受橱柜制造商的青睐。糖槭在19世纪常作为行道树种植，但后来被发现不耐城市污染，此后被挪威枫（Acer platanoides）大面积取代，不过后者是入侵物种，应谨慎种植。

▲ 秋叶

　　糖槭树叶在秋天的变色并不同步，黄色、橙色和红色会同时出现在同一棵树上。叶片可能不会同时变色。

其他物种

挪威枫

Acer platanoides

　　这个物种生长迅速，原产于亚洲西南部和欧洲，如今在美国部分地区归化。

大叶槭

Acer macrophyllum

　　最大的槭树，原产于北美洲；叶片也是最大的，宽度可达30厘米。

红花槭

Acer rubrum

　　引人注目的槭树，早春开醒目的红色花，叶片在秋天变成鲜红色。

价值10亿美元的产业

枫糖浆始于树液。在生长季，树木通过光合作用产生淀粉，这些淀粉在冬天被储存在树干和树根里。到春天，随着水从根系运输到枝条和叶片，这些淀粉会被转化成糖并留在树液里。树液的采集时间是早春（此时地面仍有积雪），树木仍处于休眠状态，但气温刚刚超过冰点。按照传统做法，将一根管子插入树干，然后树液沿着管子流进绑在树上的一个大桶里。如今，管道网络连接一大片树木，并将树液转运到一个大缸里，然后人们在缸中熬煮树液，蒸发掉多余水分，使其浓缩成糖浆。进一步的加工以去除其中的杂质，再对糖浆进行巴氏消毒以保持其风味和颜色。瓶装枫糖浆的保质期通常长达4年。

抚慰人心的食物

枫糖浆有一种独特、复杂的味道，带有一抹焦糖风味。作为一种天然产品，它的颜色取决于采集树液的时间，可能是浅金黄色与深棕色之间的任何颜色。树液的颜色在生产季早期较浅，并随着春季气温的上升而加深。树液颜色越深，得到的枫糖浆味道越浓烈。和蜂蜜相比，枫糖浆没那么黏稠，更易于倒出，多年以来一直是广受欢迎的甜味剂，用于给薄煎饼、华夫饼、麦片粥等调味。

酸雨是造成糖槭种群减少的主要因素。

枫糖园

这幅1941年的画出自美国民俗美术家"摩西奶奶"（Grandma Moses）——安娜·玛丽·罗伯森·摩西（Anna Mary Robertson Moses）之手，画面中展示了一座简单的新英格兰民居，孩子们在一片糖槭树林之间的雪地上玩耍，还有几个成年人在采集树液。

类群: 真双子叶植物

科: 无患子科

株高: 8~15米

冠幅: 可达10米

树叶: 落叶;纤细;裂成5~7枚(有时9枚)裂片;长约12厘米

果实: 带翅对生翅果;种子成对生长

树皮: 灰棕色;多个品种拥有纹理明显的树皮

叶片质感纤薄、秀雅,裂片的末端是尖的,形如伸出的手指

► 叶片和花

鸡爪槭的花不如叶片名气大。花近看还算漂亮,但并不十分显眼,而叶片在刚萌发时和凋落之前都十分动人。

春花很小,形成松散的花序

鸡爪槭

Acer palmatum

这些秀丽的落叶树深受园丁喜爱,它们可以长成令人过目难忘的形状,迸发绚丽的色彩。

鸡爪槭的英文名是Japanese maple,字面意思是"日本槭",但它不只分布于日本。在日本,它生长在凉爽的林地中,并构成更高树木的下层林木,而在中国、朝鲜半岛、蒙古国及俄罗斯东部的部分地区,鸡爪槭也生长在类似生境中。它们喜欢凉爽的地方,在腐叶土中茁壮生长,被体型更大的"邻居"保护着,免受霜冻、风吹和日晒的伤害。

该物种的英文名有时也应用于另一个物种——羽扇槭(*Acer japonicum*),它的一个显著特征是变异性。和很多其他树不同,鸡爪槭的基因不稳定,使得树木个体之间在叶片大小、形状和颜色方面产生差异。这导致如今我们拥有众多园艺品种,很多品种有着令人神往的名字。它们全都拥有同样的雅致形态:叶片形成宽大、轻盈的树冠,由一根或多根树干支撑,树干优雅地显露出岁月的痕迹,扭曲多瘤的分枝长成越来越有趣的形状。这种属性或许是盆景爱好者如此喜爱该物种的原因之一。即便不像盆景要求的那样加以大幅度

◄ 艺术感染力

这幅描绘鸡爪槭叶片的木刻版画绘于1760—1764年,被用作11世纪《源氏物语》(*The Tale of Genji*)的插图。

► 秋景

一些鸡爪槭在秋天迸发灿烂的色彩——红色、橙色或黄色,呈现出一派无与伦比的美丽景象。

树皮通常随着树木的成熟而变粗糙

整枝，鸡爪槭也能成为令人过目难忘的盆栽植物。它们的叶片有5枚或更多裂片，这是槭树的典型特征，但是这些裂片细长且尖，有时本身再次细裂，仿佛精致的羽毛。除了典型的绿色，它们还可以是鲜艳的橙黄色、黄绿色或者深紫红色。有些品种的叶片拥有奶油白色边缘；有些品种在春季萌发的新叶呈鲜艳的虾粉色，容易被误认成花。无论它们的春季新叶多么有趣，通常都不如灿烂的秋色引人入胜，随着树木进入冬季休眠期，叶片会在脱落前变成鲜艳的红色、橙色或黄色。

其他物种

金叶白泽槭
Acer shirasawanum
'Aureum'

落叶乔木或大灌木；叶片黄色，花深红色。原产于日本；以植物学家白泽保美（Homi Shirasawa）的名字命名。

羽扇槭
Acer japonicum

又名日本槭。原产于日本和朝鲜半岛南部，在美国和欧洲有栽培。可长到大约10米高。

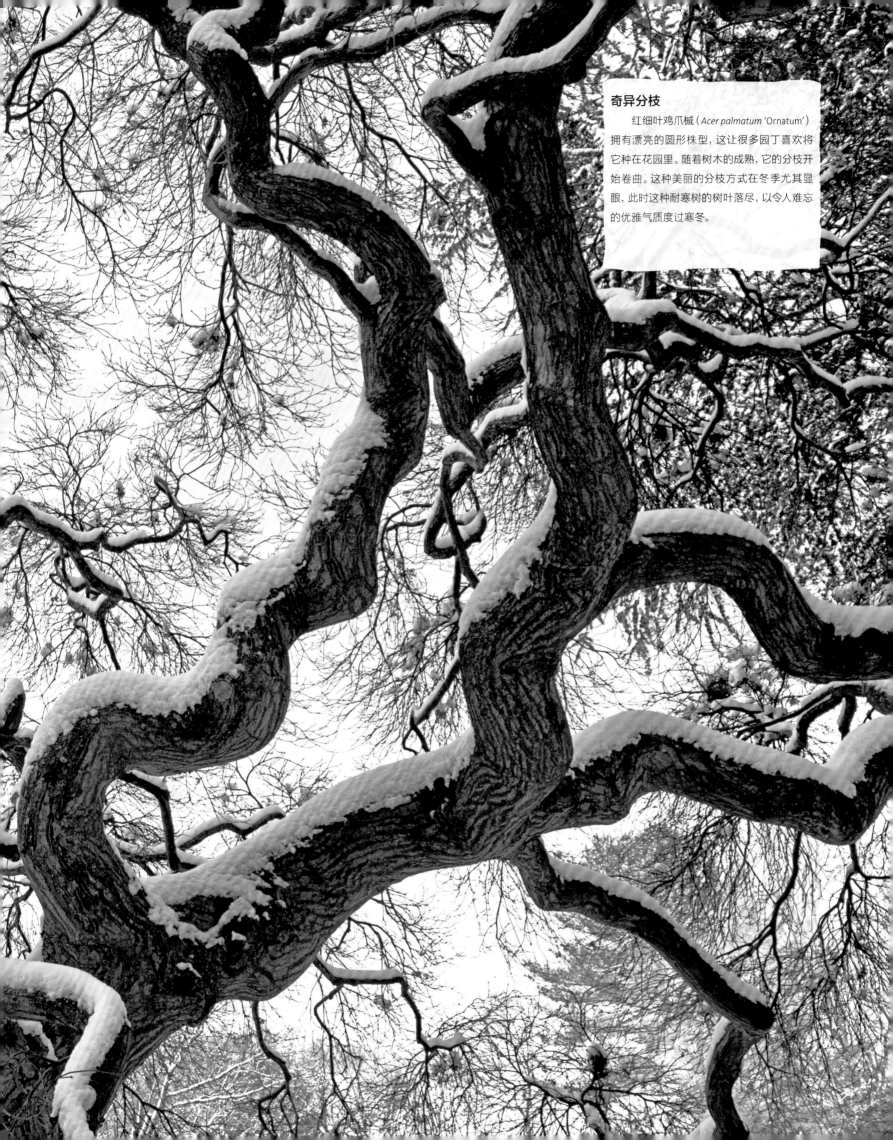

奇异分枝

红细叶鸡爪槭（*Acer palmatum* 'Ornatum'）拥有漂亮的圆形株型，这让很多园丁喜欢将它种在花园里。随着树木的成熟，它的分枝开始卷曲。这种美丽的分枝方式在冬季尤其显眼，此时这种耐寒树的树叶落尽，以令人难忘的优雅气质度过寒冬。

欧洲七叶树

Aesculus hippocastanum

欧洲七叶树的种子是鹿和其他哺乳动物的宝贵食物来源。

欧洲七叶树是公园和大型花园中的壮观树木，漂亮的花朵在春季或初夏盛开，形成硕大的"蜡烛"，在秋天它会结出闪闪发亮的果实。

欧洲七叶树是一种落叶大乔木，原产于巴尔干半岛，如今已广泛种植于欧洲和美国。自17世纪以来，它在公园和花园里成为大受欢迎的观赏树种（种在小花园里时，它可以被截顶，但对园丁而言，更明智的选择是使用尺寸较小的近亲物种）。

它还出现在很多城镇的街道上。在近代历史中，正是一棵种在城市里的欧洲七叶树鼓舞了犹太小女孩安妮·弗兰克（Anne Frank），通过她的日记很多人知道了她的故事。当时纳粹德国占领了荷兰，她和家人躲藏在阿姆斯特丹。后来人们花费了很多精力维持这棵树的生命，但是在2010年，衰老、腐烂以及一场风暴终结了它的生命。不过，用这棵欧洲七叶树的种子培育出的树苗被广泛种植，象征着对安妮·弗兰克的纪念。

关键识别特征

可以通过粗壮的枝条辨认欧洲七叶树，枝条上有一个硕大的顶芽，并伴随若干对生侧芽。芽带尖，呈棕色，有黏性或含有树脂。一片树叶包括5~7枚尺寸较大的小叶，全部着生于一根长叶

▼ 分泌黏性树液的芽

以下图片依次展示了欧洲七叶树的芽在春天萌发的过程。枝条上可能有小而圆的月牙形疤痕，它们是连接叶柄的维管组织留下的。

叶片萌发出来，但仍然受到黏性芽鳞的保护，免遭昆虫侵害

芽开始膨大。深棕色的芽鳞在这个阶段黏性最强，可以困住闯入的昆虫

黏性树脂在这一阶段仍然存在

冬芽呈卵形，受富含树脂的芽鳞保护

▶《开花的欧洲七叶树》
（*Chestnut Tree in Blossom*）
　　法国印象派画家皮埃尔-奥古斯特·雷诺阿（Pierre-Auguste Renoir）的这幅画展现了春天一棵欧洲七叶树的美。雷诺阿在他的职业生涯中画过好几种树。

花蕾将在几天内展开，形成开花"蜡烛"

新叶表面覆盖着柔软的长毛，这些毛后来会脱落

> "为了祈求好运气，你在右边口袋里放了一颗欧洲七叶树的种子和一只兔子脚。"
>
> 欧内斯特·海明威（Ernest Hemingway），《流动的盛宴》（*A Moveable Feast*），1964年

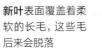

类群： 真双子叶植物
科： 无患子科
株高： 可达30米
冠幅： 可达15米

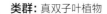

 树叶： 落叶；宽阔；在长叶柄上生长5~7枚小叶；长达20厘米

 果实： 蒴果，多刺外皮内含有1~2颗种子

 树皮： 红棕色或灰棕色；幼树的树皮光滑；随着年龄的增加而长成鳞片状且有浅裂纹

其他物种

天师栗（印度七叶树）
Aesculus chinensis var. *wilsonii*
（异名*Aesculus indica*）

落叶大乔木，来自喜马拉雅山脉西北部，小叶带尖，有光泽。

北美红花七叶树
Aesculus pavia

英文名为red buckeye，字面意思是"红鹿眼"，因为它的花（有4片花瓣）是红色的，而且种子基部像鹿的眼睛。小型或中型落叶乔木。

红花七叶树
Aesculus × carnea

中型落叶树。欧洲七叶树和北美红花七叶树的人工杂交种。

柄的末端，而总叶柄紧抱新枝。小叶本身无柄，呈倒卵形（末端最宽），与总叶柄连接处呈楔形。

这种树在早春萌发新叶，此时枝条上的芽膨大且黏性增加，芽鳞能够困住小飞蝇。从4月底到5月末，花开在树冠中的枝条末端。它们构成长达30厘米的硕大圆锥花序，白色、黄色和红色花瓣相间。在一个圆锥花序中，成功受精的花很少超过2朵，而这些花会发育成多刺的绿色蒴果。它们在秋末成熟，沿着3条缝开裂，露出有光泽的浅棕色种子，种子的直径可达5厘米。

这个物种的英文名（horse chestnut，字面意思是"马栗"）据称因其种子与欧洲栗（见第182~183页）种子相似而得

蜜蜂是欧洲七叶树的重要授粉者

总花柄上的**叶片**比典型叶片小且更细

▶圆锥花序
众多单花簇生成长蜡烛状花序（圆锥花序），每朵花在奶油白底色中显现不同的红色和黄色晕斑。

花中的蜜源标记在授粉后变成深红色，因为蜜蜂看不到红色

经典的传统

欧洲七叶树的种子——英文名为"康克"（conker）——被一代又一代的英国和爱尔兰儿童拿来玩同名游戏。玩这个游戏需要在种子上钻透一个孔，再将一根线从孔中穿过。参与者轮流用自己的康克击打对手的康克，谁的康克坚持到最后，谁就是胜利者。

玩康克游戏的儿童

名。然而，它们尽管同样表面有光泽且颜色相似，但不可食用，对人和其他动物（包括马）有轻微毒性。这是因为欧洲七叶树的种子和小枝中含有生物碱，主要种类是七叶素（即七叶皂苷），这种生物碱因可增加静脉张力、具有消炎作用而被使用，此外，它还被用在一些化妆品中。

地理起源

欧洲七叶树原产于希腊北部的一小块区域和毗邻的阿尔巴尼亚，数量并不多。在上一次冰期之后，它未能从这一有限的区域向外扩散，是因为沉重的种子需要依赖动物才能传播到较远的地方。在日本部分地区分布着一个与其非常相似的物种——日本七叶树（*Aesculus turbinata*），而且该物种很可能曾在三叠纪形成了一个横跨欧亚大陆的种群。分布更广泛的是一个包括天师栗（印度七叶树）在内的亚属，属于该类群的物种遍布西起阿富汗、东至中国和越南（这里的

七叶树种子直径可达10厘米）的亚洲大片地区，而且在美国加利福尼亚和墨西哥下加利福尼亚还有两个灌木状物种。以北美红花七叶树为代表的"鹿眼"（buckeye）类群仅分布于美国东部，花的4片花瓣形成细细的管状结构。在美国东南部还有一个完全灌木化的物种，属于另一个完全不同的亚属。

数百年来，欧洲七叶树的种子在英国、北欧和美国的民间信仰中都有特殊意义，如人们相信将它们放进口袋可以带来好运、保证财务安全甚或增强男性性功能。传统说法认为将它们放置在家中可以驱赶蜘蛛。

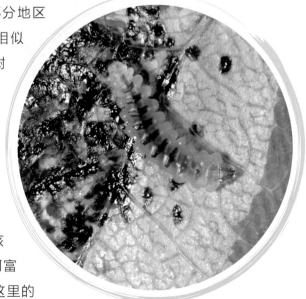

◀ 潜入叶片的幼虫

欧洲七叶树潜叶蛾（*Cameraria ohridella*）的幼虫会潜入欧洲七叶树薄薄的叶片，吃掉叶片上表面和下表面之间的组织，然后变成小蛾子。叶片被挖空的部分会枯死并变成棕色。

类群:	真双子叶植物
科:	壳斗科
株高:	可达40米
冠幅:	可达20米

树叶: 落叶; 春季呈淡绿色, 之后颜色逐渐加深; 互生; 长达9厘米

果实: 外壳有刚毛; 随着成熟从绿色变成棕色; 成熟时开裂并释放出种子

种子: 栗棕色, 通常有3个面; 可食用; 通常被称为水青冈坚果 (beechnut或mast)

◀ 森林里的"巨人"

欧洲水青冈常常是森林的主导者, 它们的落叶在树下形成厚厚的"地毯"。图为英格兰的第二大和第三老欧洲水青冈, 生长在格洛斯特郡的莱茵欧弗树林 (Lineover Wood)。

▶ 欧洲水青冈的花

欧洲水青冈的雌花很小, 绿色, 受苞片(围绕花的变态叶)保护。它们由雄花授粉, 雄花构成小且基本无色的球形柔荑花序, 花粉靠风散播。

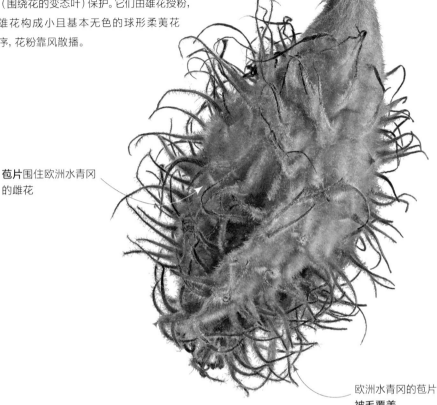

苞片围住欧洲水青冈的雌花

欧洲水青冈的苞片
被毛覆盖

欧洲水青冈

Fagus sylvatica

很少有森林像欧洲水青冈林那样让人难以忘怀。它光滑的银灰色大树枝像飞拱一样伸展, 宽大、高耸的树冠向四周延伸, 遮天蔽日。

欧洲水青冈林具有强大的感染力, 林冠之下没有其他植物生长, 这进一步增强了这种感染力。林地基本没有植被, 只被欧洲水青冈的落叶覆盖着。相比之下, 其他落叶林拥有丰富多样的植物群, 其中温带林中的物种多样性主要体现在草本植物而不是树木上。欧洲水青冈林的地面裸露, 是因为成年欧洲水青冈树拥有浓密的树冠和浅而广布的根系, 前者隔绝光照, 后者有力地与周围植物争夺水和养分。它的叶片富含木头的主要成分木质素, 这

使它们的降解速度很慢, 而每年脱落的欧洲水青冈叶片对森林地被植物群可产生很大影响。厚厚的落叶层抑制了草本植物的生长并使土壤酸化, 抑制喜中性或碱性土壤的林地草本植物生长。

和其他落叶树相比, 欧洲水青冈的叶片不易脱落。这种树拥有凋存叶片, 意思是叶片在秋天变成棕色, 但在冬季的大部分时间里仍然挂在树枝上。凋存现象不是欧洲水青冈独有的, 鹅耳枥、几种柳

▲ 药用植物

这是19世纪《药用植物》(*Medicinal Plants*)一书中的插图, 展示了欧洲水青冈的各个部位。欧洲水青冈被用作解酸剂和祛痰止咳剂。

棕色芽鳞在春天随着芽的萌发而脱落，它们在冬天保护芽免遭寒冷伤害

嫩枝呈棕色，形状细长

▶ 欧洲水青冈的春天

新萌发的欧洲水青冈叶片呈鲜绿色，是漫长、寒冷的冬季结束时的一道宜人的景致。这些叶片的颜色随着时间的推移而变深，而且叶片的革质程度也会加大。

树以及某些栎树也会表现出这种特性，而且这种现象可以为它们带来一些优势，例如减少食草动物（如以树上的嫩芽为食物的鹿）对其造成的损害，因为难吃的枯叶会让它们望而却步。带叶片的树冠还会积雪，在春天积雪融化时向树木提供更多水分。留在树上的老叶接受更多光照，这会加速降解过程。当这些叶片最终落下时，它们会在土壤中迅速分解，释放有利于树木的养分。

著名树篱

欧洲水青冈在冬天保留叶片的能力让它成为建造花园树篱的热门材料。在春天长出的新鲜绿色叶片充满活力，对园丁也很有吸引力，而且它还有许多颜色类型，如紫叶欧洲水青冈。

◀ 黑暗欧洲水青冈

北爱尔兰由欧洲水青冈构成的独具特色的"黑暗树篱"（Dark Hedges）是许多电影和电视剧的取景地。

水青冈坚果丰收和貂

欧洲水青冈每年都结种子，但不同年份的结实数量差异很大。大量结实的年份称为水青冈坚果丰收年（masting year），通常发生在夏季干旱后的第二年。大量结实既为当地以种子为食的动物提供了充足的食物，也令另一些种子萌发。水青冈坚果丰收年还有益于捕食者，如西起西班牙东至喜马拉雅山脉都有分布的石貂（*Martes foina*），因为以种子为食的猎物也会增多。

石貂

全世界最高、最长的树篱正是位于苏格兰村庄梅克卢尔（Meiklour）的一道欧洲水青冈树篱，长530米，平均高度为30米。它在1745年被种植，种植者是奥尔迪（Aldie）和梅克卢尔庄园的女继承人简·默瑟（Jean Mercer）及其丈夫罗伯特·默里·奈恩（Robert Murray Nairne）。1746年，罗伯特死于卡洛登战役（Battle of Culloden）。据说简任由这些树朝着天空生长，以此悼念那些在这场战役中丧生的士兵。

位于北爱尔兰安特里姆（Antrim）郡的黑暗树篱（见对页）也是由欧洲水青冈组成的，约在1775年种植于格雷斯希尔庄园（Gracehill House）的车道两侧。和位于苏格兰的那道修剪整齐的树篱不同，这条大风肆虐的林荫大道由扭曲的树木组成，充满雕塑感和张力。这些魅力十足的树已经开始衰老，最初的150棵树如今只剩不到90棵还活着。这条林荫大道如今禁止车辆通行，因为根系较浅的欧洲水青冈很容易被重型车辆压伤。

气候变化

欧洲水青冈的浅根系还令它容易遭受干旱的影响或者在暴风雨中倾倒。气候变化很可能导致更广泛的干旱和越来越强烈的暴风雨，而欧洲水青冈将承受这些后果。

丝状毛覆盖着欧洲水青冈未成熟叶片的边缘，保护它们免遭食草动物的侵害

其他物种和品种

北美水青冈
Fagus grandifolia

原产于北美洲东部；可通过带锯齿的叶片和多刺壳斗对其加以区分。

'垂枝'欧洲水青冈
Fagus sylvatica 'Pendula'

欧洲水青冈的垂枝形态；所有部位均与野生欧洲水青冈相似，垂枝习性除外。

'紫叶'欧洲水青冈
Fagus sylvatica 'Purpurea'

欧洲水青冈的紫叶变种；数百年前发现于野外，此后一直有栽培。

"欧洲水青冈高大、挺拔，威风凛凛，但在任何时刻都有可能轰然倒塌。"

理查德·梅比（Richard Mabey），《寻找水青冈：树木的叙事》（*Beechcombings: the Narratives of Trees*），2008年

叶片细长，叶脉深，末端锐尖，边缘有粗锯齿

长条形黄色柔荑花序在夏天长出，花序上同时有雄花和雌花

▲ 欧洲栗的果实

欧洲栗的果实拥有浅绿色多刺外壳，很容易被发现。虽然果实的外表相似，但如今认为欧洲栗和欧洲七叶树（见第174~177页）之间的亲缘关系很远。

果实在秋季宽约6厘米，拥有多刺的绿黄色外壳，开裂后通常释放出1~3颗栗子

欧洲栗

Castanea sativa

这种漂亮的落叶树常见于公园、街道、田野和林地。在夏天，它被黄色柔荑花序覆盖着，而在冬天，它可提供一种最简单的著名季节性"暖心"食物。

类群： 真双子叶植物

科： 壳斗科

株高： 可达30米

冠幅： 可达20米

花： 小，有麝香气味，单性花；簇生于直立柔荑花上

种子： 坚韧且有光泽的棕色外皮保护较柔软的白色种仁

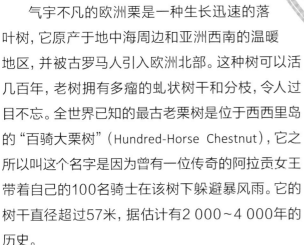

气宇不凡的欧洲栗是一种生长迅速的落叶树，它原产于地中海周边和亚洲西南的温暖地区，并被古罗马人引入欧洲北部。这种树可以活几百年，老树拥有多瘤的虬状树干和分枝，令人过目不忘。全世界已知的最古老栗树是位于西西里岛的"百骑大栗树"（Hundred-Horse Chestnut），它之所以叫这个名字是因为曾有一位传奇的阿拉贡女王带着自己的100名骑士在该树下躲避暴风雨。它的树干直径超过57米，据估计有2 000～4 000年的历史。

在文艺复兴时期，欧洲栗在欧洲作为遮阴树被广泛种植，如今在全球温带地区都有种植，主要是为了获得它的可食用种子，种子收获后既可以作为人类的食物，也可以充当动物饲料。果实中只有1粒种子且易于保存的品种更受商业种植者的青睐。

冬日小食

栗子可以带壳烤熟充当零食，在欧洲、亚洲和北美洲都是很受欢迎的街头食物。它们还被用在一系列甜味和咸味正餐菜肴中。在欧洲，栗子和仲冬盛宴的关系尤其紧密，被用来酿肉、制作汤羹或者用作伴菜。栗子更受欢迎的烹饪方式是做成栗子泥并添加甜味剂，用在蒙布朗（Mont Blanc）等甜点中，或者用作圣诞原木蛋糕（bûche de Noël）的填料。糖渍栗子（marron glacés）是路易十四在凡尔赛宫非常喜爱的奢侈甜品。去壳后，栗子可以被研磨成一种不含麸质的粉，在意大利烹饪中有着悠久的历史。还可以将这种栗子粉加入普通面粉中用来烘焙面包。古希腊学者曾在著作中提到它的药用价值，而英格兰博物学家尼古拉斯·卡尔佩珀（Nicholas Culpeper）在《英格兰医师》（The English Physitian）一书中建议将栗子磨成粉与蜂蜜混合，用以治疗支气管疾病。

其他物种

栗

Castanea mollissima

原产于中国，外表与其近亲欧洲栗相似；因其可食用的种子而拥有悠久的栽培历史。

美国栗

Castanea dentata

高大壮观，如今由于易感染病害而在其位于北美洲的自然分布区成了濒危物种。

> "……苹果和柑橘放在桌上，堆满栗子的铁锹在火上烤着。"
>
> 查尔斯·狄更斯（Charles Dickens），
> 《圣诞颂歌》（A Chrismas Carol），1843年

秋季盛宴
这幅约1490年的画描绘了一个农奴在栎树林里赶着一群猪吃落在地上的橡子的场景。以这种方式养猪是一种名为"林地养猪"（pannage）的传统权利，至今仍在欧洲部分地区实行。

类群: 真双子叶植物

科: 壳斗科

株高: 可达30米

冠幅: 可达25米

树叶: 落叶；轮廓呈宽卵形；3~6对裂片；互生；长达12厘米

果实: 典型的橡子，成熟时从浅绿色变成棕色，长15~40毫米

树皮: 灰绿色，幼树树皮光滑，随着年龄的增加而长出脊纹和裂缝

▶ 老栎树
这棵美丽的老栎树生长在莱茵哈特森林（Reinhardswald）里，位于德国黑森州（Hessen）的一座前皇家森林。这棵树展示了夏栎典型的伸展树冠。一场暴风雨曾折断了它的树干，但新枝从树体残余的部分重新长了出来。

夏栎

Quercus robur

夏栎以高大、强壮和坚韧著称，并且拥有一种神话般的气质，在英国非常受欢迎。它的英文名为English oak，意为英格兰栎。实际上，这个物种的分布范围遍及整个欧洲以及更远的地方。

夏栎和英格兰（以及更广泛的英国）在历史上有着各种联系。它为英国执行国防、殖民和帝国扩张政策的主要机构——皇家海军提供建造舰艇的木材。它是英国那些伟大的历史建筑以及其中的华丽家具所使用的主要木材。这种树曾经被视为神圣之物，并以诗歌和歌曲的形式被赞颂。18世纪的英格兰剧作家大卫·加里克（David Garrick）在诗歌中将这种树和自己的祖国联系在一起："栎树的心是我们的船，栎树的心是我们的人。"

夏栎的长寿（它可以活数百年）也是其力量和

有裂片的树叶，这是栎树的典型特征

▲ 神圣的叶片
在古希腊神话中，栎树是众神之王宙斯的圣树。这顶公元前350—前300年间的黄金栎叶花环就是佐证。

如今全世界有**450**个已知栎树类物种，主要生长在**北半球**和**热带高山**地区。

神秘感的一部分，正如19世纪初诗人詹姆斯·蒙哥马利（James Montgomery）所说："高大的栎树，耸立参天，抵抗风的怒吼。世世代代坚守高尚的品性，巍然屹立，忍辱负重。"

英格兰栎的叫法被广泛使用，但是从地理角度来看有些不合适，因为这个物种长期以来都是欧洲大部分地区的重要木材树种。它的生长范围从英国向东至土耳其和高加索地区。它在英格兰的支配地位是数百年的林地管理造就的：很多树是商业种植，而且常常使用来自欧洲大陆的品种。实际上，夏栎甚至不是唯一原产于英格兰的栎树。

两种本土栎树

相比英格兰栎，从植物学的角度来看，这个物种更准确的名字应该为有梗栎（pedunculate oak），这个名字使它有别于另一个英国本土物种——无梗栎（*Quercus petraea*，英文名为sessile oak，中文名为无梗花栎）。这两个名字与栎树的橡子或花有关，有梗栎的橡子和花生长在梗（peduncle）上，而无梗栎则无梗（sessile）。这些名字可能会令人困惑，因为有梗栎的叶片没有梗，而无梗栎的叶片则有梗，即叶柄（两个物种都是落叶树）。

在英国，夏栎生长在乔林（high forest）、得到良好管理的（平茬）林地以及古老的林间牧地中。

"房屋和船只，城市和海军，都是用它建造的。"

约翰·伊夫林（John Evelyn）对栎树木材的描述，
《森林志，又名林木论》（*Sylva, or A Discourse of Forest-Trees*），1664年

▶ **造船**

16世纪的西班牙木匠正在为弗朗西斯科·德·奥雷利亚纳（Francisco de Orellana，西班牙探险家，首次完成了亚马孙河的全程航行）建造一艘小型双桅帆船。

皇家栎树

　　1649年，英王查理一世被处决，他的大儿子未被承认为王位继承人。查理二世组织了一支军队，但是于1651年在伍斯特（Worcester）被击败。他逃走的当晚藏身在博斯科贝尔树林（Boscobel Wood）的一棵老栎树里，这棵树至今仍被称为"皇家栎树"（Royal Oak）。1660年，查理二世结束流亡返回英国，夺回英格兰、苏格兰和爱尔兰的王位（如图所示）。

描绘查理二世的刺绣画

无梗花栎

Quercus petraea

　　另一种常见的欧洲栎树；可以长得比夏栎更高。2012年，一株生长在法国贝尔赛森林（Forêt de Bercé）的无梗花栎的测量高度是48.4米。

柔毛栎

Quercus pubescens

　　自然分布范围为从法国西部经中欧至高加索地区；这种树要矮得多，叶片幼嫩时有毛，且叶裂片末端尖锐。

◀ 栎树林中的捕食者

　　在栎树林中，纵纹腹小鸮捕食以橡子为食物的小鼠和松鼠。老栎树树干中的背风树洞还为它们提供了筑巢场所。

扇形尾巴有助于在飞行中控制方向

匈牙利栎

Quercus frainetto

　　分布于意大利南部、巴尔干半岛、罗马尼亚，以及匈牙利部分地区；高大、穹顶状的栎树物种，识别特征是树叶有7~9对深裂裂片。

　　它在相对黏重和肥沃的土壤中生长得最好，可以应对一定程度的涝渍，但是由于在林地和树篱中被广泛种植，它的自然分布范围如今已模糊不清，难以判断。它基本不会在最遥远的北方。另一方面，无梗花栎在商业化林业种植中的受欢迎程度远逊于夏栎，因此它的分布范围更符合自然规律。在英国北部和西部，它在排水良好的中等酸性或强酸性浅土上形成林地。它是高地树林的典型物种。

在欧洲的扩散

　　两种栎树在欧洲的分布也是类似的模式，两个物种分布范围的北部边界都位于斯堪的纳维亚半岛南部。夏栎更常见，无梗花栎的分布范围与夏栎类似，但是主要生长在更贫瘠的土壤上。在欧洲各地的商业林中，夏栎的种植数量多于无梗花栎，因为人们认为它生长得更快，木材也更结实。然而，真实情况是夏栎主要生长在更肥沃的土壤上。当夏栎被种植在贫瘠土壤上时，它的生长速度和木材的耐用程度都不如无梗花栎。

　　这两个物种在毗邻生长时很容易杂交，这令它们的分布范围难以分辨。二者的杂种后代（拉丁学名*Quercus × rosacea*，尚无中文名）很难和它的双亲区分开，因为它的特征全都处于二者的中间状态。有时，它可以生长在附近没有任何夏栎的地方，而在一些地方，它可以在任一亲本都不存在的情况下形成纯林。

嫩叶萌发时呈黄绿色，这让春天的栎树有很高的辨识度

叶芽和柔荑花序在春末一起萌发，簇生于嫩枝末端

下垂的雄柔荑花序呈黄绿色或棕绿色，长2~4厘米；它们在5月释放花粉

▶ 春季萌发
　　夏栎的叶片在4月或5月与柔荑花序一起萌发。雌柔荑花序不显眼，和雄葇荑花序生长在同一棵树的新枝末端。

　　夏栎是长寿物种。它需要生长50年才会结出第一批橡子，生长100年才会完全长高。然而，如果任其生长，它可以继续存活300年。如果将它截顶（见第141页），树干基部可以在接下来的800年里继续长出树枝。英国最高的夏栎生长在约克郡的邓科姆树林（Duncombe Wood），2014年测得的高度为41米。在英国以外，最高的夏栎生长在波兰的比亚沃

维耶扎国家公园（Białowieża National Park），2011年测量的高度为43.6米。

生命之树
　　这两种栎树对于依靠它们生存的一系列其他物种而言都很重要。根据已有的记录，超过500种无脊椎动物以栎树叶片为食，如栎艳灰蝶（purple

叶片在秋天变成熠熠生辉的金色；少数叶片在整个冬天都挂在树上

hairstreak butterfly），它们的幼虫依赖栎树叶才能存活。数种昆虫将卵产在栎树叶片中，刺激它们产生保护性的虫瘿，将昆虫的幼虫围住。其中最著名的是一种名为*Biorrhiza pallida*的瘿蜂，它将卵产在叶芽中，这会刺激叶芽发育成一种圆形虫瘿——栎五倍子（oak apples）。栎树的树干和树枝上生活着很多地衣和苔藓，而森林地面上的栎树落叶令许多真菌从中受益。松鸦和松鼠在夏末吃橡子，而秃鼻乌鸦、林鸽和小鼠在橡子落地后也会吃它们。大量的橡子在树上或者在森林地面上被吃掉，以至于栎树的繁殖几乎完全依赖松鼠或松鸦，它们会将橡子当作冬季的食物埋藏起来，之后

被它们遗忘的橡子就会发芽并长出新的栎树。

用途和传统

夏栎的木材坚硬、结实，而且天然耐用。数百年来，它都是建造船只、华丽宅第和教堂屋顶的首选木材。它可以加工成精美家具，或者用来制作屋顶木瓦。平茬栎树长出的树枝被制成木炭，而幼嫩树皮用于制革。栎树还被用在农业中：在欧洲的许多地区，当地人仍然在积极地守护着他们"林地养猪"的传统权利，这项权利允许他们秋天在栎树林里养猪，此时这些动物可以痛快地享用落在地上的橡子。

除了出现在古希腊宗教中（见第184页），栎树在凯尔特宗教中也是神圣的。在欧洲，德鲁伊祭司在栎树林中举行仪式，而且十分敬畏这些树。

> "在我看来，任何树林都没有生长着
> 许多老栎树的树林更能激发人的敬畏之心。"

爱德华·斯特普（Edward Step），《路边和林地树木》
（*Wayside and Woodland Trees*），1904年

2014年尚存于世的体型最大的夏栎在瑞典。

富含木质素的栎树心材呈饱满的深棕色，抛光效果好，用它制造的家具更具吸引力

◀ 栎木家具

在欧洲，栎木是门窗、镶板、家具和橱柜制造业使用最广泛的硬木之一。这个华丽的嵌花栎木箱被收录在1904年的《英国家具史，栎木时代》（*A History of English Furniture, the Age of Oak*）一书中。

弗吉尼亚栎

Quercus virginiana

弗吉尼亚栎的英文名是live oak（活栎）或southern live oak（南方活栎），这种壮观的常绿树是"旧南方"（Old South）——美国建国之初13个殖民地中的南方各州的象征。

类群: 真双子叶植物	
科: 壳斗科	
株高: 12~20米	
冠幅: 可达45米	

树叶: 常绿；椭圆形或略呈卵形；革质，有光泽，边缘光滑；互生；长达13厘米

树皮: 深红棕色，拥有垂直沟纹，表面裂成小块

弗吉尼亚栎分布于美国东南部各州和墨西哥东北部，主要生长在沿海地区，并从分布的南部地区向内陆扩展。它是一个抗逆性较强的物种，在干旱和潮湿气候下都可以生长（本身更喜湿润土壤），但不能在严重的霜冻下生存。分枝从树干上较低的位置水平伸出，形成宽大的圆形树冠，而一棵成年树的冠幅常常超过其株高。在春季，不起眼的黄绿色花开在彼此分离的雄柔荑花序和雌柔荑花序中，然后雌花会长出典型的栎树橡子。它并不是完全常绿的，因为老叶会在春天长出一批新叶时立即脱落。

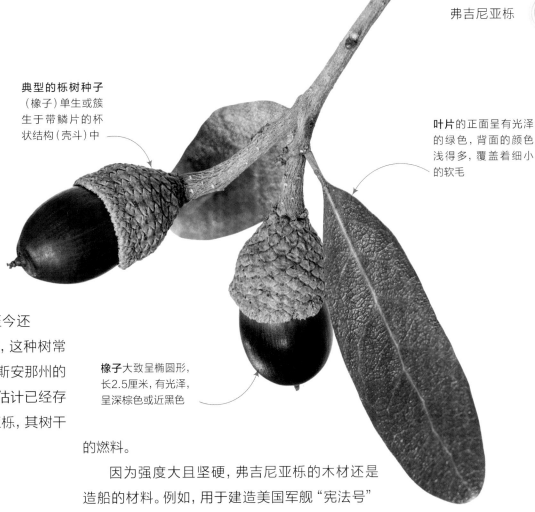

◀ 被"苔藓"覆盖

　　在晨雾笼罩下，这棵生长在美国路易斯安那州的枫丹白露州立公园（Fontainebleau State Park）的庄严的弗吉尼亚栎老树上挂满了松萝菠萝（Tillandsia usneoides），虽然它的英文名意为"西班牙苔藓"（Spanish Moss），但它并不是苔藓植物，而是一种空气凤梨，即生长所需的全部养分都是从空气中获得的。

典型的栎树种子

（橡子）单生或簇生于带鳞片的杯状结构（壳斗）中

叶片的正面呈有光泽的绿色，背面的颜色浅得多，覆盖着细小的软毛

　　弗吉尼亚栎可以活很久，而且老树非常壮观，尤其是当松萝菠萝装饰着形似烛台的树枝时。美国南方腹地至今还生长着很多古老的弗吉尼亚栎，在过去，这种树常被种在种植园中的道路两旁。美国路易斯安那州的"七姊妹栎树"（Seven Sister Oak）据估计已经存活500~1 000年，它是最大的弗吉尼亚栎，其树干周长约12米。

强壮的树枝

　　除了松萝菠萝之外，弗吉尼亚栎伸展的树枝还支撑着其他植物，如球青苔（Tillandsia recurvata）和槲寄生，并为几种哺乳动物和鸟类提供庇护。原住民会从橡子中提取一种油，并在医药和印染中使用这种树的其他部位。它的木材密度高，所以是很好

橡子大致呈椭圆形，长2.5厘米，有光泽，呈深棕色或近黑色

的燃料。

　　因为强度大且坚硬，弗吉尼亚栎的木材还是造船的材料。例如，用于建造美国军舰"宪法号"（Constitution）。这艘重型护卫舰在1812年的美英战争中发挥了决定性作用，而且是目前仍然漂浮在水面上的最老的船。弗吉尼亚栎木的密度和韧性让这艘船经受住了敌方炮火的打击，还让它得到了"老铁甲"（Old Ironsides）的绰号。

▲ 橡子

　　和其他一些栎树物种不同，弗吉尼亚栎的橡子在第一年秋天很早就成熟了。它们是多种野生动物的重要食物来源。

"它独自站在那里，枝条上垂挂着青苔……"

沃尔特·惠特曼（Walt Whitman），《在路易斯安那，我看见一棵弗吉尼亚栎在生长》（*I Saw in Lousiana A Live-Oak Growing*），摘自诗集《草叶集》（*Leaves of Grass*），1860年

其他物种

美国绒毛栎

Quercus velutina

体型相对较小、生长迅速的落叶物种，很容易和该属其他成员杂交。

红槲栎

Quercus rubra

北美洲最大且分布最广泛的落叶树之一，在欧洲也有种植。叶片深裂。

美国白栎

Quercus alba

分布于美国东部各州的落叶树，树叶在掉落前变成橙色或酒红色。

树叶: 常绿, 卵形, 边缘起皱, 正面绿色, 背面灰色且有毛, 长3~7厘米

果实: 橡子, 长3厘米, 基部半包裹在壳斗中, 夏末成熟

树皮: 厚, 粗糙, 有深裂缝; 深灰色, 被剥去后露出红色内树皮

◀ 植物学视角

　　这幅雕版印刷画描绘了一棵理想化的欧洲栓皮栎, 它拥有宽阔的圆形树冠。画中还展示了这种树的叶片、橡子、下垂的雄柔黄花序, 以及小小的芽状雌花。

欧洲栓皮栎

Quercus suber

欧洲栓皮栎的树皮
被用作**板球**和**羽毛球**
的内层材料。

　　作为原产于地中海西部地区的物种, 欧洲栓皮栎如今的分布模式是人为干预后的结果, 因为人们想要获得它的海绵状防火树皮。栓皮产品包括瓶塞、体育装备等。

地中海地区的气候炎热、干燥，易发生火灾，当地植被对此已经适应。很多地中海植物会在森林火灾后从根系或种子中重新萌发，欧洲栓皮栎却不同。死去的栓皮栎外层树皮是由充满空气的微型小室形成的蜂窝状结构。虽然外层树皮会被点燃，但可起到隔热作用，保护里面的活体组织，使欧洲栓皮栎能够在火灾中幸存下来并很快重新萌发。

葡萄酒和野生动物

人类应用栓皮已有5 000多年的历史。欧洲栓皮栎生长在从葡萄牙到意大利东部和北非的森林中，在这个区域，特别是在西班牙和葡萄牙，栓皮栎种植园是人们从天然林中清理或人为种植出来的。这些树之间的空地有着丰富的地被植物，常常存在绵羊或猪的轻度放养，而树木之间有夜莺的身影。葡萄牙和西班牙的欧洲栓皮栎林中还生活着濒危物种——伊比利亚猞猁（Iberian lynx）。

栓皮栎的前25年无法收获栓皮，不过欧洲栓皮栎的寿命长达200年，在此期间可收获20次栓皮。从树上剥下的大块栓皮被制成葡萄酒瓶的软木塞，或者经压缩和黏合后制成木地板或保温砖。葡萄酒行业越来越多地使用塑料的瓶塞和螺旋盖，这威胁了栓皮行业的未来，也威胁了靠这个行业支撑生物多样性的林地，不过栓皮仍是一种有用的可再生材料。

其他物种

▲ 工作中的栓皮切割工
如今，由机器从欧洲栓皮栎的树皮上切割葡萄酒瓶的软木塞，但是在从前，这是一项由专人使用锋利的刀子完成的手工活。

死去的外树皮被小心去除，这个过程使用的是特制的斧子和锯子

▶ 收获栓皮
在有人管理的欧洲栓皮栎树林中，大约每9年收获一次栓皮。人们将完整的外栓皮层从活体树木上大块剥下，露出里面的红色内树皮。

内树皮外立即重新长出新的外树皮

土耳其栎
Quercus cerris

生长在欧洲东南部各地的灌木丛和树林中，它的木材只能用作葡萄的支撑架或者柴火，因为很容易褪色风化。

栓皮栎
Quercus variabilis

原产于东亚地区，包括中国、日本和朝鲜半岛。在中国，有时是为了收获栓皮而种植，不过它的产量比欧洲栓皮栎低得多。

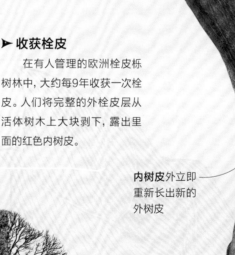

类群: 真双子叶植物

科: 木樨科

株高: 可达10米

冠幅: 可达8米

树叶: 常绿,革质;对生;长10厘米,宽3厘米

花: 小,白色,开在圆锥花序上,有香味,拥有4枚花瓣和萼片

树皮: 银灰色或更深的灰色,有细裂纹,常带凹槽和交错的脊纹

▶ 缀满木樨榄果的枝条

木樨榄叶片的末端有短尖,基部呈楔形。它们对生于有鳞片的银灰色枝条上,随着年龄的增长,枝条变成棕色。每簇花通常只结1个果实。

披针形或倒卵形叶片,正面呈有光泽的灰绿色,背面呈银色,边缘无锯齿

木樨榄

Olea europaea

木樨榄(俗名油橄榄)是一种树形宽阔的小乔木,因可食用的果实和风味十足的橄榄油而被种植。作为一种古老的树,它出现在很多神话传说中,并被赋予象征意义。

木樨榄的栽培可以追溯至5 000年前,它是最早被人类种植的树木之一。这个物种很可能原产于地中海东部地区,而且很可能是在上万年之前从其野外生长的变种野生木樨榄(*Olea europaea* subsp. *europaea* var. *sylvestris*)演化而来的,后者的分布范围远至沙特阿拉伯。从那以后,从东边的以色列到西边的西班牙,木樨榄被广泛种植于整个地中海地区的南北两岸。也许意大利的庞大种植园最有名气,在那里它成为主导性的景观特征,但是在更往东的伊朗可以找到更古老的树木,有些古树的年龄大到2 000岁。木樨榄很早在印度、印度尼西亚和中国被种植,后来又扩展至澳大利亚、新西兰和撒哈拉以南的非洲。它很可能是被西班牙征服者带到美洲去的。

《圣经》中的诺亚的故事是有关木樨榄的最早记录。洪水趋于平静后,诺亚先后派出一只渡鸦和一只鸽子去寻找陆地。渡鸦高飞而去,但鸽子因找

▶ 和平的象征

木樨榄枝在很多文化中都是持久和平的象征。在基督教神话传说中,一只衔着木樨榄枝的鸽子象征着大洪水的结束,和平时光到来。

这块4世纪墓碑上的**铭文**写有拉丁文短语"inpace",意为"和平地"

卵形果实长3.5厘米，在长达12个月的生长期里逐渐成熟，从绿色逐渐变成黑色或棕色

不到可以落脚的地方而回到了方舟上。一周后，诺亚再次派出鸽子，这一次它衔着一根木樨榄枝回到了方舟上（《出埃及记》第8章第11节）。这只鸽子带回了陆地生命的迹象，这是希望的象征，标志着洪水的结束以及和平岁月的降临。

希腊的标志

在古希腊神话中，战争、智慧女神雅典娜和海神波塞冬争夺一座城市的控制权，方法是各自向这座城市的居民赠送一样礼物。雅典娜送给这座城市的居民一棵木樨榄树，而波塞冬用他的三叉戟打破一块石头，创造出一口盐水泉。人们接受了木樨榄树，因为它为人们提供了丰富的食物、油脂、木材及

▶ 木樨榄果园

在一座典型的木樨榄果园中，人们通过频繁的截顶（修剪掉树木的顶端）管理这些树。这会刺激短而茁壮的结果枝生长，令这些树的树冠呈现出典型的虬状形态。

◀ 压榨木樨榄果以获取橄榄油

以前，人们使用大磨盘压榨木樨榄果。在这个过程中产生的液体被缓慢倒入另一个容器，等到其中的油上升到表面再将其分离出来，如这幅古罗马镶嵌画所示。

庇护所。作为胜利者，雅典娜用自己的名字为这座城市命名，雅典就这样诞生了。木樨榄至今仍是希腊文化中的核心部分。

木樨榄果是核果，这种果实在植物学上的定义是拥有一颗坚硬的果核，而果核被由子房壁发育而来的肉质或革质外层结构包裹。正是这层肉质结构赋予了木樨榄树重要的商业价值：它既是人类的食物，也是生产橄榄油的原料。在这两个产业中，橄榄油的规模更大。

橄榄油富含单不饱和脂肪酸，被认为有益于心脏。想要制造最高等级的橄榄油，必须在木樨榄果成熟时采摘并在24小时之内压榨。按照传统做

▼ 木樨榄树种植园

木樨榄树能够适应炎热、干燥的环境条件，如这些生长在意大利托斯卡纳乡村地区的木樨榄树。它在更冷的气候下也可以生存，但很少结果实。

> **"木樨榄树确实是上天所赐最珍贵的礼物。（吃了木樨榄果）我简直就不想再吃面包了。"**
>
> 托马斯·杰斐逊（Thomas Jefferson, 1743—1826），美国第三任总统

法，人们会用大石磨压榨木樨榄果，并且带核一起压榨。更现代的工厂采用锤击的方法或者先除去果核。油脂存在于果肉细胞内，而研磨果实的目的就是获得其中的油脂小液滴。接下来压榨果浆，因为油不溶于水，它会悬浮于果浆表面，接下来就可以将其舀出了。第一次压榨可以获取80%~90%的油，第二次压榨还可以再获取一些。冷榨技术可以获得口感最好的橄榄油，这种橄榄油被称为特级初榨（extra virgin）橄榄油，但是加热或者使用化学添加剂可以得到更多橄榄油，这种橄榄油的价格则更便宜。

油脂，食物，木头

果实一旦提取出橄榄油，固体残渣（果渣）可用作供工业和农业使用的生物质燃料。它还可以拿来喂养牲畜，尤其是木樨榄果在压榨前去除了果核。70%~90%的木樨榄果用于榨油，剩下的用于食用；烹饪用的木樨榄果可将果核去除，并常常在其中填馅食用。木樨榄树的木材也很宝贵，它质地坚硬、色彩优美、纹理丰富，可以被制作成木雕、打磨成器具把手，以及车削成木碗。

2020年，欧盟的橄榄油产量占全球产量的**69%**。

成熟木樨榄果经过冷榨后得到特级初榨橄榄油

◀ **橄榄油**

大部分木樨榄果用来生产橄榄油。除了烹饪用途之外，这种油还可以用在油灯里，或者用作受膏油（在宗教仪式上使用）、按摩油。

其他物种

美国流苏树
Chionanthus virginicus

落叶小乔木，叶片长5~20厘米；花白色，有香味，花瓣丝带状，4~5片，生长在松散的圆锥花序中；深蓝色果实长2厘米。

流苏树
Chionanthus retusus

落叶灌木或乔木，卵形叶片长2.5~10厘米；花雪白色，有香味，有4片丝带状花瓣，开在垂直的圆锥花序中。

总序桂
Phillyrea latifolia

常绿小乔木，叶片呈色调不一的深暗绿色；绿白色花簇生在叶腋短花序中；结小而圆的蓝黑色果实。

猴面包树大道

　　这条偏僻的土路位于马达加斯加西海岸，路旁排列着20多棵雄伟的大猴面包树（*Adansonia grandidieri*），其中一些据说已经活了上千年。这些树是一座森林被大部分清除后遗留下来的。这条大道如今已经成为热度很高的旅游景点。

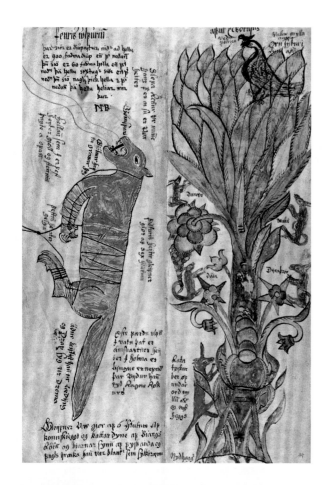

▲ 神圣的树

在北欧神话中，一棵名叫"尤克特拉希尔"
（Yggdrasil）的欧梣位于宇宙中央。上面这幅插图
来自冰岛语手稿，尤克特拉希尔和巨狼芬里尔
（Fenrir）被画在一起，芬里尔是洛基之子。

类群： 真双子叶植物	
科： 木樨科	
株高： 可达40米	
冠幅： 可达20米	

树叶： 落叶；羽状复叶，叶片边缘有锯齿；叶对生；长达12厘米

果实： 翅果，簇生成一大串，每个翅果带有一片长长的绿色翅

树皮： 浅灰色；有裂纹，嫩枝光滑且呈灰绿色，有落叶后留下的叶柄痕

欧梣叶片会朝向
阳光略微移动

小枝有光滑的树皮

树叶在还是
绿色时掉落

欧梣

Fraxinus excelsior

随着病害对欧梣（俗名欧洲白蜡）生存的威胁加剧，科学家和
林务官们正在致力于保护这种应用广泛的重要树木。

欧梣生长在欧洲、亚洲部分地区以及非洲，是一种高大、优雅的落叶树，常常成群生长，形成圆形林冠。1992年，波兰的欧梣大面积死亡，原因是患上了未知病害。深棕色或橙色病变出现在叶片上，而枝条上出现钻石形病变，树冠失去了叶子。这种病害不断向西蔓延，在2012年抵达不列颠群岛，人们的担忧也随之加剧。这种病害后来被称为白蜡树枯梢病（ash dieback），它威胁着这种个性十足的景观树木的生存，令人联想起20世纪70—80年代荷兰榆树病使榆树遭受的灾难性损失。

► **宽广的树冠**

　　欧梣的叶片被用作家畜饲料，但它也具有药用价值，用于治疗便秘、风湿病和痛风，还可用于控制体重。

► 花

欧梣的花在春天先于叶片出现在一年生枝条上。花可能是雄花、雌花或者两性花，而且一棵树可以只开雄花或者只开雌花。有些树第一年开雄花，第二年开雌花。

欧梣的花是风媒授粉的，不需要吸引授粉昆虫，所以缺少醒目的花瓣

欧梣的叶片是对生的，所以它的小枝很容易通过像这样的成对叶痕辨别

这些雄花已经将花粉散入风中，所以花药看起来像缩小了一样

在花粉尚未散落的雄花中，花药依然饱满

拟白膜盘菌（*Hymenoscyphus fraxineus*）是引发白蜡树枯梢病的真菌。它源自亚洲，传播至欧洲的路线尚不明确，不过真菌病害会通过活体植物或木材等产品的航运跨越大陆之间的边界。它至今仍会导致野生和栽培的欧梣较高的死亡率。被感染树木的落叶在被分解时，表面会长出这种真菌的繁殖结构，并释放出孢子。它们乘风传播，令白蜡树枯梢病迅速蔓延至新的区域。在亚洲，这种真菌也出现在本土白蜡树上，但不会产生欧洲那样的灾难性枯梢病，也许是因为亚洲的白蜡树物种和这种真菌共存的时间更长，已经具备了一定的免疫力。人们希望欧洲的野生白蜡树种群能够发展出抗性，但研究表明，只有不到10%的树表现出不同程度的免疫力。再加上正在入侵欧洲和北美洲的对白蜡树危害极大的害虫白蜡窄吉丁（*Agrilus planipennis*），欧梣正面临前所未有的重大威胁。

欧梣的小枝在冬天很容易辨认，因为它们的芽是黑色的，看起来就像被火烧过一样。

强度和柔韧性

　　在爱尔兰式曲棍球中，两支竞争队伍通过使用一根名为曲棍的棍子将一个小球打进球门柱之间的方式得分。按照传统，曲棍是用欧梣的木材制作的。在全球各地，它们的撞击声——被称为"白蜡树的碰撞"——会激起所有爱尔兰曲棍球迷的共鸣。欧梣木材的几项物理特性使其备受曲棍制造商的青睐，这些特性包括天然强度、柔韧性、轻盈及吸震性能。随着这项运动越来越受欢迎，爱尔兰曲棍制造商不得不从欧洲大陆进口白蜡木以满足需求。欧梣木材还是制造斯诺克球杆和棒球棍的优质材料，而且在被铝和合成材料（如玻璃纤维）取代之前，它还是制造网球拍的优选原料。在体育领域之外，欧梣木材也有广泛的用途，尤其是制作工具把手，包括锤子和斧头的把手。在历史上，它曾用于建造房屋、汽车和飞机的框架，还被用来制作拐杖和蟹笼。

"木制奇迹"

　　第二次世界大战期间，英国的防御依赖飞机的稳定供应，但当时原材料紧缺，于是杰弗里·德·哈维兰（Geoffrey de Havilland）设计并制造了一种木制框架的新型飞机。DH.98蚊式飞机用欧梣木材制作结构件，并在英国皇家空军一直服役到20世纪50年代。

建造DH.98蚊式飞机

生长和寿命

　　除了许多物理特性外，欧梣木材受欢迎的另一个原因是它的生长速度相对更快，平茬后的10年内其木材就能用于制造房屋框架。生长迅速是先锋物种的常见特征，先锋物种指的是最先侵殖新领地的植物，而这些物种很少有寿命长的。有记录的最古老的欧梣约850岁，但它们很少能活过250岁。

▲ 白蜡木泵钻

　　欧梣木材非常适合制造工具的把手，如图中的这个泵钻，这件工具使用抽送动作钻出小孔或生火。

"欧梣无疑是我们所有本土树种中经济价值最高的。"

亨利·J. 埃尔威斯（Henry J. Elwes）和奥古斯汀·亨利（Augustine Henry），《大不列颠和爱尔兰树木》（*The Trees of Great Britain & Ireland*），1906年

其他物种

花梣
Fraxinus ornus

原产于南欧和西亚；之所以叫花梣是因为它开的有香味的白色花会形成硕大、醒目的花序。

窄叶梣
Fraxinus angustifolia

原产于西班牙和摩洛哥至伊朗；叶片比欧梣的窄，而且冬芽呈棕色而不是黑色。

美国白梣
Fraxinus americana

常见于北美洲东部；可通过其独特的"C"形叶痕区分。叶片背面呈白色。

光叶榆

Ulmus glabra

光叶榆是一种引人注目的落叶大乔木。从地中海地区到斯堪的纳维亚半岛以及更远的地方，它与人类有着历史悠久的联系，并且在森林生态中发挥着重要作用。然而，最令它闻名的大概是一种致命病害。

荷兰榆树病的源头并不在荷兰，而是在亚洲。它由3个真菌物种引起，20世纪初首次出现在欧洲，杀死了一些树木，但造成的损失很小。然而，在20世纪60年代，一个毒性更强的株系出现在欧洲，使欧洲大陆各个地方的榆树遭受了损失。这种真菌是由甲虫传播的，它们刺穿树皮，将卵产在里面。一旦感染，树木会通过阻断部分维管系统的方式防止真菌进一步扩散，这会导致个别枝条枯死。这种病害还会通过互相连接的根系或者修剪时使用被污染的工具传染。

在英格兰，英国榆（*Ulmus procera*）遭到了这种病害的毁灭性打击，幸存下来的成年树寥寥无几。荷兰榆树病不会杀死树根，而英国榆通过从树干基部重新萌发枝条幸存至今。当新枝条长到一定的大

▲ "植物学美人"

在英国斯塔福德郡巴格特公园（Bagot's Park）的磨坊，伫立着一棵"其美丽比其大小更容易辨认"的光叶榆。上面这张描绘它的插图出自雅各布·斯特鲁特（Jacob Strutt）之手。

▶ 翅果

榆树依赖风为花授精和传播种子，种子可以随风飞到距离母株100米的地方。

类群： 真双子叶植物
科： 榆科
株高： 可达30米
冠幅： 可达25米

树叶： 落叶；有粗毛，末端有额外裂片；互生；长达70厘米

树皮： 灰色或棕色；有裂纹，基本无毛；嫩枝粗壮，略有毛

榆树的果实由风媒授粉后的花发育而来，花在春季早于叶片出现

果实是翅果，每个果实中央有1粒种子

芽受到有毛叶鳞的保护，叶鳞在春季叶片萌发时脱落

《佩恩条约》签署双方旁边那棵树的后代至今还活着。

佩恩的和平

1683年，在如今的宾夕法尼亚州境内，英国殖民者威廉·佩恩（William Penn）和美洲原住民部落伦尼莱纳佩人（Lenni Lenape）在一棵美国榆（光叶榆的近亲）树下就和平达成了协议。

小时，携带真菌的甲虫会再次侵害它们，令它们再次被感染。在这种情况下，光叶榆具有一项优势：虽然它对这种病害没有免疫力，但是它的树皮中含有一种名为蒲公英帖醇的化学物质，传播病害的甲虫并不喜欢它。然而，光叶榆基本上没有从树根重新萌发枝条的能力，所以一旦感染，通常是致命的。

蝴蝶、树节和树瘤

任何物种从其生长地消失都会引发连锁反应，令曾经依赖它生存的其他物种受到不利影响。随着英国的榆树变少，乌洒灰蝶（*Satyrium w-album*）的数量也随之减少，这种蝴蝶只在榆树上产卵，而且更喜欢光叶榆。为了确保这种蝴蝶能够继续存活，保育工作者开展了种植非本土榆树的试验，结果是蝴蝶种群的数量有所增加，这也挑战了保育项目只使用本土物种的观念。

光叶榆的英文名是wych elm，其中的wych（与witch同音）让人联想到巫术，但它其实来自一个盎格鲁–撒克逊语单词，意为柔韧的，而它的柔韧枝条适合制造弓。光叶榆的木材还耐腐蚀，常用于建造船只、桥梁基础和车轮。榆木有漂亮的纹理，适合制作木雕。树干通常长出膨大的木质疣突，其中带枝条的称为树节（burrs），不带枝条的称为树瘤（burls），利用它们可以制造出精美的饰面薄板。

其他物种

榔榆

Ulmus parvifolia

原产于东亚；生命力顽强，已被证实可替代欧洲的榆树。对荷兰榆树病有抗性。

荷兰榆

Ulmus × hollandica

光叶榆和欧洲野榆（*Ulmus minor*）的杂交种；天然分布于欧洲各地，但各地的形态有所差异。

"最高贵的本土树种之一。"

比恩（W. J. Bean），《不列颠群岛耐寒乔灌木》（*Trees & Shrubs Hardy in the British Isles*），1914年

类群：真双子叶植物

科：木棉科

株高：可达24米

冠幅：可达30米

树叶：落叶；深绿色，有光泽；5~7枚指状小叶；互生；长达15厘米

花：吊挂生长；有5片白色花瓣；直径长达20厘米；散发甜香气味

果实：绿色的卵形蒴果；表面覆盖颜色发黄的毛；长达25厘米

树皮：灰棕色，光滑；老树的树皮有褶皱；厚5~10厘米

**猴面包树
蜡防印花**

猴面包树的标志性形状为很多艺术家提供了灵感。图中所示的来自莫桑比克的蜡防印花展示了这种树独特的膨大树干，树干的轮廓里充斥着人和动植物的形象。

◀ **收获果实**

在非洲的塞内加尔共和国，妇女正在使用一种特制工具从一棵猴面包树上摘取可食用的果实。猴面包树是塞内加尔的国树。

*"智慧就像猴面包树，
没有人能够独自拥抱它。"*

非洲谚语

猴面包树

Adansonia digitata

其他物种

由于冬季叶片落光时树枝看上去像树根一样，猴面包树有时被称为"上下颠倒树"。这个标志性的物种会在膨大的肉质树干中储存水分。

大猴面包树

Adansonia grandidieri

仅分布于马达加斯加的6个猴面包树物种之一；濒危物种，巨大的树干没有分枝，顶端有伞状树冠。

猴面包树是体型巨大的落叶树，庞大的树干和高高的树冠会形成一道壮观的景致，决定着周围的风景。从非洲西北部的佛得角群岛到东北部的苏丹，南至南非的林波波省，储存在桶状树干里的水让猴面包树能够生存在非洲热带干旱地区的排水顺畅的沙质土中。此外还有6个仅分布于马达加斯加岛的猴面包树类物种，以及1个分布于澳大利亚内陆地区西北部的物种。

猴面包树通常生长在夏季降水适中、冬季干旱的地区。叶片在旱季刚开始时脱落，以减少蒸腾作用造成的水分损耗。在非洲的传说中有关于这种树叶片脱落后光秃秃的轮廓的描述。据说，创造世界的大神（Great Spirit）赏给每种动物一种树。鬣狗得到的是猴面包树，它很讨厌这个奖赏，直接将猴面包树丢掉了。它在落地时上下颠倒，此后就一直这样生长。

命名

1749年，法国探险家、植物学家米歇尔·阿当松（Michel Adanson）在西非塞内加尔之旅中率先发现了猴面包树。回国后，他发表了对这种树的学术性描述，后来瑞典植物学家卡尔·林奈命名了

年测得的高度是24.8米，然而它最令人印象深刻的是庞大的树干基部。另一棵生长在塞内加尔的猴面包树，它距地面1.3米高处的干围在2021年的测量结果是28.7米。

猴面包树的树龄通常难以确定。很多树的树干是中空的，而且用来估计树龄的年轮在猴面包树上几乎看不见。科学家们转而使用放射性碳年代测定法确定它们的年龄，有一棵生长在纳米比亚的猴面包树被认为已经活了大约1 275年。

人们有时会给猴面包树种子着色、裹上糖衣，
将其作为糖果出售。

Adansonia（猴面包树属）这个属名以纪念阿当松。它的种加词*digitata*来自小叶的形状，它们很像人类的手指（digits）。

最近的研究提出，非洲山区的一些猴面包树可能属于一个完全不同的物种——小花猴面包树（*Adansonia kilima*），但这一观点并未被广泛认可。

纪录保持者

猴面包树的树干令人过目难忘。株高的纪录保持者生长在塞内加尔，2013

花和果实

猴面包树的繁殖始于初夏。绿色球形花蕾生长在长且下垂的花梗上，花梗从叶片和茎的连接点长出。傍晚时分，这些花蕾开成垂吊的白色花朵，并释放出一种甜香气味。这种花只能维持24个小时，很快就会变成棕色并散发令人不悦的气味。在夜晚，这种气味将果蝠吸引过来，果蝠将花粉从一朵花带到另一朵花，为它们授粉。这种气味也会吸引许多夜行性昆虫，以这些昆虫为食的蝙蝠也会在授粉中发挥一定作用。

▶ **用途广泛的种荚**
果实的外壳坚硬且防水，被用来制作碗、鱼漂和瓢。干燥的果实被摇晃时种子敲击外壳，发出与拨浪鼓类似的声音。

花纹雕刻在
干燥果实上

花蕾生长在长而
下垂的花梗上

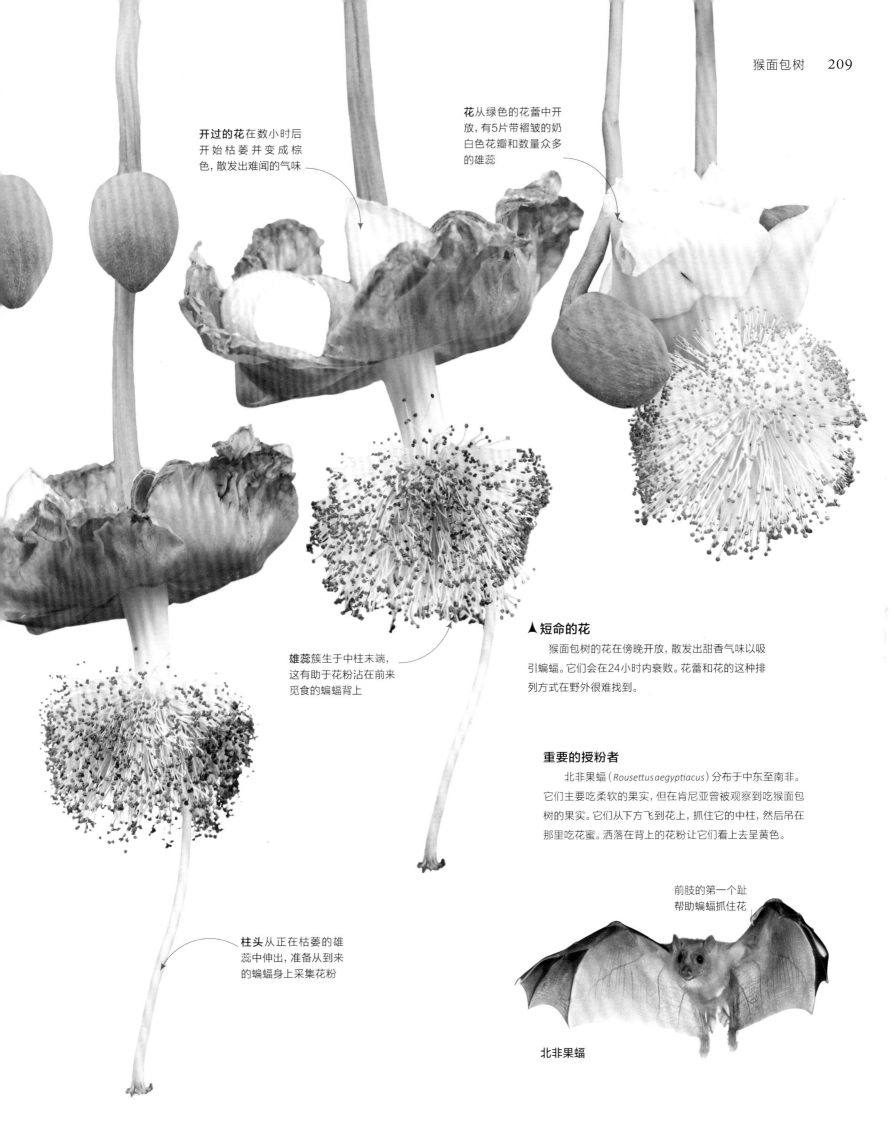

开过的花在数小时后开始枯萎并变成棕色，散发出难闻的气味

花从绿色的花蕾中开放，有5片带褶皱的奶白色花瓣和数量众多的雄蕊

雄蕊簇生于中柱末端，这有助于花粉沾在前来觅食的蝙蝠背上

▲ 短命的花

猴面包树的花在傍晚开放，散发出甜香气味以吸引蝙蝠。它们会在24小时内衰败。花蕾和花的这种排列方式在野外很难找到。

重要的授粉者

北非果蝠（*Rousettus aegyptiacus*）分布于中东至南非。它们主要吃柔软的果实，但在肯尼亚曾被观察到吃猴面包树的果实。它们从下方飞到花上，抓住它的中柱，然后吊在那里吃花蜜。洒落在背上的花粉让它们看上去呈黄色。

柱头从正在枯萎的雄蕊中伸出，准备从到来的蝙蝠身上采集花粉

前肢的第一个趾帮助蝙蝠抓住花

北非果蝠

猴面包树的树干可以储存超过**5 400升水**，这让树的**80%**都是液体。

这些花用长达6个月的时间发育成甜瓜大小的果实，果实有坚硬的外壳，表面覆盖着泛黄的棕色毛。在果实内部，许多深棕色肾形种子被包裹在白色粉状果肉中，果肉味甜且富含维生素C。果实吊挂在树上，直到被猴子吃掉，或者被风吹落到地上再由其他动物取食果肉。在这个过程中，被动物丢弃的种子得以传播。

在适宜的土壤中，种子的萌发速度很快。幼苗的外形和成年树木大有不同：叶片无裂片，茎干也不显眼。它们的发育速度很慢，需要8~23年才能开出第一批花。因此，这个物种从未得到栽培，不过农艺学家们正在测试各种嫁接体系，看能否加快结果实的速度。

人类和猴面包树

猴面包树对于生活在其自然分布范围的土著居民而言有着重要的社会和经济价值，它的每个部位几乎都被利用。在人来人往的传统交通路线两旁，成年树木常常作为地标。来自喀拉哈里（Kalahari）沙漠的土著居民使用中空的禾草茎秆从树干中吸水作为应急水源。果肉可直接食用、加入粥中，或者浸泡在水或牛奶中制成清爽的饮品。种子用来为汤羹增稠，而且据说烘焙后的种子是咖啡豆的良好替代品。嫩叶可作为蔬菜烹饪食用。

纤维状树皮可以被剥下，而内层组织会继续

▼ 加水站
大象用它们的象牙凿穿猴面包树的树干来喝里面的水。在严重干旱时期，它们甚至会推倒一整棵树然后把它吃掉。

▶ 悬挂的果实

猴面包树下是非洲乡村的活动中心，为人们提供宜人的荫凉之处。在被引入加勒比海地区后，悬挂在空中的果实让它在那里获得了"鼠尾树"的名称。

长出新鲜树皮，取代老树皮。树皮被捣碎以产生纤维，这些纤维可以用来制作绳索、地砖或篮子，或者编织成布匹。树根可用于生产一种染料。树皮、树叶和果实都是有用的药材。据说用种子煎煮的汤剂甚至能保护人们免遭鳄鱼的伤害。

千百年来，树干天然中空或者被人为挖空的大型猴面包树有多种用途，包括用作房屋、监狱、酒馆、马厩和公交候车亭。有一棵树甚至被改造成了配备冲厕设备的厕所。

突然死亡

近些年来，一些最老和最大的猴面包树或者它们最老的茎干开始逐渐消亡。研究人员认为，这种非洲最长寿树木的突然减少可能是气候变化导致的。更高的气温和更长久的干旱可能正在让这些树变干，令那些较大的树无法支撑其庞大树干的重量。它们的死亡还会影响生态系统和依赖它们生存的动物。

"……猴面包树之美……引诱我将我的小帐篷扎在它旁边。"

西尔维斯特·梅纳德·泽维尔·高贝里（Silvester Meinard Xavier Golberry），《非洲之旅》（*Travels in Africa*），1808年

去除果肉的外壳

种子

有益健康的果实

猴面包树和榴梿属于同一个科，榴梿（也写作榴莲）是有名的气味难闻的水果，但是味道清爽且富含维生素C。猴面包树的果实同样可食且营养丰富，从汤羹到清爽的饮品，它在其分布范围内被人们以各种方式食用。这种果实的维生素C含量是柑橘的6倍，还富含维生素B_1（硫胺素）和B_9（叶酸）。它的钙含量是牛奶的2倍，还富含钾、锰和铁，这些都是健康饮食所需的重要矿物元素。

类群: 真双子叶植物

科: 锦葵科

株高: 可达70米

冠幅: 可达60米

树叶: 落叶；裂成掌状小叶，每片叶有5~9枚小叶；长达8厘米

花: 小，白色或粉色，香味浓烈，先于叶片出现

树皮: 年幼时呈绿色，有大刺；成年后光滑，呈灰色

▶ 独自伫立的吉贝

　　人们砍伐森林时，并不会对每棵树都下手。这幅插画描绘了苏里南的一座村庄，村庄里保留了一棵拥有宽大板状根的吉贝，它为人们提供荫凉之处和吉贝木棉。

吉贝

Ceiba pentandra

　　吉贝是雨林中的"巨人"，高于大多数热带树木，所以当它产生带丝毛的种子时，种子可以飘到距离母株很远的地方。

　　吉贝野生于中南美洲、加勒比海和西非的热带森林。这种外形雄伟的树有时能长到大约70米高，它以所结的种子而闻名，种子的丝状纤维可用作填充物、制造隔热层。

　　吉贝的生长环境充满挑战。在热带低地温暖、湿润的森林中，落叶等生物质不会保持原状太长时间。真菌、细菌等微生物会迅速分解这些生物质，而且因为降雨有规律且猛烈，所以土壤通常比较贫瘠。生活在这类森林中的树木必须广泛延伸自己的根系，寻觅必需的营养物质。然而，宽广而浅薄的根系无法承受大树的重量，因此包括吉贝在内的很多雨林物种都会在树干基部附近长出宽大扁平的结构，名为板状根。它们就像建筑物中的扶壁一样，以支撑树木的重量。

▲ 多刺的树干

　　吉贝树干上短而粗的刺是令人生畏的自然防御机制，起到阻止动物啃食树皮的作用。

西洋椴

Tilia × europaea

西洋椴的树形大体呈圆柱状，绽放受蜜蜂青睐的散发甜香气味的花朵，长期以来都是林荫大道和大庄园中常见的树种。

作为天然形成的杂种，西洋椴源自宽叶椴（*Tilia platyphyllos*）和心叶椴（*Tilia cordata*）的杂交。它野生于数个欧洲国家，并在许多其他国家都有栽培。椴树（lime tree）与英文名同为"lime"的柑橘类水果（来檬）并无亲缘关系，它的英文名称其实来自"linden"，即椴属（*Tilia*）的另一个英文名。

西洋椴的花产生大量花蜜，对于正在觅食的蜜蜂来说是很受欢迎的食物来源。大量死亡的蜜蜂出现在椴树下面被记录过几次。发生这些奇怪事件的原因仍然不得而知。在一些情况下，这些树被喷洒杀虫剂以防治蚜虫，而蜜蜂成了无意中的受害者。在另一些情况下，椴树上常常生活着大量吸食树液的蚜虫，它们分泌的蜜露会变得十分黏稠，可能会黏住蜜蜂。另一种可能性是，蜜蜂对椴树的花蜜十分依赖，一旦花蜜枯竭，它们就会饿死。

▲ 叶片、花和种子

一旦受粉，椴树花就会结出果实。每个果序都有一枚叶状苞片，让种子能飘得更远。

> **"……一种优美的植物，叶片茂密，**
> **生长……成为第一流的树。"**

大卫·洛（David Low）评论西洋椴，《论不动产和庄园经济》（*On Landed Property, and the Economy of Estates*），1844年

▶ 花上的蜜蜂

多种昆虫会被西洋椴的花的香味和大量花蜜吸引。图中这样的蜜蜂喜食椴树花蜜，并在树木之间传递花粉。

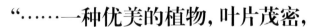

类群：真双子叶植物

科：锦葵科

株高：15~50米

冠幅：可达15米

树叶：落叶；基部不对称，边缘有锯齿；大小介于两个亲本之间，长达10厘米

果实：球形蒴果；通常不育，内部没有种子；簇生

树皮：光滑，呈灰色，有脊纹；嫩枝呈红色或棕色

花粉通过摩擦由花药附于蜜蜂身上

嫩梗纤细

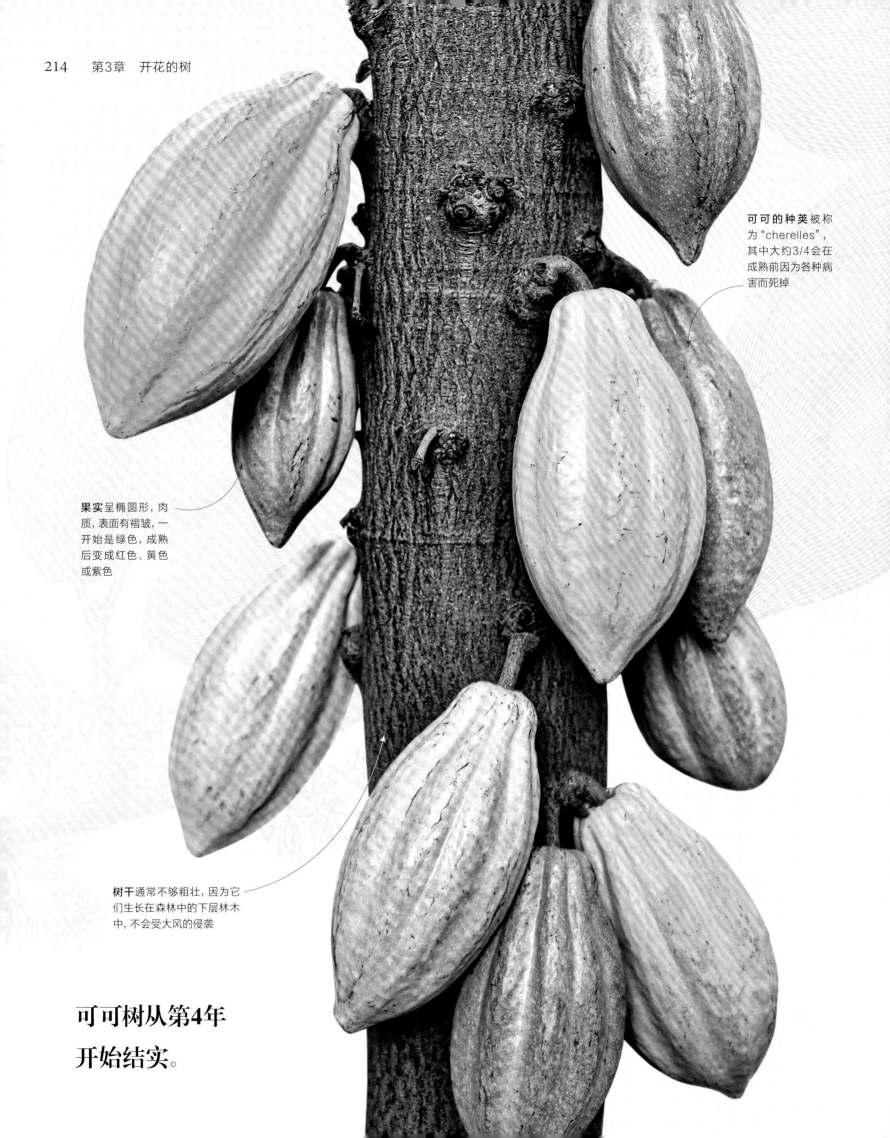

可可的种荚被称为 "cherelles"，其中大约3/4会在成熟前因为各种病害而死掉

果实呈椭圆形，肉质，表面有褶皱，一开始是绿色，成熟后变成红色、黄色或紫色

树干通常不够粗壮，因为它们生长在森林中的下层林木中，不会受大风的侵袭

可可树从第4年开始结实。

类群：真双子叶植物	
科：锦葵科	
株高：4~8米	
冠幅：4~6米	

树叶：常绿；卵形，有光泽，革质；互生；长15~50厘米

树皮：深棕色；残留有死去的花或果实脱落时留下的柄

◀ 树干上的果实

可可树的花和肉质果实直接从树干和老枝上长出，而不是长在侧枝上（这种适应性特征被称为"老茎开花现象"），这在树木中是很少见的。

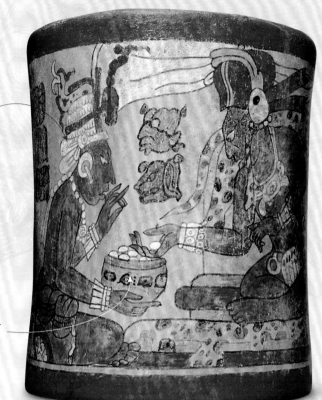

仆人为显贵人物端上一碗食物

白色食物可能是可可种子，即可可豆

▲ 玛雅传统

这件器皿来自大约1 300年前，上面的绘画被认为展示了一座玛雅宫殿中的场景。像这样的玛雅饮器皿是他们用来喝可可热饮的。

可可

Theobroma cacao

可可很可能原产于安第斯山脉东部亚马孙河源头附近的山地森林，但被玛雅文明和阿兹特克文明传播到中南美洲各地。

这种常绿小乔木的树干细长。椭圆形叶片幼嫩时呈红色，然后变成深绿色。硕大的果实就是备受珍视的可可种荚。至少从公元前1750年起，可可在中美洲和墨西哥就被用来制作饮品。作为该地区第一个文明的创造者，奥尔梅克人（Olmecs）将它们从原产地安第斯山脉东部带到这里。后来，玛雅人和阿兹特克人进一步发展了当地农业。这种树（他们称其为"Cacau"，英文写作"Cacao"）对他们的精神生活有着重要意义，并为他们提供食物和饮品。可可豆被用作货币，还被当作贡品献给掌权者，他们会将收到的可可豆储藏在巨大的仓库里。他们将烤熟的可可豆与玉米、辣椒粉和香料混合在一起，制作汤羹和酱汁，但大多数时候他们将可可豆放在一种起泡沫的饮品中，这种饮品被他们称作xocoatl［这里的"x"发音是"sh"，"chocolate"（巧克力）这个英语词就是这么来的］。

广为流行

当欧洲人来到这片土地时，他们并没有被这种奇怪饮品的苦味吸引。出口到欧洲后，巧克力热饮一开始只供贵族饮用，但是随着糖的普及，它变得更加流行。从17世纪中期起，牛奶被加入巧克力饮品中，但是直到19世纪初，两种现代主要产品才开始大规模生

玛雅人相信可可是**神灵发现**的，并在**每年4月**庆祝这一事件。

肉质外皮相对柔软，动物容易咬开

白色果肉味甜可食，动物只吃果肉，会丢弃可可豆

种子（可可豆）直径约4厘米，味苦

◀ 果实

严格地说，可可的果实属于浆果，里面有20～40粒种子，种子周围被味甜可食的果肉包裹。果实会吸引猴子和松鼠，它们啃咬果实内部，释放并传播种子。

品种

克里奥洛（CRIOLLO）

最先由奥尔梅克人种植；浅色或白色可可豆风味柔和，据说可以制作最优质的巧克力。抗病性弱于其他品种。

特立尼达（TRINITARIO）

很可能源自其他2个品种的杂交；拥有厚而坚硬的外壳。可可豆的形态不一，香气不如克里奥洛可可豆浓烈。

法里斯特罗（FORASTERO）

适应力强的品种，来自亚马孙森林低海拔地区；主要种植在西非，全球大部分产量出自那里。其可可豆发酵所需时间比克里奥洛可可豆长得多。

产，它们是可可粉和板状巧克力（"cocoa"这个词只是玛雅名字的错误拼写）。

可可种植在开放式果园中，生长在更高的遮阴树下面，通常修剪成便于采摘的高度。它仍广泛栽培于中南美洲，但如今的主要生产国是两个西非国家。2019年和2020年，科特迪瓦的可可产量占全球产量的一半以上，高达419万吨，而加纳的产量占全球产量的19%。

从树上到全世界

人们将收获的果实劈开，挖出里面的可可豆，堆在香蕉叶上或者放进木制"发汗箱"。白色果肉中的细菌和酵母使可可豆发酵，被耗尽的果肉渐渐枯竭。5～6天后，将可可豆取出，放在太阳下晒一周。干燥的可可豆被出口到国外的工厂进行加工，这些工厂主要位于美国和欧洲。在工厂，可可豆被烤熟并去除种皮，内部的种仁被磨成名为可可浆的糊状物。挤压可可浆以去除大部分脂肪（可可脂）就能制造出可可粉。在可可浆中加入额外的可可脂和糖就可以得到巧克力，大部分配方中还包含奶粉。如今，全世界每年消耗超过650万吨巧克力，市值约2 080亿美元。

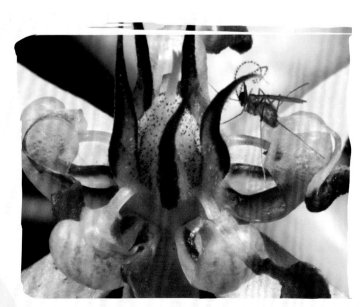

可可花和摇蚊

昆虫授粉

花单生或簇生在树干上。花朵直径约1.5厘米，有5片白色或粉色花瓣，每片花瓣的基部有一个小小的杯状结构，托住一根产生花粉的雄蕊。某些品种可以自花授粉，但其他品种必须由微小的摇蚊授粉，它们对于很多商业可可作物至关重要。

◄ 法国的巧克力热饮海报

　　这幅20世纪初的海报旨在推销巧克力热饮。它直接使用巧克力制作，与使用可可粉制作的热可可相比，它的可可脂含量高得多。

镰荚金合欢

Vachellia drepanolobium

这种多刺且有时呈灌木状的豆科常绿物种与相思树属有亲缘关系，原产于东非的热带草原地区。那里的环境条件最适合它生长，使它可以在植被中占据优势地位而形成森林。

镰荚金合欢的短分枝从中央树干呈辐射状伸展，形成宽阔的树冠。枝条上有刺，一些刺的基部合生并膨大，长成大致呈球形的瘿。瘿被蚂蚁用作庇护所——在瘿中挖洞然后钻进去。这种树的英文名是whistling thorn，意为"哨声荆棘"，指的是风吹过这些洞时会发出口哨声，长期以来都被当地人认为是一种超自然现象。花呈白色或奶油色，由蜂类授粉。这个物种在所谓的黑棉土中茁壮生长，这种土壤的黏土含量高，因此排水状况不佳。树木可以承受洪水冲击，甚至可以在森林火灾后从高于地面的低矮树桩上重新萌发，就像某种天然平茬过程一样。尽管生命力如此顽强，但是除了专门

类群：	真双子叶植物
科：	豆科
株高：	6米
冠幅：	6米

树叶： 常绿；小叶沿着逐渐弯曲的中脉排成两列；对生；长5厘米

果实： 种子结在窄小的荚果中；人类可食

叶片被各种食草动物啃食

分枝通常较短，但可以向外延伸成宽大的树冠

▶ 常见株型

镰荚金合欢的标志性伞状株型是东非部分地区稀树草原上的常见景致。它的木材在当地被用来制造工具和栅栏。

收集之外，镰荚金合欢在其自然分布范围之外极其罕见。在环境条件适宜的地区，它可以快速繁殖，甚至成为入侵植物。

蚂蚁的家

已有数个蚂蚁物种被发现生活在镰荚金合欢中，不过一棵树通常只能容纳一个物种。这些蚂蚁不仅将刺的膨大基部当作庇护所，还吃叶片基部附近的腺体分泌的甘露。作为回报，这些蚂蚁可以保护植物免遭侵袭，包括来自其他蚂蚁物种的侵袭。树上的蚂蚁会切除枝条末端的芽以抑制树木的伸展，从而令树木不容易接触被其他蚂蚁物种占据的树。它们还保护这种树不受其他动物的伤害，如吃嫩枝的长颈鹿，而这些蚂蚁往往聚集在嫩枝上。长颈鹿的角对蚂蚁的叮咬特别敏感，年龄较大的动物耐受力较强。如果没有蚂蚁的保护，哺乳动物会将树啃光。

合生的刺形成中空的球形膨大结构，直径约2.5厘米

长刺的长度可达7.5厘米

在当地，镰荚金合欢是食物来源之一，因为幼嫩的瘿可食（被蚂蚁挖洞之前），幼嫩的种荚类似蔬菜。内树皮有甜味，不过常常略微发苦，可代替口香糖。在商业上，这种树的树胶会被人们收集后加工成阿拉伯树胶。

▲ 多刺枝条

镰荚金合欢的防御能力非常强大。枝条上生长着又长又尖的刺和内部生活着蚂蚁的球状膨大结构，保护其免遭其他动物的伤害。

> "……风从这些洞吹过，听起来像由1 000只长笛吹奏出的音乐。"

海伦·考彻（Helen Cowcher），《镰荚金合欢》（Whistling Thorn），1993年

其他物种

牛角金合欢

Vachellia cornigera

生长在墨西哥和中美洲，膨大的刺像阉公牛的角。

阿拉伯金合欢

Vachellia nilotica

来自非洲、中东地区以及印度的物种，从树干里流出阿拉伯树胶。

共生关系

镰荚金合欢属于一个名为适蚁植物（ant plants或myrmecophytes）的植物类群，而蚂蚁和植物的关系已经得到广泛研究。蚂蚁和这种树的生存都不完全依赖对方，而是从双方的关系中获得竞争优势。这种树为蚂蚁提供庇护所和食物，而蚂蚁帮助这种树抵御外界伤害。

镰荚金合欢上的蚂蚁

蓬松的球状花散发
浓郁的芳香

细裂叶片呈羽毛状

◀ 花海

在地中海地区和其他气候
温和的温带地区，树形优雅、轻
盈的银荆是重要的行道树和花
园观赏树种。

类群: 真双子叶植物

科: 豆科

株高: 20~25米

冠幅: 可达10米

果实: 扁平的荚果; 成熟时从
绿色变成棕色; 含有数枚圆
形种子

树皮: 灰绿色, 随着年龄的增
长而变成棕色; 有垂直条纹

银荆

Acacia dealbata

这种常绿植物的英文名是silver wattle（意为"银色相思树"），被北半球的园丁和花艺师称为圣诞花或澳洲白粉金合欢。它的冬花预示着甜美春季的到来。

在其位于澳大利亚东南部和塔斯马尼亚的自然分布范围，银荆可以迅速长至很大的尺寸，并分布于从高地到深谷的各种地形。它在水道沿途长成乔木状，长在较干旱的环境条件中时往往更像灌木。英国博物学家约瑟夫·班克斯（Joseph Banks）随探险家詹姆斯·库克（James Cook）在18世纪末的澳大利亚远航之旅中采集了这个物种，后来它在19世纪初被引入欧洲。在有些地区，它成功存活并传播，以至于被认定为入侵植物。银荆通常很少活过40岁。

柔软的二回羽状复叶（严格地说是叶状柄，或者相对宽的叶柄）赋予这种树

▼ 灿烂的树冠

银荆幼树直立且细长，拥有三角形树冠，树冠随着年龄的增长向外伸展。在花园里，它们很少能够长到野外植物的大小。

柔软的羽毛状外观。圆形花呈浅硫黄色，开在长达10厘米的松散圆锥花序中，而且有强烈的香味。广泛使用的英文名mimosa也是分布于热带的另一个属（含羞草属）的植物学名字，该属包括几种一年生植物和多年生植物。

从计时到木材

银荆对土著居民来说用途有很多：制作药物、肥皂、食物、燃料，以及工具和武器。对于乌伦杰里（Wurundjeri）人，生长在墨尔本东部雅拉（Yarra）河两岸的银荆树是重要的日历植物。当它们的花开始落入水中，就是钓鳗鱼的时候，因为它们会聚集在一起，吃寄宿在花里的昆虫幼虫。

除了受到手工艺人的普遍喜爱，它的木材用途有限。木材有时被打成木浆，然后和其他材料结合，制成木质复合产品。它还可用于生产一种可食用树胶，作为食品添加剂。

> 银荆是**先锋物种**——它的种子最先在被火灾清理的土地上**发芽**。

其他物种

黑木相思

Acacia melanoxylon

原产于澳大利亚东南部沿海地区；常绿物种，深绿色或黑色树皮呈鳞片状出现在较老的树上。

有象征意义的树

在许多东欧国家及美国，坚韧的银荆是国际妇女节的标志。澳大利亚在每年9月1日庆祝国际银荆日。除了预示春天的降临，这一天还用来纪念本土银荆，以及它们历年来对澳大利亚人而言所象征的民族自豪感和多样性。

国际银荆日，悉尼，1935年

▶ **红额金翅雀和二球悬铃木种子**

虽然不是野生动物的主要食物来源,但二球悬铃木的果实会被一些城市鸟类如红额金翅雀吃掉。作为一个杂交物种,二球悬铃木的种子很少能够充分发育。

种子上的**硬毛**有助于其借助风力传播

种子很少产生富含淀粉的胚胎,但它们仍然是一种食物来源

类群: 真双子叶植物

科: 悬铃木科

株高: 可达48米

冠幅: 15~21米

 树叶: 落叶;有3~5枚裂片,边缘有尖锯齿;互生;宽达25厘米

 花: 2~6个球形花序簇生在一根花梗上;雄花和雌花生长在不同的树枝上

 树皮: 棕色,鳞片状;片状剥落(主要是上半部分树干)后露出下面的奶油白色木头

二球悬铃木

Platanus × hispanica

二球悬铃木遍布全球的城市,在严酷的人工环境中生存,它是最成功的城市树种之一,本身也是人造的产物。

生活在南非约翰内斯堡的二球悬铃木种群正遭受甲虫的威胁。

二球悬铃木的准确起源已无从查证。人们认为它是一球悬铃木(American sycamore)和三球悬铃木(oriental plane)的杂种,这两个物种的自然分布范围不重叠(见第225页)。它在1666年被首次记录,位于英格兰牛津的植物园中,当时被描述为其双亲的中间类型,而两个亲本物种在该植物园中都有种植。然而,因为三球悬铃木在不列颠群岛不耐寒,一些专家提出这个杂种更有可能首先起源于法国或西班牙,然后再被引入英国,因为在1650年左右,这些地方同时生长着两个亲本。拉丁学名中的"× hispanica"反映了它被假定的西班牙起源。

通常情况下,DNA分析这一现代遗传学技术应该能够确认这种杂交物种的身份,但最终得到的证据有些模棱两可。某些分析技术支持杂种起源;另一些技术则认为它与三球悬铃木的遗传关系更紧密,可能是该物种的突变类型。杂种植物通常不育,因为它们含有两套分别来自双亲的不同染色体,这两套染色体在减数分裂过程中无法恰当地分离。然而,二球悬铃木有时可育,即它自身就可以繁

▶ **伸展的树冠**

二球悬铃木是落叶树,粗壮的树干和浓密的叶片沿着城市街道提供宜人的树荫。它可以使城市景观变柔和,帮助降低交通噪声。

"尽管伦敦有烟雾、石板和沥青等污染源,但它(二球悬铃木)为这座城市的生活增添了许多色彩。"

爱德华·斯特普(Edward Step),
《路边和林地树木》(*Wayside and Woodland Trees*),1940年

果柄挂在枝条或小枝末端，吊着2~6个球形头状果序

结实的果序由球形雌花序发育而来，随着内部小坚果的成熟而膨胀

叶片的形状可能像任一亲本的叶片，或者是二者的中间类型

▲ 球形果实

风媒授粉后，雌花发育成带刺的头状果序。果序在冬天缓慢分解，释放出种子。每一枚种子都有一簇硬毛，有助于它在风中飘散。

殖，有时还会在新的地点自播。另一方面，树上很多果实的种子里没有能够发育的胚胎，这与它作为杂交物种是相符的。有可能自17世纪以来，两种类型都得到人类的种植，而它们的分布情况混杂到难以分辨。

无论这种树的真正性质如何，人们都知道它非常长寿，首批种植的部分树木至今还在枝繁叶茂地生长。在17世纪60年代，两棵二球悬铃木被当作礼物送给林肯教区主教，它们至今仍然生长在剑桥郡的巴克登（Buckden）塔。还有一棵生存至今的树是在1680年种下的，位于伊利（Ely）的主教宫（Bishop's Palace），也是在剑桥郡。在活着的所有二球悬铃木中，最高的树生长在英格兰多塞特郡的布莱恩斯顿学校庄园（Bryanston School Estate），最近一次测量是在2015年进行的，测出的高度是49.67米。它是1749年种植在一条林荫大道上的其中一棵，当时建这条林荫大道是为了纪念1649年英国

国王查理一世被处决100周年。其中的所有树木仍然生长良好，没有任何衰老的迹象，所以这种树的最长寿命可能仍然有待考证。

适应力强的"城市居民"

1811年，二球悬铃木已经在伦敦这座迅速扩张的城市成为一种广受欢迎的行道树，因此它的英文名叫London plane（伦敦悬铃木，中文又称英国梧桐），它通常比两个亲本长得都高，树冠高悬于污

二球悬铃木作为一种很受欢迎的遮阴树被种植在澳大利亚的主要城市。

染最严重的街道上方。它的根系可以应对紧紧压实的土壤、石板路面、柏油碎石路面，以及城市街道上受污染的雨水径流。它能忍耐定期截枝和修剪，树枝很少脱落，而且可以承受大多数等级的狂风。它在20世纪最严重的伦敦烟雾（充满烟和煤烟灰的雾）中幸存，因为它的叶片在冬季烟雾散去很久之后才萌发，而且光泽的叶片表面很容易被雨水冲刷干净。它的树皮大片剥落，这能够防止树干上的皮孔（呼吸孔）被煤烟灰堵塞。它的叶片还吸收微小的碳颗粒，从而帮助减轻空气污染。

在伦敦，二球悬铃木将种子撒播到河边的墙壁和桥上，但是从未形成纯林。工业和城市生活制造的热量可能有助于它的生存，因为它在英国的其他地方不太常见。它的金棕色木材有颜色较深的斑

▶ 剥落的树皮

在树干的上半部分，树皮在秋天呈条状剥落，赋予树木表面一种斑驳的外观。这可以防止苔藓和煤烟灰积累。

点，称为"拉斯木"（lacewood），从前被用作饰面板。

因具有耐污染的特性，二球悬铃木作为一种用于林荫大道两侧以及公园和花园中的遮阴、观赏树被广泛种植在许多南欧城市、澳大利亚主要城市以及南非约翰内斯堡的郊区。在纽约的行道树中，二球悬铃木超过1/10；纽约市公园与娱乐管理局的标识就是交叉的一枚二球悬铃木叶片和一枚槭树叶片。

其他物种

一球悬铃木
Platanus occidentalis

原产于北美洲东部；杂种二球悬铃木的亲本；叶片有3~5枚边缘呈波浪状的浅裂片。树皮呈细条状剥落。

全球性的树木家族

各种悬铃木在很多国家都作为乡村的标志性景观受到赞赏，如在印度画家阿布·哈桑（Abu'l Hasan）于1610年画的这幅画中，一名男子正在捕捉一棵二球悬铃木上的松鼠。

三球悬铃木
Platanus orientalis

二球悬铃木的另一个亲本，原产于欧洲东南部和西亚。叶片有5枚细长的三角形裂片；树皮呈大块片状脱落。

冬日奇景

克里米亚的德梅尔吉（Demerdzhi）山大雾弥漫，使它笼罩于神秘环境之中。岩石遍布的山坡不但启发了大量民间传说，还是栎树、红豆杉等多种树木的家园。这棵歪脖子的欧洲赤松（*Pinus sylvestris* var. *hamata*）在沧桑岁月中变得弯曲且伸展，和雾气背景形成了鲜明对比。

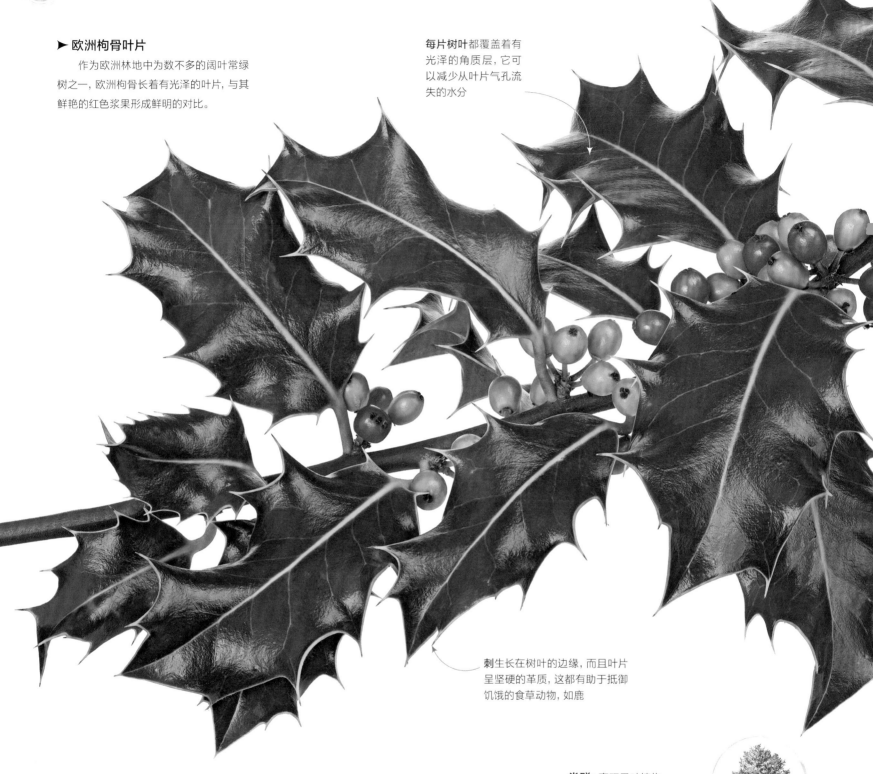

▶ **欧洲枸骨叶片**

　　作为欧洲林地中为数不多的阔叶常绿树之一，欧洲枸骨长着有光泽的叶片，与其鲜艳的红色浆果形成鲜明的对比。

每片树叶都覆盖着有光泽的角质层，它可以减少从叶片气孔流失的水分

刺生长在树叶的边缘，而且叶片呈坚硬的革质，这都有助于抵御饥饿的食草动物，如鹿

欧洲枸骨

Ilex aquifolium

　　欧洲枸骨的深绿色叶片和鲜红色浆果与西方的圣诞节联系紧密，而且它的枝条和类似物品被广泛用于节日装饰。然而，人类开始使用欧洲枸骨的时间比基督教的诞生早得多。

类群: 真双子叶植物

科: 冬青科

株高: 可达20米

冠幅: 可达15米

花: 白色，有香味，4片花瓣；雄花和雌花开在不同的树上

树皮: 灰色，表面光滑或起皱；嫩枝呈绿色

欧洲枸骨果实成熟时变成红色

欧洲枸骨的深绿色叶片即便在风雪交加的冬季森林中也能生存。在欧洲枸骨位于西欧的自然分布范围内，这种展现持久生命力的动人场景引起了人们的广泛共鸣，很多早期基督教的神话和传说中都有这种树的身影。在古罗马，欧洲枸骨花环是农神节（Saturnalia）期间的礼物，这个冬至节日纪念的是古罗马神话中的农业和植物神萨杜恩（Saturn）。在凯尔特传统故事中，四季更替是由"冬青之王"和他的兄弟"栎树之王"之间的战争引发的。他们势均力敌，"栎树之王"在夏天占据优势，但是随着天气变冷，"冬青之王"戴上了王冠。随着基督教在欧洲传播，异教节日开始受排挤，但仍然很流行，并最终被吸收到基督教传统中。在冬天用来装饰住宅的欧洲枸骨还有特殊的意义：带刺的叶片据说象征荆棘王冠（耶稣受难时所戴的冠冕——译者注），而红色浆果代表鲜血。

树篱和花园

欧洲枸骨是一种广受欢迎的花园植物。它适合用来建造树篱，多刺的树叶可以赶走闯入者。它的树叶以刺状锯齿闻名，但并不是所有叶片都带刺。欧洲枸骨的叶片容易被饥饿的动物（如鹿）啃食，尤其是在冬天树叶稀少时，所以最靠近地面的叶片往往是最多刺的。相比之下，最上面的叶片是大型食草动物够不着的，因此基本上没有刺。这并不意味

全缘叶片来自树木顶端　　　　多刺叶片来自地面附近

► 形态各异的叶片

这些叶片都来自同一棵欧洲枸骨。和那些食草动物够不着的叶片相比，最容易暴露在它们面前的叶片往往有更多的刺。

欧洲枸骨树可以活500年之久，但大多数树早早就会死亡。

欧洲枸骨和节日

和常春藤以及槲寄生一样，常绿的欧洲枸骨长期以来被人们用来在冬季装饰住宅。漂亮的叶片和浆果据说会带来好运，有时被视为永恒生命的象征，甚至据说是精灵的庇护所。

▲ 女子和独角兽

这是以感官为主题的6件套佛兰德挂毯中的一件，挂毯上的画面关注的是视觉，而且描绘了多种植物，包括一棵欧洲枸骨（右）。

着它们完全安全，冬青植潜蝇（*Phytomyza ilicis*）的幼虫会在欧洲枸骨的叶片中挖洞，损伤叶片。野生欧洲枸骨通常多刺，但很多栽培品种没有刺，而刺猬欧洲枸骨（*Ilex aquifolium* 'Ferox Argentea'）甚至比野生类型有更多刺，除了叶片边缘之外，就连叶片表面也有刺。

欧洲枸骨有着悠久的民俗传统，而且一直是花园里广受欢迎的植物，早已扩展到其自然分布范围之外。在北美洲的西北太平洋地区，欧洲枸骨是入侵物种，而且它的几个特征令其容易从栽培地延伸

至野外。每棵树每年产数千颗种子，而且其红色浆果对鸟类很有吸引力。当欧洲枸骨被砍至地面高度时，它会从树桩上重新萌发。此外，任何接触到地面的枝条都可以生根并发育成新树。在20世纪20年代的华盛顿州，为了获得"冬青之州"的称号，欧洲枸骨被广泛种植在西雅图各地。具有入侵性的欧洲枸骨排挤本土物种，所以近些年来人们采取了一些措施以控制它的蔓延。如今，在华盛顿州39个县中，仍然有18个县的欧洲枸骨不受控制地生长。

其他物种

美国冬青
Ilex opaca

原产北美洲东部；常绿冬青植物，和它在欧洲的近亲一样被用于编织花环。叶片无光泽。

具柄冬青
Ilex pedunculosa

来自日本和中国的常绿冬青植物，没有欧洲物种的叶刺。浆果大，挂在长果柄上。

阿尔塔冬青
Ilex × altaclerensis

由欧洲枸骨和马德拉群岛本土物种马德拉冬青（*Ilex perado*）杂交而来；叶片和果实比亲本大。

独特的浆果

鲜红色浆果是欧洲枸骨最显著的特征，而且这种颜色对鸟类尤其有吸引力。鸟类的色觉和人类相似，不过它们能看到光谱红端的更多波长，所以植物利用红色吸引鸟类吃掉自己的果实并传播种子。欧洲枸骨的浆果不是真正的浆果，而是一种名为核果的果实。就像在樱桃或海枣等其他核果中一样，每一粒欧洲枸骨的种子都被一层坚硬的外壳（即内果皮）包裹。不是所有欧洲枸骨树都结果实。欧洲枸骨雌雄异株，雄株和雌株是分离的，只有雌株才能有核果。然而，必须要有一棵开花的雄树提供花粉，雌花才能发育出果实。

简单的颜色

花有很多种颜色，但是果实、浆果（如欧洲枸骨的浆果）常常是红色或黑色的。花必须被扰动多次才能实现授粉，而拥有独特的颜色可以确保授粉者找到正确的花。果实常常被鸟类吃掉，并且长成可被普遍识别的常见颜色。

欧洲枸骨浆果和欧金翅雀（Greenfinch）

树枝被大风锤炼得更加坚挺

◀ 被风摧残

欧洲枸骨虽然大部分时候常见于有遮蔽的林地中，但可以生存在无遮挡的地方，此时姿态常常变得扭曲，就像被风修剪过一样。

"但是当我们看到冬天的树林光秃秃时，冬青树却为何如此欢乐？"

罗伯特·骚塞（Robert Southey），
《冬青树》（*The Holly Tree*），1798年

◄ 乳香树脂

有香味的树脂从树干上的切口渗出并硬化成泪珠状液滴，可以在10天后采集。

类群：真双子叶植物

科：橄榄科

株高：1.5~8米

冠幅：1~4米

树叶：落叶；浅黄绿色；椭圆形，有6~9对裂片；长约10~25厘米

花：黄白色，4~5片铺开的花瓣；直径约4厘米

果实：梨形，绿色；干燥的蒴果中含有3~5粒种子；长约1厘米

阿拉伯乳香树

Boswellia sacra

这种沙漠落叶小乔木以其树液闻名，它是乳香的主要商业来源。乳香是一种广受欢迎的熏香，也是这种树的名字的由来。

乳香的贸易史长达约 **6 000** 年。

这个物种生长在索马里和也门沙漠地区的石灰岩冲沟中，以及阿曼南部沿海的断崖山上。在风力最强劲的生长地点，它的树干基部膨胀，帮助其固定在大石头或岩壁上。

虽然阿拉伯乳香树的树液是熏香树脂的主要来源，但乳香树属（*Boswellia*）的所有23个物种都会产生有香味的树液，起到驱赶蛀木昆虫的作用。树液从树干上的伤口中渗出，然后逐渐凝固以密封伤口。树液的抗细菌和抗真菌特性有助于乳香树的生存，这在乳香树的严酷生长环境中显得尤其重要。

为了获取树脂，人们用刀在树干上砍出伤口，然后将分泌物从树上刮下来，或者收集滴落到地上的分泌物。树皮上的树脂颜色泛红，被认为品质较差，不如在地面上凝固的浅色树脂。建立种植园的尝试基本上都失败了，而且当地人坚持认为最好的乳香来自野生的树。近几十年来，这导致树木被过度利用。在阿曼，阿拉伯乳香树被绵羊和山羊大量啃食，很少能够结出种子，限制了新树木的形成。

除了用作熏香，乳香还在化妆品行业和药品行业受到重视。初步的医学研究提出，它可能有助于治疗关节炎。

► 阿拉伯乳香树

阿拉伯乳香树既可以长成低矮的灌丛状灌木，也可以长成更高且树枝伸展的乔木。它的树干基部膨胀，树皮呈纸状剥落。

圆柱形钵的表面有朱鹭和蛇的形象，它们是性功能和生育能力的象征

► 青铜香炉

这个香炉制造于公元前1000年中期的阿拉伯地区西南部，它令人联想起那个遥远的时代，熏香在当时被视作珍贵之物，其贸易非常重要。

Green Tea

Fig.15.

Fig.16.   Fig.17.

Fig.12.

Fig.10.   Fig.11.

Fig.13.

P   S

P

Fig.14.

K

d   Fig.2.   p

T Fig.1.

K

Fig.3.

C   C

Fig.4.

Fig.5.

Fig.9.

C

Fig.6.

C   C

Fig.7.

C   C

Fig.8.

Painted & Engrav'd by J. Miller.   Publish'd according to Act of Parliament Dec 10th 1771.

类群：真双子叶植物

科：山茶科

株高：可达9米

冠幅：可达2.5米

树叶：常绿；卵形，边缘有锯齿；表面有光泽，鲜绿色；轮生；长5~15厘米

花：单生或簇生，有香味，6~8片白色花瓣。直径达4厘米

果实：椭圆形蒴果，长达3厘米，有1~3个小室，每个小室中有1粒种子

◀ 植物学细节

这张18世纪的插图展示了茶树的植物学特征。茶树的花拥有两轮花瓣——2~4片醒目的大花瓣和较小的绿色外层花瓣。

▲ 茶道仪式

在日本，人们从公元8世纪就开始饮茶了，一开始茶作为药物被饮用，后来饮茶成了一项社交仪式，如这幅19世纪的木刻版画所示。

茶

Camellia sinensis

茶是小型常绿乔木或灌木，与观赏植物山茶有亲缘关系，而且是全世界消耗量第二多的饮品（仅次于水）的来源。这个物种可能起源于缅甸山区。

大约5000年前，人类发现用沸水冲泡当地丘陵上一种低矮常绿树的苦味叶片可以制成一种可口的提神饮品。这个发现对后人将产生重大影响——不只是饮食方面的影响，还包括文化和经济方面的影响。

虽然茶的叶片在东南亚部分地区仍被人类生食或者腌制后食用，但中国人早在公元前2737年就开始使用它的叶片制作饮品了。茶树栽培在中国和缅甸各地迅速传播，如今已经无法识别出真正"野生的"茶树。茶在1610年被首次带入欧洲，并在从中

国大量进口后迅速成为一种流行饮品。为了继续控制这个急速增长的行业，中国阻断了茶树向其他国家的出口。19世纪初，欧洲的植物探险家走遍中国各地，为英属东印度公司设在锡金和印度阿萨姆邦的茶叶种植园采

▶ 蒴果

果实是椭圆形或圆形蒴果，成熟时从绿色变成棕色。它包括1~3个小室，每个小室含有1粒种子。从种子中提取的油可用于烹饪。

椭圆形蒴果开裂并露出小室，每个小室内含1粒直径1.4厘米的圆形种子

圆形蒴果，内含1粒种子

波士顿茶党

1773年，今美国马萨诸塞州境内的殖民者登上东印度公司停泊在波士顿港的货船，将三船茶叶倒进海里，以抗议英国政府征收不公平的茶叶税。英国对这次反抗行动的报复加速了美国革命的进程。

雕版印刷画，摘自《北美历史》（*The History of North America*, 1789）

树和它们杂交，令它们变得更健壮。这些杂种形成了印度东北部茶树种植园的基础，并在20世纪成为其他热带地区种植的主要茶树株系。和阿萨姆茶（*Camellia sinensis* var. *assamica*）相比，中国茶（*Camellia sinensis* var. *sinensis*）的叶片更小，而且口味更清淡，有更浓的花香味。

栽培和生产

茶可以长成中等尺寸的树木，但只有极少数茶树被允许充分长高，这样做是为了提供未来种植所需的种子。绝大多数茶树被修剪到大约1米高，使枝条生长成舒展、扁平的"采摘平台"，便于手工采摘。人们认为与使用采收机械相比，手工采摘更有选择性，也更高效。在制作绿茶时，新鲜采摘的叶片先被蒸熟然后烘干，以保留它们的绿色和植物风味。在制作红茶时，首先使用热空气"萎凋"叶片以去除水分，接下来使用机械"揉捻"它们，使植物

▼ 采茶

优质茶叶主要由工人手工采摘，他们只摘下顶芽和顶芽下方的两三片叶。每个工人每天可以采摘35千克茶叶。

集茶树树苗。

1823年，有人在阿萨姆邦的雨林里发现了一种新型的茶树。它生长在更高树木的阴影中，被认为过于柔弱，无法用于栽培。人们用来自中国的茶

细胞破裂，然后将它们放置在温暖、干燥的环境中发酵。这会诱导茶叶中的涩味和苦味发生化学变化，然后茶叶就可以干燥分级，用于销售了。红茶的咖啡因含量约为2.5%，而绿茶的咖啡因含量约为4.5%。

茶叶种植

茶在中高降水量、全年湿度高的地区生长得最好。它无法生存在极度寒冷的环境中。2018年，全球收获了将近590万吨茶叶，其中仅中国的产量就占了44%，主要供国内消费。印度的产量占23%，其他主要茶叶出口国包括肯尼亚和斯里兰卡。

中国茶园

17世纪，德国耶稣会学者阿塔纳斯·珂雪（Athanasius Kircher）在他关于中国的专著中使用了这张插图。

"**秋季感、尖刻、清新、杂草味和充盈胸腔，这些只是职业品茶师经常使用的术语的一部分而已。**"

安娜·莱温顿（Anna Lewington），《植物为人类》（*Plants for People*），2003年

其他物种

'三色'山茶
Camellia japonica 'Tricolor'

种在花园里的观赏茶花有2 000多个品种，其中大部分来自这个物种。

大苞山茶
Camellia granthamiana

这种花园植物的所有栽培个体都源自1955年在香港发现的一棵树。

Strega Martinazza   Strega Canidia

IL NOCE DI BENEVENTO

Nel Ballo dello stesso nome. Atto 1

Milano presso Vincisore Stucchi   Cost. Giocosi.

类群: 真双子叶植物

科: 胡桃科

株高: 可达30米

冠幅: 可达15米

树叶: 常绿; 羽状复叶, 5~9对小叶, 末端是一枚较大的小叶; 互生; 长达15厘米

柔荑花序: 只有雄柔荑花序, 由众多小花组成, 每朵小花有许多雄蕊, 没有花瓣

树皮: 光滑, 灰色, 长出纵向裂纹。嫩枝呈绿色或灰色

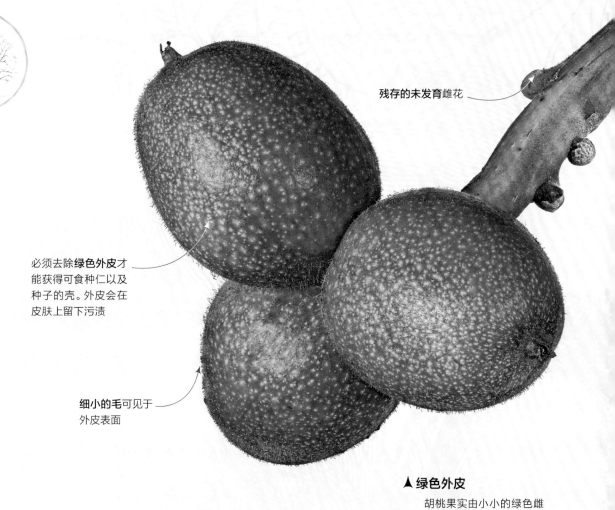

残存的未发育雌花

必须去除**绿色外皮**才能获得可食种仁以及种子的壳。外皮会在皮肤上留下污渍

细小的毛可见于外皮表面

▲ **绿色外皮**

胡桃果实由小小的绿色雌花发育而来, 通常2~5颗果实簇生于枝条末端。绿色外皮包裹着木质化的坚果壳。

◀ **贝内文托的胡桃树**

在意大利民间传说中, 女巫们会聚集在小城贝内文托一棵神圣的胡桃树下守安息日。这个故事给了维加诺 (Viganò) 和苏斯迈尔 (Süssmayr) 灵感, 让他们创作出1812年的芭蕾舞剧《贝内文托的胡桃树》(*Il Noce di Benevento*)。

胡桃

Juglans regia

这种珍贵的大乔木又名"波斯胡桃""喀尔巴阡山胡桃""马德拉群岛胡桃"或"英格兰胡桃"。它的故事与人类的历史有着千丝万缕的联系。

作为一种常见于林地、河岸和田地边界的落叶树, 胡桃 (俗名核桃) 拥有令人难忘的树叶、短短的树干和宽阔的树冠。宝贵的坚果和木材让它在人类文明中成为重要的商品, 而且被人类如此广泛地运输, 以至于其起源早已模糊不清。遗传学研究表明, 胡桃树源自两个野生物种的杂交, 这最有可能发生在亚洲。如今, 在从中国经中亚至南欧的半天然森林中都能找到它的身影, 它在北欧, 南、北美洲, 澳大利亚, 新西兰以及其他地方都有栽培。

冰川作用也在胡桃目前的分布中发挥了重要作用。胡桃树曾广泛分布于欧洲和亚洲, 但是在更新世的冰川推进期间, 它们的种群逐渐南移到名为冰期避难所 (refugia) 的无冰地点。可能有一个相对较小的胡桃树种群最终出现在今天的伊朗, 而其他理论提出从中国到西班牙存在多个冰期避难所。无论是哪种情况, 胡桃都是在气温开始升高之后在人类的帮助下开始从这些安全地点

胡桃会引起一些人出现**过敏反应**, 其中一些可能是**致命**的。

其他物种

黑胡桃
Juglans nigra

原产于北美洲东部大部分地区;落叶树,坚果可食,木材具有重要经济价值。

壮核桃
Juglans cinerea

黑胡桃的近亲,同样原产于北美洲东部。坚果可用于制造一种类似黄油的油。

"**文玩核桃**"是在中国成对收集的胡桃,用于**把玩**。

制造花粉的雄柔荑花序出现在树枝末端之下,而雌花则开在枝条末端

> "有一件事让我后悔……那就是
> 我这一生从未种下一棵胡桃树。"

乔治·奥威尔(George Orwelll),《给布雷牧师说句好话》
(*A Good Word for the Vicar of Bray*),1946年

▼ 种子传播

胡桃依赖啮齿类等动物传播种子。有些种子被动物直接吃掉,但大多数种子会被它们囤积起来而后又被遗忘。

胡桃是松鼠喜欢的食物

向外扩散的。在其位于欧亚大陆的分布范围内,大体上无法判断一棵特定的胡桃树是不是"本土"植物,这个问题基本上被认为是多余的。

胡桃是一种多用途的树。可食用的种仁或许是最有名的,它们可以生吃,用作菜肴配料,或者加入蛋糕、馅饼和巴克拉瓦(西亚地区的一种酥皮果仁糕点——译者注)。它们还可以榨油,或者加工成核桃酱。种仁可以糖渍或腌制,而壳尚未变硬的未成熟坚果可腌制或者用来为烈性甜酒增添风味。胡桃有广泛的医药用途,而且壳(坚果壳)可制成深棕色染料。胡桃木非常宝贵,尤其是深色心材,被用于制造高级家具、枪托、乐器和饰面薄板。

竞争性物种

胡桃树的树冠下面难得长草,其他类型的植物更是极为少见。一部分原因是这种树的树荫会扼杀其他植物,而且它的庞大根系令其他植物在

生死决斗

1804年,死对头美国副总统阿龙·伯尔(Aaron Burr)和前财政部部长亚历山大·汉密尔顿(Alexander Hamilton)用一场决斗解决两人之间的分歧,他们选择的武器是一对配备胡桃木枪托的手枪。汉密尔顿随后因枪伤而死。胡桃木用于制造枪托,是因为它坚硬耐用。

伯尔和汉密尔顿的决斗

▼ 带芽的树枝

胡桃的花先于叶片在早春出现。它们依靠风媒授粉，风可以在没有树叶阻挡的情况下传播花粉。

雄花生长在细长的柔荑花序上，柔荑花序着生在枝条末端下面一点的位置，在风中摇晃，释放出大量花粉

芽鳞保护正在发育的花和叶片，帮助它们抵御冬季的寒冷，春季芽开始膨胀时会脱落

叶痕的形状像马蹄，是树叶在秋天脱落时留下的

► 胡桃坚果的各个部位

将胡桃果实的绿色外皮去除，就会露出里面的坚果。每个坚果都包括一层可分为两半的外壳（坚果壳），以及两颗彼此连接且整体形状像大脑的种仁。

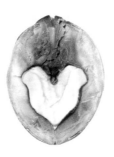
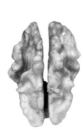

坚果　　　　　截面　　　　　种仁

对水分和营养物质的争夺中败下阵来。然而，另一个因素也限制了相邻植物的生长——植化相克（allelopathy）。胡桃树的叶片、果实和根系中会产生一系列化学物质，其中最有名的是胡桃醌。当叶片落到地面上并开始分解时，胡桃醌和其他化学物质进入土壤，起到抑制其他植物生长、减少它们对资源的竞争的作用，这令胡桃树占尽优势。

植化相克效应在另一个物种——黑胡桃上体现得最明显，它会产生浓度更高的有害物质，但栽培胡桃树还曾被发现会抑制某些作物的生长。胡桃醌的毒性已被用于捕鱼：将切碎的绿色胡桃壳投入水中后，鱼会被这种化学物质毒晕，然后浮到水面上。胡桃醌还被用作杀虫剂。这种化学物质还有用于制药的潜力，目前人们正在开展将其用作治疗癌症和艾滋病药物的试验。

类群: 真双子叶植物

科: 杜鹃花科

株高: 可达12米

冠幅: 可达3米

树叶: 常绿；背面通常覆盖着白色或棕色绒毛；互生；长达20厘米

花: 颜色不一，包括粉色、红色和白色；花期为4~5月

◀ 尼泊尔"美人"

　　作为最高的杜鹃，树形杜鹃花在春季盛开时分外引人注目，使喜马拉雅山脉形成一幅风景画。

叶片中脉明显

叶片形状在不同物种中不一样

▲ 树形杜鹃的叶片

　　树形杜鹃的叶片呈有光泽的深绿色，叶脉深，簇生在枝条末端。它们醒目的颜色和简单的形状令树形杜鹃的枝叶看起来很独特。

树形杜鹃

Rhododendron arboreum

　　杜鹃是最大的乔木和灌木类群之一，有的生长在亚洲最高的山坡上，有的被种植在欧洲和美洲的花园里。树形杜鹃是最著名的物种之一，以其美丽的花和高度闻名。

　　树形杜鹃作为最高的杜鹃，它完全配得上拉丁学名中的种加词*arboreum*（意为"树状的"），可以长到12米高。它原产于喜马拉雅山脉，在花期会形成壮观的开花森林，而且它还是尼泊尔的国花。在位于山区的自然分布范围内，大部分树形杜鹃生长在海拔较低的地方，不过有些比较耐寒的亚种出现在海拔更高的地方。

　　杜鹃的英文名"rhododendron"意为"玫瑰树"，因为它的花呈玫瑰粉色，但不同杜鹃类物种的花颜色各异。栽培的树形杜鹃首次开花发生于1826年，在英格兰南部，而大面积种植杜鹃的潮流发生在19世纪，土地所有者们纷纷一掷千金，只为将自己的花园填满杜鹃。这导致了"植物狩猎"的迅猛发展，尤其是在中国境内展开的活动，令许多著名花园植物和这些受欢迎的灌木一起引入欧洲。这场收集热潮大大提高了英国和欧洲其

叶片被采集并储存在一个密封罐里，用于制作草药

▶ 沼泽茶

　　灌木物种杜香 [*Rhododendron arboreum*，如今认为该物种属于另一个属——杜香属（*Ledum*），其拉丁学名现已修订为*Ledum palustre*——译者注] 的叶片被采集并用于多种用途，包括制作草药。它的别名包括"野迷迭香""沼泽茶"和"沼泽迷迭香"等。

Indian Rose bay-
Rhododendron-
Arboreum-

品种

'让·玛丽'杜鹃（JEAN MARIE）
Rhododendron 'The Honourable
Jean Marie de Montague'

源自1921年，它开的花是所有杜鹃品种中最红的。

'智者'杜鹃（PERCY WISEMAN）
Rhododendron 'Percy Wiseman'

株型紧凑的品种，娇小的体型是因其起源于屋久岛杜鹃（*Rhododendron yakushimanum*）。奶油色花有粉色色晕，会逐渐变成白色。

'诗尼姿'杜鹃（SNEEZY）
Rhododendron 'Sneezy'

屋久岛杜鹃的小型品种。新叶萌发时呈银色，深粉色花上有红色斑点。

◀ 植物学记录

当西方人在喜马拉雅山脉旅行时，他们会记录自己遇到的任何新物种。回国后，他们画的彩色插图很快就吸引了园丁的目光，如左图中由玛格丽特·科伯恩（Margaret Cockburn）绘制的树形杜鹃。

▶ 喜马拉雅风景

树形杜鹃在早春开花，它的花有时会被霜冻伤害。花可以是粉色、红色或白色的，而且花朵基部内壁点缀着深色花蜜囊（蜜腺）。

生长在印度贾普（Japfu）山的一棵杜鹃树
创造了全球最高树形杜鹃的吉尼斯世界纪录，株高达33米。

他地区的花园植物多样性，但也导致了入侵物种的迅猛增长，包括另一个杜鹃类物种——黑海杜鹃（*Rhododendron ponticum*）。它对许多自然生境造成了威胁，并在许多耗资巨大的清除项目中成为被清理的对象。

灌木中的乔木

很多杜鹃是灌木或小乔木，而且这些杜鹃在欧洲常常是栽培最广泛的物种，但是杜鹃类植物包含一系列株型，有许多不同的生长形态。在这个属内，树形杜鹃是体型最大的树之一，它拥有圆柱状直立株型，可能形状狭长，只有一根主干，也可能从基部长出多条分枝。它可能需要50年才能长到最大的高度和宽度。它的叶片大、坚硬、革质，呈有光泽的深绿色。

树形杜鹃是种植在欧洲花园中的一种受欢迎的观赏树，因鲜艳的花朵和漂亮的叶片而受到人们喜爱。和很多杜鹃类物种一样，它的花通常很大，

很快就能吸引授粉动物，包括鸟类、蝴蝶和蜂类。树形杜鹃的艳丽花朵深受园丁喜爱，并且为授粉动物提供了巨大的好处。

对于园丁来说，树形杜鹃是养护需求相对较低的物种，但是容易被几种病害感染，包括瓣枯病和蜜环菌。它还可能被害虫攻击，如毛毛虫和蚜虫。

在杜鹃属中包括一群名为映山红（azaleas）的灌木物种。映山红从前被划为一个独立的属，大部分是落叶物种，这一点在杜鹃花中不常见。

▼ 灰蝶的栖息地

具有入侵性的杜鹃会在生态系统中产生不利影响，但也能提供一些好处：熊蜂以它的花蜜为食，而且它是卡灰蝶（green hairstreak butterflies）喜爱的栖息地之一。

翅膀下表面呈**独特的**绿色

叶片边缘有明显锯齿，
质感粗糙

雄花呈绿色，无花瓣。在
花蕾阶段，每朵花都包裹
在末端呈红色的萼片中

类群: 真双子叶植物

科: 桑科

株高: 可达15米

冠幅: 可达8米

树叶: 落叶；卵形、心形或者
有浅裂；边缘有锯齿；互生；
长达30厘米

果实: 桑葚是聚花果，由数量
众多的肉质小果实聚合而成

树皮: 灰棕色，光滑至有沟
痕；嫩枝呈浅棕色，有皮孔和
叶痕

◄ 花蕾和叶片

在春天，桑树的花开在短柔荑花序上。雄
柔荑花序比雌柔荑花序长，可以长在同一棵树
上，也可以分别长在不同的树上。

桑

Morus alba

桑是一种扮演多种角色的树。它是丝绸生产链中的重
要资源，受到权贵的重视，然而强健的长势和类似杂草的
性质让它在一些地区成了有害物种。

当**雄花**开放时，雄蕊
花丝像弹簧一样，以大
于1/2声速的速度将花粉
弹射出去。

桑树的发源地很有可能是中国，但如今它广泛
生长在欧洲和亚洲各地，而且已经被引入美洲、南
非和澳大利亚。桑叶可以制成茶，树皮用在纸和纺
织物中，果实可以生吃、干制或者用于酿酒。这种
树经常作为观赏植物种植，尤其是枝条下垂的垂枝
桑，桑树的提取物还有药用价值。不过它最有名的
用途是作为家蚕（*Bombyx mori*）幼虫喜爱的食物。

人们对奢侈丝织品的需求推动了桑树在全世界的广
泛栽培。

丝绸的来源

制造丝绸是种植桑树的主要原因。桑和蚕之
间的关系非常悠久，可以追溯到5 000多年前。家
蚕是极少数被人类驯化的昆虫之一，而且现代家蚕

► 关于桑葚的传说

皮拉摩斯（Pyramus）和提
斯柏（Thisbe）是一对生活在古
巴比伦的爱人，他们命运悲惨，
在一棵桑树下殉情。据说他们
的血将桑树的白色果实染成了
黑色。

▶ 果实的生长阶段

桑的英文名称为white mulberry，意为白桑葚，但大多数桑树的果实在成熟时呈深紫色或黑色。作为聚花果，桑葚是多个肉质小果实的集合体，每个小果实都来自花序中的一朵单花。

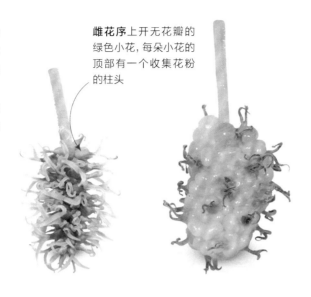

雌花序上开无花瓣的绿色小花，每朵小花的顶部有一个收集花粉的柱头

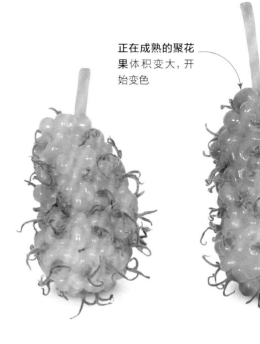

正在成熟的聚花果体积变大，开始变色

桑树大概是在公元**1596年**之前引入欧洲的。

和与其亲缘关系最近的野蚕（*Bombyx mandarina*）差异极大。家蚕变蛾后不能飞，而且缺乏醒目的色彩，它们在没有捕食者的环境中生长，学会了忍耐群体生活和人类的摆弄。这个特征非常重要，因为虽然雄性野蚕蛾会在森林里飞来飞去，寻找不会飞的雌蛾交配，但如今的家蚕蛾需要人类协助繁殖。它们的幼虫贪婪地啃食桑叶，最终形成丝质蚕茧。从蚕茧中提取的纤维用于制造丝绸。养蚕业依赖供应稳定的桑叶作为蚕的食物，虽然它们喜爱桑树，但是也吃其他桑属物种和一些相关树木的叶片。

长得快，死得早

桑树是有名的杂草。它们的众多用途确保人类将它们广泛引入许多地方，但它们的一些生物学特征令其容易扩散到栽培区域以外。它们小小的肉质果实是受很多鸟类欢迎的食物，而鸟类可以有效地远距离传播种子。桑树生长迅速，寿命通常较短，不过也有可以活500年的。对于杂草而言，生长迅速是有用的特征，因为这让它们能够迅速遮蔽毗邻植物，有效地争夺光照和土壤养分。在北美洲，具有入侵性的桑树已经开始和本土物种红果桑（*Morus rubra*）杂交繁殖，令二者变得难以区分。红果桑叶片的背面有毛，而桑叶的背面没有毛。中间类型的叶片背面部分有毛，这说明引进的桑如今正在和本土的红果桑共享基因。研究表明，桑和它们的杂交后代在竞争中胜过红果桑，令野生红果桑的生存处境陷入危险之中。

◀ 清洁蚕茧

丝绸来自蚕产生的蚕茧。人们将蚕茧放在沸水里煮，杀死里面的蚕并令纤维更容易解开。每个蚕茧都是用一根长达约900米的丝织成的。

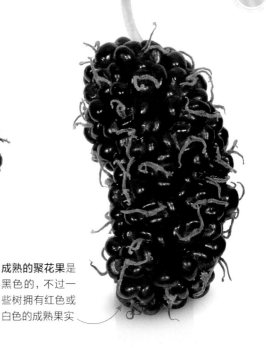

遗留的柱头可见于每个小果表面，并持续存在直至成熟

成熟的聚花果是黑色的，不过一些树拥有红色或白色的成熟果实

桑属物种容易杂交繁殖，因此桑属物种有时难以区分。令物种鉴定更困难的是，同一物种的叶片形状差异巨大，从完全不裂到深裂都有。年幼植株的叶片常常看上去完全不同于成年植株的叶片。果实对于区分物种也没有多大用处：桑、红果桑和黑桑的成熟果实都是紫黑色的。虽然某些桑树的确拥有白色的成熟果实，但它们在野外很少见。黑桑和红果桑的果实都比桑的果实甜。具有入侵性的桑树虽然对于生产丝绸非常有用，但并不是花园中的最佳选择。

桑树丛歌谣

这首以"我们围着桑树丛转"开头的英国民谣是欧洲的几首类似民谣之一，桑树有时被替换成悬钩子或刺柏。一些历史学家提出，这首歌和位于英格兰韦克菲尔德市的一所女子监狱有关，那里的犯人围着监狱院子里的一棵桑树转圈锻炼。这张图片来自英国画家沃尔特·克兰（Walter Crane）的《儿童歌剧》（*The Baby's Opera*, 1877年）。

关于这首受欢迎的歌谣的插画

其他物种

黑桑
Morus nigra

与桑相似，但果实更甜，体型较小。生长在欧洲和亚洲；自然分布范围不确定。

红果桑
Morus rubra

零散分布于北美洲东部；3种桑树中最高的；特点是叶背面有毛。

"时间和耐心能使桑叶变成织锦。"

中国谚语

菩提树

Ficus religiosa

菩提树以佛祖在树下开悟而闻名，来自印度北部、尼泊尔和巴基斯坦，并被广泛种植在热带地区。然而，它依赖一个瘿蜂物种才能实现结籽和自然传播。

类群：真双子叶植物

科：桑科

株高：可达30米

冠幅：可达30米

树叶：落叶；宽卵形或近三角形；互生；包括尖端在内，长10~15厘米

树皮：灰色；质感光滑；在成熟过程中长出沟槽和板状根

在位于喜马拉雅山脉的原产地森林生境中，历经沧桑的菩提树（在当地的名字是"Bodhi"或"Peepul"）是一种令人过目难忘的树木。它通常是常绿的，但是在干旱期间叶片会脱落。当一只鸟落在树枝上吃菩提树的果实时，它就开启了新的生命。当这只鸟啄食有甜味的果实时，它会撒落一些种子，或者种子穿过它的肠胃并伴随粪便排出。然后种子萌发，幼苗作为附生植物生长在宿主树上，开始它的生命旅程。

绞杀榕

菩提树是一种榕属植物（菩提树的英文名是sacred fig，字面意思是神圣的榕树——译者注），幼树很快萌发出气生根并下垂到下方的土壤中。随着菩提树的发育，下垂的气生根会包围宿主树的树干，限制它的生长，同时树枝和叶片遮住宿主的枝叶，令它无法进行光合作用，最终死亡。然后这些气生根合生在一起，形成一棵独立榕树的巨大树干，其直径在成年时可达3米。一些位置低矮的根以一定角度向外伸展，形成在暴风雨期间支撑树干的板状根。

菩提树也可以像典型的树木一样，种子在土壤中萌发生长，但是其他一些榕树类物种总是以附生植物的方式开始自己的一生。由于榕树并非穿透或

▲ 古榕树

生长在缅甸昔卜（Hsipaw）的这些菩提树至少有200岁。它们的树干带沟槽，是如今早已死亡的宿主树木上的菩提树苗长出的气生根合并形成的。

寄生宿主树木，而是将它闷死，所以它们又被称为"绞杀榕"或"窗帘榕"。

宜人的荫凉

很容易想象的是，为什么人类在开始清理森林时会留下这种宽阔伸展的独特树木，将它们当作高耸的地标并用来提供宜人的荫凉。佛教徒相信，在公元前6世纪，佛祖在一棵菩提树下开悟。这棵树当时生长在印度的比哈尔（Bihar），如今早就已经死了。然而根据传说，公元前288年，一位皈依佛教的斯里兰卡公主从树上采下一根插条，回国后将它种在阿奴拉达普勒（Anuradhapura）。那里仍然生长着一棵庞大的树，并且据称是全世界由人类种植且生存至今的最古老的被子植物（开花植物）。菩提树也受到印度教徒的尊崇，他们相信毗湿奴（负责维持整个宇宙）是在菩提树下出生的。

菩提树被广泛种植在印度教和佛教庙宇内部和周边。这个物种伴随佛教传统被引入到其他热带国家和地区，包括缅甸、泰国、越南和中国南方。在中东、菲律宾和尼加拉瓜，它被种植在公园里，还用作行道树。在美国，它被栽培在加利福尼亚州南部、佛罗里达州和夏威夷州（那里有相当多的佛教徒）。菩提树在大多数

烧瓶状的隐头花序（果实），其中充满有甜味的果肉和种子

▲ 栽培无花果

可食用的榕果来自无花果（common fig）的栽培品种，它们在公元前9400年在杰利科（Jericho）首次得到栽培。

> **"在众多树木中，
> 我是菩提树。"**
>
> 克利须那神（Lord Krishna），
> 《薄伽梵歌》（Bhagvad Gita），公元1世纪

◀ 榕果采集者

这是一件复制品，原型是一座公元前19世纪古埃及墓中的绘画，它展示了人们采集可食榕果（这里是无花果）的场景。

其他物种

无花果
Ficus carica

这种低矮灌木的栽培品种会结出可食用的榕果，而且可以在没有榕小蜂授粉的情况下结果。

引进国家都无法扩展面积，因为它们不能在那些地方结种子。这是因为榕属物种演化出了非常特别的花，这些花适应于一种独特的授粉系统。和在所有榕树中一样，小小的菩提树花（包括雄花和雌花）隐藏在一个中空的卵形腔体内，名为隐头花序。这种未成熟的果实状结构形成于花序的膨大基部。隐头花序最终长成榕果，而花在果实内发育成许多聚集在一起的种子。不过在此之前，必须先授粉才行。

独特的授粉机制

有750种不同的榕属物种依赖大约650个榕小蜂科（Agaonidae）物种为它们授粉，这些物种统称榕小蜂（fig wasps）。某些榕属物种可由数个榕小蜂科物种授粉，但大多数榕属物种只能由一个榕小蜂科物种授粉。只有在被特定的榕小蜂授粉后，它们才能结实，而这些榕小蜂也只在其关联的榕属物种中产卵。无花果（*Ficus carica*）的栽培品种是个例外，经人类培育后，它们可以在未被授粉的情况下结籽。

伸长的叶尖令水更快地流走，最大限度地减少暴风雨造成的伤害

生长在斯里兰卡阿奴拉达普勒的一棵菩提树据说已有**2 300岁**。

菩提树榕小蜂

唯一一种能为菩提树授粉的榕小蜂科物种名为菩提树小蜂（*Blastophaga quadraticeps*）。引入菩提树的大部分国家都没有这种榕小蜂，所以这种榕属树木无法结出成熟的果实。两个例外是以色列和美国佛罗里达州。榕小蜂不知以什么方式伴随菩提树抵达以色列，并在那里稳定地生存下来，让菩提树能够结出含种子的成熟果实，而种子可被当地鸟类传播。在佛罗里达州，菩提树偶尔也能结出成熟果实。佛罗里达州从未有过出现菩提树小蜂的记录，所以也许为本土物种佛罗里达绞杀榕（*Ficus aurea*）授粉的榕小蜂也能够为这个引进物种授粉。

一种有用的树

菩提树可作为草药使用。它的树皮和树叶被用来治疗腹泻和痢疾，而它的叶片被用在一种治疗疖的膏药中，这种膏药还有解毒功效，可治疗有毒动物的咬伤。来自树皮的单宁被用来为布匹染色。它的木材尽管通常被认为品质较低，但也会被用来制造各式各样的物件，如运货箱、碗和勺子。

独特的叶片形状
让它很容易被辨认出是菩提树

树干周围的**方形栏杆**说明这是一棵神圣的树

◀ **献给菩提树的供奉**
这件来自印度南方的公元2世纪寺庙的石雕展示了拜神者向神圣的菩提树供奉水的场景。

柔韧的叶柄

卵形叶片在中脉两
侧有5~7对叶脉

榕树和榕小蜂

　　受精的榕小蜂钻进未成熟的隐头
花序产卵。在这个过程中，它们用此前
采集的花粉为雌花授精。雄性榕小蜂
首先孵化，令未孵化的雌蜂受精，然后
死去。一旦孵化，受精的雌蜂会从成熟
的雄花上采集花粉后离开，寻找另一
个隐头花序并在其中产卵。

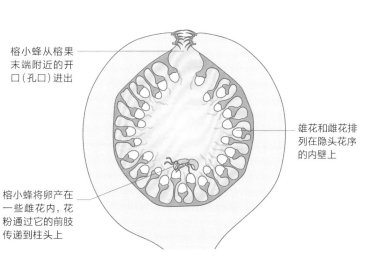

榕小蜂从榕果
末端附近的开
口（孔口）进出

雄花和雌花排
列在隐头花序
的内壁上

榕小蜂将卵产在
一些雌花内，花
粉通过它的前肢
传递到柱头上

榕小蜂授粉

▲ 菩提树的叶片

　　菩提树的革质卵形叶片一
开始泛粉色，先变成紫红色，再
变成深绿色。微小的花生长在
名为隐头花序的绿色烧瓶状结
构中，隐头花序受粉后成熟，长
成可食用的果实。

高海拔天堂

　　作为全世界最高的山脉，坐落在亚洲的喜马拉雅山是栎树、松树和冷杉等树木的家园。这些树木不但在气候严酷的地区茁壮生长，而且还养活了许多当地动物。喜马拉雅山本土植物如雪松（*Cedrus deodara*）为超过600种鸟类提供了食物和庇护所。

类群: 真双子叶植物

科: 桑科

株高: 可达30米

冠幅: 可达100米

树叶: 常绿; 叶柄有毛; 深绿色, 宽卵形, 革质, 背面有绒毛; 互生; 长达20厘米

花: 微小, 且封闭在无花果状的隐头花序中

树皮: 有沟槽, 灰色, 光滑, 年幼时有毛

其他物种

佛罗里达绞杀榕

Ficus aurea

这种"绞杀者"生长在从佛罗里达州和加勒比海南至巴拿马的红树林沼泽中。

孟加拉榕

Ficus benghalensis

用于治疗瘰疬者和牙痛。

公园树

这棵大型孟加拉榕生长在新加坡的一座公园里。孟加拉榕常常种植在热带地区, 主要是为了获得它们所提供的浓密树荫。

这种常绿树号称全世界最大的树。当它的树枝向四周生长时, 会从枝条上垂下气生根, 这些气生根变成新的树干, 最终形成庞大的树丛。

和菩提树一样 (见第250~253页), 孟加拉榕通常以附生植物的形式开始自己的生命, 生长在另一棵树的树枝中。随着它的生长, 它伸出下垂到土壤中并为树木供应养分的气生根。最后, 它闷死宿主树木, 然后在没有竞争者的情况下继续生长。一些气生根变成树干, 而它们伸展的树枝继续扩张。据说它是唯一能够独木成林的物种。已知的最大的树生长在印度的安得拉邦 (Andhra Pradesh), 其树冠遮盖着1.9公顷的土地。以标准步行速度围绕它走一圈需要将近9分钟。

印度的标志

孟加拉榕原产于印度至马来西亚海拔500~1 200米的季雨林和雨林中。它的果实可食, 但主要在缺乏其他食物时才被食用。作为印度的国树, 孟加拉榕被印度教徒和佛教徒同时视为神树, 常常种植在寺庙附近。

▼ 郁乌叶猴

孟加拉榕的树叶和果实为各种动物提供食物来源, 包括图中这种猴子。

彩虹桉

Eucalyptus deglupta

作为物种多样性丰富的桉属成员之一，这种高耸的常绿树以其树皮剥落时露出的鲜艳色彩而闻名。

类群: 真双子叶植物

科: 桃金娘科

株高: 可达75米

冠幅: 可达38米

树叶: 常绿；年幼时呈卵形，逐渐变成披针形；对生；长达15厘米

花: 小，形似粉扑，有很多白色雄蕊，小团簇生

桉树属拥有500多个物种，绝大多数分布在澳大利亚和塔斯马尼亚岛。它们通常高而细长、姿态优雅，树皮常常呈纤维状，叶片在幼年和成年树木上的形状不同。彩虹桉是该属分布在其他地区的少数物种之一，它的自然分布范围是印度尼西亚、巴布亚新几内亚和菲律宾棉兰老岛（因此它也被称作棉兰老岛桉树）等地的降雨量高的潮湿热带雨林。这让它成为唯一原产于北半球的桉树。

这种树生长迅速，名字来自树皮从树干上剥落时呈现出的缤纷色彩，当它生长在热带地区以外的地方时，颜色往往不那么鲜艳。它被广泛栽培在其他地方，以生产造纸所需的木浆。它还作为城市行道树或遮阴树而被种植，但较浅的根系和较脆的树枝让它很容易受到暴风雨的伤害。它在美国的佛罗里达州和夏威夷州具有入侵性。

在适宜的环境条件下，彩虹桉可以在一年之内长高1.8米。

叶片在年幼时呈粉色，在成年后变成深绿色

▶ 桉树油

彩虹桉叶片中的芳香油有一种水果气味，并被用在传统药物中。

▲ 五彩缤纷的"巨人"

树皮从树干上呈条状剥落，露出内层树皮，它可能是绿色、蓝色、紫色或古铜红色的，取决于风化程度。

类群: 真双子叶植物

科: 桃金娘科

株高: 15~50米

冠幅: 可达35米

 树叶: 常绿; 年幼时呈披针形; 灰绿色; 互生; 长达30厘米

 花: 白色; 从叶腋中长出伞状花序, 主要在夏季开花

 果实: 成熟时, 圆形的木质果实开裂, 释放出大量粉尘状种子

▲ 赤桉的树皮

树皮光滑, 呈奶油色或白色, 有黄色、粉色或棕色斑块。基部附近的大块松散树皮被用来建造独木舟。

赤桉

Eucalyptus camaldulensis

赤桉是澳大利亚大部分地区的特有物种, 而且其自然分布范围是所有桉树中最广的。它是一种独特的常绿植物, 而且是所有澳大利亚树木中最具标志性的植物之一。

包括赤桉在内的多种桉树生长在澳大利亚内陆地区许多河道的附近, 它们生长得密集、笔直且伸展, 提供宜人的荫凉。它们生长迅速, 很快就会长成大树, 有些桉树的干围长达5米。估算任何一棵树的年龄都很困难, 但有些可能已经有1 000岁了。

和其他桉属物种一样, 赤桉的嫩叶和老叶有差异。叶片刚萌发时大致呈卵形、灰绿色, 随着年龄的增长, 叶片伸长并变细, 通常变成更明显的绿色。成簇的白色花主要在夏天开放, 但是在气候较温暖的地区也可以在其他季节盛开。

赤桉的拉丁学名中的种加词camaldulensis来自意大利那不勒斯附近的一座私人植物园——那不勒斯卡马尔多利植物园 (Hortus Camaldulensis di Napoli), 那里的主管园丁弗里德里希·德恩哈特 (Friedrich Dehnhardt) 种植并研究这种树, 并在1832年写下了对它的首次植物学描述 (他种的树在20世纪20年代被砍倒)。

赤桉的某些生长地点看起来比较干旱, 给人以它更耐干旱的假象, 但它其实只有在有充足的地下水或者洪水足以补充水分供应的地方才能茁壮生

▶ 洪水中的赤桉

新南威尔士州马兰比季 (Murrumbidgee) 河的河漫滩为这些树提供了完美的生境, 它们的生长需要定期发生的洪水。它们受到人类的管理以生产木材, 并为动物提供繁殖地。

长。它偏爱能够在干旱、炎热天气中保持湿润的黏质土，而且在毗邻大型永久水体的多草林地中常常是优势物种。

在干旱时期，这些树可以脱落多达2/3的叶片，降低它们对水分的需求以防止萎蔫。在一段潮湿的时期过后，树冠就会完全恢复。如果受到特别严重的胁迫，这些树可以脱落全部的树枝。在极端情况下，一整棵树会在毫无预兆的情况下轰然倒下。

澳大利亚输出品

赤桉有时被栽培在气候与其澳大利亚原产地相似的地区，既用来提供木材，又起到稳定土壤的作用。它在苏丹等地用于农林复合经营，保护作物免遭飞沙伤害。在沼泽地，它有助于土壤排水，所以能够控制蚊子的繁殖。它拥有优雅的形态和漂亮的树皮，常常种植在林荫大道和花园中，但是在南非、牙买加、西班牙和美国一些较温暖的地区，它被归为入侵物种，因为它有通过种子扩散的倾向。

赤桉这个名字取自这种树的木头，它在被切割

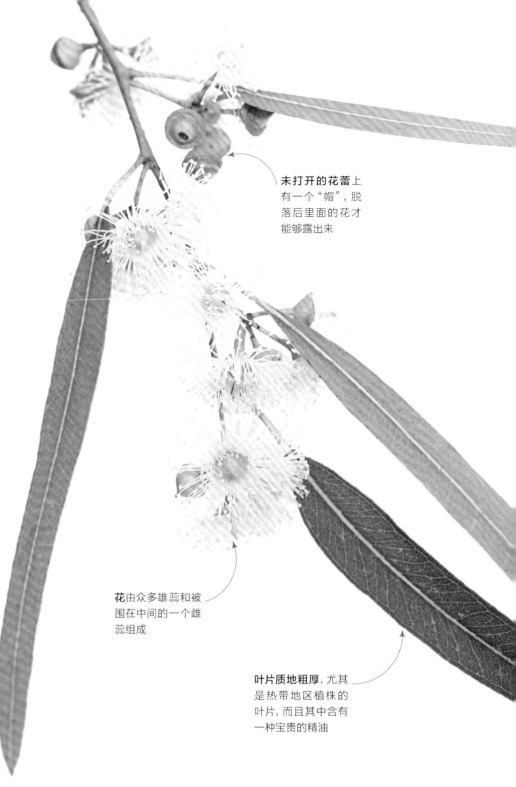

未打开的花蕾上有一个"帽"，脱落后里面的花才能够露出来

花由众多雄蕊和被围在中间的一个雌蕊组成

叶片质地粗厚，尤其是热带地区植株的叶片，而且其中含有一种宝贵的精油

▶ **开花的赤桉**
　　精致的白花是蜂类的完美蜜源，即使是很年轻的树也会开花。在适宜的温暖气候下，赤桉可以在一年当中的任何时候开花结籽。

巨大的桉树
　　包括赤桉在内，很多桉树能够长到相当大的尺寸。正如这幅版画所示，砍伐成年桉树是一项需要熟练技术的工作。要想安全地砍倒这棵树，伐木工必须先在一侧砍出一个角，再去另一侧砍伐，从而创造出一个中央支点，令这棵树朝预期的方向倒下。

砍伐一棵桉树，版画

赤桉的**拉丁学名**源于一座**意大利修道院，19**世纪有一棵**赤桉**在那里被种下。

时总是呈现一种鲜艳得几乎像血的红色。

这种颜色是树中含有的化学物质导致的，它们在接触空气时会形成一种天然抗生素，于是当地原住民将赤桉用在药物中。从树叶中提取的精油是一种强效抗菌剂，还可用作消毒剂。这些化合物保护赤桉免遭病虫害侵袭，并且令其木材极为耐用。因此，赤桉的木材被用来制作需要承受潮气的栅栏柱和凸式码头。原住民给这种树起了各种名字，包括"艾珀"（aper）、"昆朱马拉"（kunjumarra）和"恩皮里"（ngapiri），他们利用其木材制造独木舟、碗、盾牌和其他用具。

赤桉和生态

赤桉是很多物种生存的家园，而且在其分布范围之内的任何区域，它们都在生态系统中发挥重要的作用。有些成年树的树干会形成树洞，尽管可能需要数百年时间，很多动物都会在其中安家，包括蝙蝠和地毡蟒（carpet python）。超级鹦鹉（*Polytelis swainsonii*）是几种在它的枝叶中筑巢的鸟类之一，而它的花是蜜蜂的重要食物来源。

当赤桉生长在河流和小溪旁边时，它们脱落树枝的倾向可以为某些鱼类带来好处，特别是斑鳕鲈（river blackfish），这些鱼会在掉进水里的树枝中寻找庇护所。

▲ 考拉的食物

包括赤桉在内，桉树的叶片是考拉的主要食物。桉树叶有毒，但考拉消化道中的细菌会将毒素代谢掉，所以考拉可以安全地食用它们。

> "……这里或那里总是会有一棵巨大的赤桉树……
> 猛然闯入眼帘……"
>
> 默里·鲍尔（Murray Bail），《桉树》（*Eucalyptus*），1998年

其他物种

蓝桉

Eucalyptus globulus

树皮光滑、生长迅速的物种，已知可以长到55米高；幼树可装饰花坛。

山桉

Eucalyptus dalrympleana

令人过目难忘的物种，灰棕色或红棕色树皮剥落后露出下面新鲜的奶油白色树皮。

贯叶桉

Eucalyptus perriniana

小型桉树，拥有白色树皮和银色树叶，被风吹动时看起来就像在旋转一样，因此其英文名意为"旋转桉"。

花生长在大型圆锥花序中；每朵花有10枚雄蕊，通常只有1枚是可育的

▶ 成熟中的果实和坚果

只有少数花能够结实。果实由黄色、橙色或深红色的膨大基部（腰果梨）和容纳种仁的坚果组成［英文中称为腰果"苹果"（cashew apple）——译者注］。

类群： 真双子叶植物

科： 漆树科

株高： 14米

冠幅： 可达12米

树叶： 常绿；无毛，厚，革质；椭圆形或倒卵形；旋生；长达22厘米

种子： 肾形，坚硬的种衣包含1枚油脂含量丰富的种子，长约2厘米

腰果坚果有双层外壳，其中含有一种气味辛辣的油和油脂丰富的种仁

肉质腰果梨的大小约等于一个小梨，由花梗发育而来，可食

腰果

Anacardium occidentale

腰果树是中等大小的常绿树，原产于巴西东北部和委内瑞拉西南部。16世纪，腰果被葡萄牙人带往果阿（Goa），如今它被广泛种植在全球热带地区，科特迪瓦和印度是腰果产量最大的国家。

目前世上存活的最大的腰果树生长在巴西的纳塔尔（Natal）市，它覆盖着0.75公顷的土地面积。

常绿的腰果树拥有繁茂的树枝和革质树叶，主要因其果实而得到种植，每年产量约为400万吨。这种树的其他部位也有商业用途。

腰果树可以长到14米高，只有6米高的现代矮化品种更便于采摘果实，和野生品种相比，它们还能更早达到具有经济意义的产量。

腰果的果实由两部分组成：由膨大果柄和花萼构成的腰果梨，以及附着在腰果梨下面的坚果（包含种子）。随着果实的成熟，腰果梨变大并呈现鲜艳的色彩。坚果有坚硬的双层壳，壳内包裹着成

中提取出来后可以用来处理滋生白蚁的木材。它还用在清漆中，或者经过改性形成树脂，而这种树脂可以作为阻燃剂等用在环氧树脂材料中。

肉质的腰果梨可以生吃或者用在烹饪中，如做成咖喱，还可以用脚踩碎或者压碎得到果汁，发酵后制成酒精饮料或者为饮品调味。腰果梨很容易碰伤，所以只在当地使用。

腰果树的木材用于造船、建筑材料和制炭。树皮可生产一种黄色染料。

"腰果树既漂亮又高大……"

美国农业部，《国外农业：国外农业政策、生产和贸易综述》（*Foreign Agriculture: A Review of Foreign Farm Policy, Production, and Trade*），1946年

▲ 植物插图

这幅植物插图展示了一根开花的腰果树枝条，枝条上有互生排列的叶片。若干小插图展示了花、果实和坚果各部位的细节。

熟的种子。在两层壳之间的蜂窝状结构中，充满一种名为漆树酸（anacardic acid）的气味辛辣的油。这种油具有一种自然防御机制，以防坚果在落到地面并萌发之前就被动物吃掉。要想让坚果变得可食，必须先通过蒸煮、干燥和烘烤过程清除这种油。劣质或破碎的坚果用于榨取腰果油，即一种用于烹饪或沙拉调味的深黄色油。

不过，来自坚果两层壳之间的辛辣油可用于工业。例如，通过使用溶剂或者加热的方式从坚果

▶ 巨大的腰果树

根据记录，这棵生长在巴西皮拉格多诺特（Pirangi do Norte）的腰果树是全球最大的，其树枝从主干上伸出约50米，覆盖的土地面积达数千平方米。

类群：真双子叶植物

科：漆树科

株高：30米

冠幅：15米

树叶：常绿；椭圆形或披针形，叶脉拱状弯曲；互生；长12~30厘米

果实：核果，长5~15厘米；果皮绿色、紫色或黄色；味甜多汁的果肉包裹着硕大的种子

树皮：灰棕色；随年龄增长，表面出现沟槽并裂成灰色小方块

花形成硕大、直立、覆盖软毛的圆锥花序，从位于枝条末端的花蕾中伸出来

► 叶片和花蕾

这根带花蕾的杜果树枝是在美国加利福尼亚州拍摄的。在其自然分布范围之内，杜果树得到广泛栽培，并有数百个品种。

杜果是印度、巴基斯坦和菲律宾的国果，杜果树是孟加拉国的国树。

◄ 在艺术和文化中

杜果树在世界各地都是艺术、文化和文学中的流行图案。在这幅约1850年的绘画中，一位王子和一位公主在一棵杜果树下相遇。

杜果

Mangifera indica

这种大型常绿树拥有深绿色叶片和宽阔的树冠，在世界各温暖气候区是一道常见的景致。最令其闻名的是甜美的肉质果实，食用方式多样。

闪闪发亮的深绿色叶片有很多侧脉和波浪状边缘

杜果（也写作芒果）的吃法多样，而且在发育过程中的各个阶段都可食用。完全成熟时，果肉变得非常多汁，而且几乎能从种子上脱落，只留下一些纤维束。在稍早的成熟阶段，果肉更加肉质化，可以从果核上切下或者去皮后切成小块。而果实在未成熟时不甜，但可以用来制作酸辣酱和腌菜。杜果的果皮富含抗氧化剂和其他有用的化合物，而

种子也可食用，且富含维生素C。种仁或胚（见第266页）呈肾形，外表与腰果的种仁相似，但尺寸大得多。成熟的种仁坚硬、味苦，但未成熟的种仁（可在使用未成熟果实制作酸辣酱时取出）味道更宜人，可用于烹饪。成熟果实的种仁被从种皮中取出、干制、烘焙后磨成粉。磨成的粉称为"古

叶片互生在枝条上，但在枝条末端常簇生

重要的宗教意义

杜果树及其果实和宗教有着密切的关联。在印度教中，杜果被视为繁荣和幸福的象征，并被用在宗教仪式中。在佛教中，据说释迦牟尼曾在一棵杜果树下休息。而在耆那教中，它与女神安比卡（Ambika）有关。

缅甸的佛陀画像

▼ 种子之内

杜果的种子很大，长约10厘米，种皮呈浅灰棕色，表面有沟槽。种子大约占果实重量的1/6。

种仁或胚含有营养物质，可干制磨粉，用于烹饪

思利"（guthli），是蛋白质、碳水化合物和矿物质的优质来源。据说它有几种药用价值，包括降低胆固醇和治疗腹泻。从"古思利"中可提取一种油，它的熔点接近人的体温，因此可用于润肤。这种油含有大致等量的饱和脂肪和不饱和脂肪，其中包含3%～4%的ω-6脂肪酸。杜果苷是树叶和树皮中的一种化合物，可提取并用于制药。存在于果皮中的刺激性物质漆酚会影响一些人，尤其是那些对毒漆藤（poison ivy）或太平洋毒漆（poison oak）敏感的人，或者曾经对杜果属（Mangifera）所在的漆树科的其他成员有过不良反应的人。

杜果属主要分布在从缅甸至菲律宾的东南亚地区以及巴布亚新几内亚，其中30～70个物种中的大多数都生长在这些地方。杜果有可能原产于印

度，但更有可能的情况是印度境内的杜果源自该国东北部和缅甸的边境沿线。

杜果树不耐霜冻，尤其是在幼年时，因此它需要在几乎无霜冻期的亚热带气候中才能生存。它可以长成30米高的大树，但在印度乡村经常长得十分宽大，常绿树枝在雨季前的酷热时期可提供荫凉，是乡村的一道独特景致。当一棵树不能继续结果实时，它的木材仍会被留下。杜果树的木材较脆弱，因为它没有阻止真菌或昆虫的自然防御机制，因此没有被广泛交易。然而，它可以用来制作家具、地板和某些乐器。

开花

杜果树有硕大的多分枝圆锥花序，花序的梗覆盖软毛，呈红棕色。单花很小，直径约4毫米，但是在树木处于盛花期时数量繁多，让人几乎看不到叶片。杜果花的一个不同寻常的特点是它的5枚雄蕊之中只有1枚能够成熟并提供花粉，另外4枚不育且很小。

杜果树的花期和果期取决于气候，在印度南部，它在12月开始开花，果实在3～4个月后成熟。然而，在印度北部的旁遮普邦等地区，它的花期是3月或4月，而果实要等到7～8月才成熟。在条件适宜的南方地区，一年内可以收获两次秋杜（Neelum）果实。

其他物种

硕杜果

Mangifera altissima

来自东南亚的物种，果实很甜，但是比杜果的果实小，而且含有更多纤维。

如香杜果

Mangifera odorata

杜果和异味杜果的杂交种；野外未见。东南亚有种植；黄绿色果实成熟时变成绿色。

异味杜果

Mangifera foetida

原产于东南亚。又名马芒。成熟果实可食，但有臭味；未成熟果实的汁液可引发皮肤起水疱。

"杧果之于水果，就像恒河之于河流。"

孟加拉谚语，摘自《孟加拉谚语文化史》
（*Cultural History of Bengali Proverbs*），2010年

▲ 杧果树下

　如上图所示，在印度乡村开阔地生长的杧果树通常拥有宽阔的树冠，在白天炎热时为人和牲畜提供舒适的荫凉。

桃花心木

Swietenia mahagoni

在木材贸易中，有数个物种都被称为桃花心木，但这个物种首次得到广泛利用是因其经久耐用的美丽木材。

类群: 真双子叶植物	
科: 楝科	
株高: 可达25米	
冠幅: 12~18米	

树叶: 半常绿；复叶由2~6对有光泽的绿色卵形小叶组成；对生；长10~16厘米

果实: 棕色木质蒴果，长达12厘米，直立生长在粗柄上

桃花心木原产自巴哈马群岛、开曼群岛、古巴、多米尼加共和国、海地、牙买加，以及美国佛罗里达州南部。它的木材被人类利用的历史超过500年。因此，它幸存至今的种群都曾遭到严重的消耗，而且它在大多数地方被认为已经"商业灭绝"，因为值得利用的大树已经消失殆尽。如今，印度尼西亚、印度和孟加拉国的种植园是"真"桃花心木最后的来源。在佛罗里达州和许多加勒比海岛屿，这个物种则作为遮阴树种植在街道旁以及公园和花园里。

备受追捧的木材

这个物种是大约500年前最先引入欧洲的桃花心木类物种。造船业对它评价很高，因为它的木材非常结实，而且不易腐烂。这种木材不易变形，

西班牙无敌舰队

西班牙人用桃花心木建造了一支可怕的舰队，舰队的船只既结实，速度又快。1588年，这支舰队入侵了英格兰。

"桃花心木曾经是世界上最受追捧的橱柜木材。"

约翰·K. 弗朗西斯 (John K. Francis)，美国农业部林业局，1991年

在16世纪被加勒比海地区的西班牙征服者们用来修理船只。这种有光泽且颜色浓郁的木材还被英格兰的著名工匠齐本德尔 (Chippendale) 和赫波怀特 (Hepplewhite) 等用来制作高品质的家具和橱柜。

这种树是半常绿植物，叶片在长期干旱或寒冷时脱落。它是雌雄同株，意味着在同一棵

桃花心木制成的琴身

▶ 1972年吉布森莱·保罗定制的吉他
这把吉他的琴身是用大叶桃花心木制作的。桃花心木偶尔也用于制作乐器。

◀ 桃花心木林
桃花心木主要生长在潮湿的低地森林，如左图所示的佛罗里达州境内。但是在牙买加，它出现在海拔高达1 500米的地方。

植株上开彼此分离的雄花和雌花。这些花在春天盛开，尺寸很小，有5枚绿白色蜡质花瓣。在经蜂类或蛾类授粉后，果实缓慢地发育，通常一根长满树叶的枝条上只成熟一个果实。它们是硕大的卵形木质蒴果，大小和形状都像一个大马铃薯。它们用一年的时间发育成熟，然后从基部裂成5个厚瓣，释放出大量带翅的种子随风传播。

当加勒比海地区的桃花心木种群被消耗殆尽时，它们在木材贸易中被大叶桃花心木（又名洪都拉斯桃花心木或巴西桃花心木）取而代之，这种树一度常见于亚马孙雨林，然而如今也遭到了过度开发。很多大树被砍倒，幸存至今的是矮小的年轻树木。

其他物种

大叶桃花心木
Swietenia macrophylla

提供南美洲最宝贵的木材；分布范围从墨西哥南部跨越中美洲至亚马孙雨林。

墨西哥桃花心木
Swietenia humilis

被家具制造业过度开发。如今偶见于偏远森林中，但常见于中美洲城市街道的两侧。

类群：真双子叶植物

科：楝科

株高：15～40米

冠幅：可达25米

树叶： 大多数常绿；羽状复叶；5～9对小叶；互生，末端缺失；长20～40厘米

果实： 卵形或长椭圆形核果，果肉多纤维，苦甜参半；成熟时变成绿黄色

树皮： 中棕色；裂成方块和长方块，露出红色的内层树皮

叶片长，边缘略卷曲且有锯齿

花有5枚花瓣，生长在叶腋处的圆锥花序中。花序最多拥有300朵小花，比叶片短

◄ 印楝树上的斑头绿拟啄木鸟

这种鸟分布在印度大部分地区的乡村开阔地或稀疏林区。它以果实和昆虫为食，在树洞里做巢。

▶ 莫卧儿时期的插画

这张17世纪的画描绘了坐在露台上的一位王子和他的妻子，背景有一棵印楝树。在印度次大陆的很多地方，这种树是一道常见的景致。

> "你用舒缓身心的荫凉，
> 　驱散流浪者的愁苦。"
>
> 艾尔莎·卡兹（Elsa Kazi），诗歌《印楝树》
> 　（*The Neem Tree*），20世纪初

印楝

Azadirachta indica

这种优雅的大树是常绿植物，生长在气候干旱地区的除外，因为在这些地方，树叶会在冬季掉落，新的叶片伴随降雨萌发。

印楝的原始分布状况无法确定，因为它已经被人类种植并归化了很长时间。它的分布范围从尼泊尔南部至斯里兰卡，从巴基斯坦东部横跨印度大部分地区并远至缅甸。人们认为它的原产地是其分布范围之中的某个地方。然而，伴随人类的迁徙，它被更广泛地种植在热带和亚热带地区，并在某些地区成为杂草，如撒哈拉以南的非洲和澳大利亚北领地的部分地方。

从生态学的角度看，它可以适应多种土壤，包括盐碱土，而且还可忍耐干旱。这让它可用于改善干旱贫瘠的土壤。包括种子在内，这种树含有许多天然化合物，而且晒干的叶片可以放在抽屉内发挥驱虫功效。可将种子压碎后浸泡，制成一种杀虫剂，将它喷洒在叶面上不会直接杀死昆虫，而是驱赶它们并阻止它们产卵。这种树被用在印度的传统医学中，而且其嫩叶、嫩枝和花在印度还用作烹饪食材，可油炸或制成汤羹。

其他物种

高大印楝
Azadirachta excelsa

分布在马来西亚至越南和巴布亚新几内亚；高大乔木，花泛白，树皮呈浅粉色。

▶ 油、果实和树叶

印楝树的各个部位可用于美发和护肤品，还被用在天然驱虫剂中。

种子是小小的棕色种仁

小粒咖啡

Coffea arabica

作为全球性消费品，咖啡是产值最大的贸易商品之一。它的原材料产自一种树的种子，这种树原产自埃塞俄比亚，株型低矮紧凑，拥有茂盛的深绿色叶片。

叶片有光泽，革质，非常坚韧，但不耐霜冻

有很多传说讲述了人们是如何首次在埃塞俄比亚发现这种树的种子具有令人兴奋的作用。如今可以确定的是，饮用咖啡的习惯很早就传播到了阿拉伯半岛[阿拉比卡咖啡（arabica coffee）之名由此而来]，到15世纪时，这种饮品已经风靡整个伊斯兰世界。17世纪初，咖啡抵达欧洲，商业咖啡馆迅速涌现。一些咖啡种子被人带到印度，又先后抵达斯里兰卡和印度尼西亚。以印度尼西亚为起点，一些植株被带往加勒比海地区和中南美洲。

咖啡植株可以在不与另一株咖啡杂交受粉的情

常是果树）下面。新品种可以在无遮挡环境下生长，因此这种"阳光咖啡"能够以更高的密度种在大型种植园里。它们可以用机械收获，这种收获方式会将未成熟的果实与成熟果实一起采摘，因此生产出的咖啡品质较低。

小粒咖啡起源于埃塞俄比亚西南部，至今**仍野生**于当地幸存至今的森林中。

咖啡的生产

2020—2021年，小粒咖啡的全球产量是1.02亿包（每包60千克），即612万吨，其中巴西的产量

**"咖啡应该像地狱一样漆黑、
像死亡一样浓烈、像爱情一样甜蜜。"**

土耳其谚语

况下结果实，因此即使只有少数原始植株，它们也很容易扩散到世界各地。小粒咖啡主要种植在热带和亚热带地区较凉爽的高海拔地区，通常是在海拔1 000~2 000米的范围。巴西是最大的咖啡生产国，紧随其后的是哥伦比亚和埃塞俄比亚。在大部分国家，咖啡种植在小型家庭农场中，常常与其他作物一起组成混合种植系统。这种树通常被修剪到肩膀高度，以便采摘成熟的果实，这项工作常常需要长时间劳动，但报酬微薄。传统品种在半阴条件下生长得最好，所以它们以相对较低的密度种在更高的遮阴树（常

装饰部分使用了一种亚洲铜金合金

◄ 咖啡鼎
这件带装饰的18世纪越南三足咖啡鼎配有多个用于流出咖啡的水龙头。

类群：真双子叶植物

科：茜草科

株高：可达8米

冠幅：可达5米

树叶： 常绿；有柄，椭圆形，带尖；对生；长达15厘米

花： 白色；星形，基部呈管状；花药长，花冠有5枚向外伸展的裂片；有香味

果实： 由绿色先后变为橙色和红色；肉质；每个果实含有2粒种子（咖啡豆）

树皮： 树干上的树皮呈浅灰色；绿色嫩枝的树皮随年龄增长而变成棕色并长出裂纹

◀ **人工栽培的咖啡灌丛**

　　栽培咖啡灌丛会被修剪到约1.5米高，以便采摘。侧枝被去除，确保得到一根多产的主干。

肉质果实（核果）拥有1粒或更多粒种子

其他物种

中粒咖啡（罗布斯塔咖啡）

Coffea canephora

　　于19世纪末在刚果民主共和国的森林被发现；这种树更高大，生产出的咖啡味道更苦、价格更便宜。

咖啡馆

这幅创作于16世纪的画描绘了一家热闹的奥斯曼时代的咖啡馆。这些咖啡馆吸引学者前来，并成为大受欢迎的文学和社交活动中心。到17世纪时，类似的咖啡馆在欧洲出现，吸引人们聚集在一起讨论政治和商贸话题。

占49%，不过在巴西本土就消耗了该国产量的将近一半。荷兰的人均咖啡消费量是全世界最高的，紧随其后的是芬兰、加拿大和瑞典。

罗布斯塔咖啡（robusta coffee）产自另一个物种——中粒咖啡，与小粒咖啡相比，该物种能够更好地适应潮湿的赤道气候，通常种植在更温暖的地区和更低的海拔范围，用它生产的咖啡品质较低，有一种更强烈的类似木头的风味。它主要被用于生产速溶咖啡，以及与小粒咖啡搭配以增加醇厚度。它还被选中制作意式浓缩咖啡，因为它能够产生更多泡沫。2020—2021年，罗布斯塔咖啡的全球贸易量为7 400万包，越南、巴西、印度尼西亚和乌干达是其主要生产国。全世界有超过1亿人的生计依赖这些咖啡作物。

提取咖啡豆

在咖啡的果实内，肉质果肉包裹着一层革质膜，革质膜中含有2粒种子（绿色的咖啡豆），每粒种子都有一层银色外皮。收获果实后，可能会进行两种加工过程。在干式生产过程中，果实先被晒干，然后倒入脱壳机中，除去果肉、革质膜和种皮。利用湿式生产过程生产的咖啡比较温和，并且带一

▲ 经过烘焙的咖啡豆

咖啡豆是经过烘焙的咖啡树种子，之所以被大众称作"豆"，是因为它们的外表像豆子。

种甜味。该过程首先以机械方式将果肉从果实上去除，然后清洗咖啡豆，并留在水中发酵12~24小时，在此期间它们会产生独特的芳香和味道。接下来将咖啡豆放在太阳下晒一周左右，再倒入抛光机中处理，去除革质膜和种皮。

速溶咖啡的生产方式是先高压煮咖啡豆，得到浓缩液，然后进行喷雾干燥或者冻干处理，令浓缩液变成可溶颗粒。对于无咖啡因咖啡，则使用水、蒸汽或溶剂（二氯甲烷或乙酸乙酯）去除青咖啡豆中的咖啡因。煮好的咖啡通常含有约0.3%的咖啡因，它是一种短期兴奋剂，但也会增加心脏负担、刺激消化液分泌，而且还是一种强效利尿剂。

消费者的选择

如果你想成为合乎道德标准的咖啡消费者，那么你有几种选择。"树荫种植"咖啡为采摘工人提供更好的工作条件，而且遮阴树有益于当地昆虫和鸟类。有机咖啡常常种在林地农场的树荫下，但有机认证需要认真核查。公平贸易咖啡绕过传统经销商，直接从农场合作社收购，价格更优惠。雨林联盟认证还致力于在确保环境可持续性的同时改善咖啡种植者的生活处境。

▲ 咖啡贸易

在2个世纪的时间里，咖啡一直以60千克的规格装袋出口，如这张1900年拍摄的照片所示。如今，咖啡贸易使用规格为1吨的聚丙烯"超级袋"。

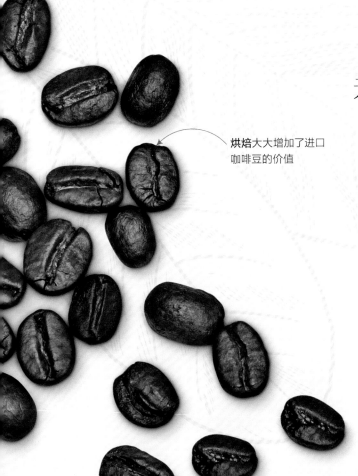

烘焙大大增加了进口咖啡豆的价值

> **"要是没喝晨间咖啡，我就像是一块干瘪无汁的烤羊排。"**
>
> 皮坎德（Picander），约翰·塞巴斯蒂安·巴赫（Johann Sebastian Bach），《咖啡大合唱》（*Coffee Cantata*），约1735年

烘焙咖啡豆

出口的咖啡豆是绿色的。当它们抵达目的地后，批发商会将它们放入热空气中烘焙。烘焙决定了咖啡的风味和芳香。更高的温度产生颜色更深、味道更强烈的咖啡豆。烘焙类型多种多样，从浅肉桂烘焙豆到味苦、色深的意式和法式烘焙豆。

青咖啡豆　　肉桂豆　　轻度烘焙豆　　中度烘焙豆　　深度烘焙豆

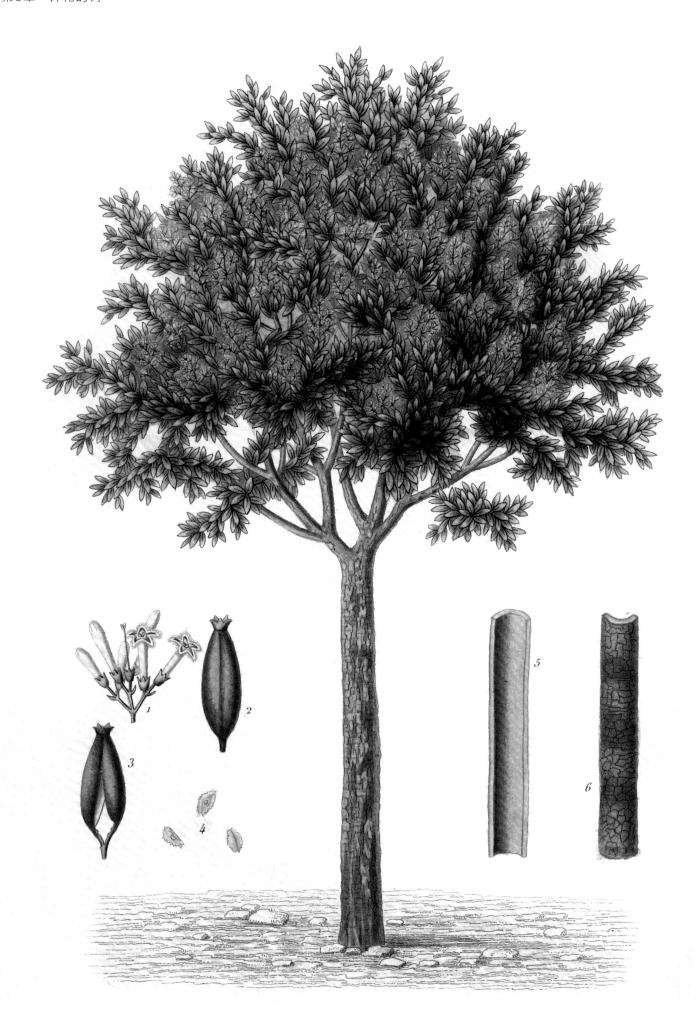

金鸡纳树

Cinchona calisaya

金鸡纳树来自安第斯山脉的热带雨林，很久以前，南美洲原住民就使用它的苦味树皮治疗发烧。欧洲殖民者发现其主要活性成分之一——奎宁（quinine）是治疗疟疾的强效药。它至今仍广泛用于为奎宁水调味。

类群: 真双子叶植物	
科: 茜草科	
株高: 可达15米	
冠幅: 可达8米	

树叶: 常绿；椭圆形或披针形；对生；长达16厘米

树皮: 薄；灰棕色，有许多浅裂纹；含有几种苦味生物碱

当耶稣会的传教士们在17世纪初首次抵达秘鲁时，很多人染上了疟疾。原住民部落里的医生用磨成粉的金鸡纳树皮治疗他们。金鸡纳树是原产自安第斯山脉的小型常绿乔木或灌木，开管状花。到1639年时，金鸡纳树皮已经出口到欧洲。又过了50年，人们发现它能够杀死传播疟疾的寄生生物——疟原虫（Plasmodium），并缓解疟原虫导致的发烧，于是将它正式用作治疗疟疾的药物。

1820年，法国化学家约瑟夫·卡文图（Joseph Caventou）和皮埃尔-约瑟夫·佩尔蒂埃（Pierre-Joseph Pelletier）首次从干燥的金鸡纳树皮中提取出一种活性生物碱，并将其命名为奎宁。当时，疟疾在英国位于印度、斯里兰卡和爪哇的殖民地是个大问题，于是植物学家们被派往南美洲收集金鸡纳树的种子，不过由此种出的金鸡纳树的奎宁产量很低。

在中美洲和安第斯山脉西部的高山热带林中，一共有大约23个金鸡纳属物种。它们全都含有奎宁，但含量不一，这导致了栽培中的问题。这些树与

◀ 奎宁片剂
奎宁是一种化学物质，人们开发了许多药物制剂以增加其功效。

盐酸盐 常与奎宁一起用在抗疟疾药物中

咖啡（见第272~275页）有亲缘关系，而树皮中的生物碱很可能是为了抵御食草动物，就像咖啡豆中味苦的咖啡因一样。

如今，金鸡纳属物种的分类学关系因栽培和杂交历史而没有定论，不过金鸡纳树是主要的商用物种。自20世纪50年代以来，奎宁在治疗疟疾中所发挥的作用已经基本被合成药物（如氯喹）取代。

> 奎宁这个词来自美洲印第安语单词 **quinaquina**，意为"树皮中的树皮"。

▶ 获取金鸡纳树皮
金鸡纳树皮过去是从野生树木上获取的。人们小心地将其内层树皮剥下并放在太阳下晒干。如今，医用奎宁主要来自印度尼西亚和扎伊尔的种植园。

◀ 金鸡纳树
这幅19世纪的插图展示了一棵金鸡纳树的特征，包括可剥下的树皮，它在被晒干磨粉后供人们使用。

青翠森林

　　作为美国国家森林系统中唯一的热带雨林，埃尔芸缺（El Yunque）是一片青翠的植物天堂，坐落在加勒比海岛屿波多黎各的东北角。这座茂盛的森林覆盖着连绵的群山，全年都有降雨，拥有240多种树和150多种蕨类。

▼雨林巨人

巴西栗是一种巨大的雨林树木，株高可达50米。它可以活1 000年，但记录表明有些树已经活了1 600年之久。

树冠高且圆

树叶在旱季脱落

类群: 真双子叶植物

科: 玉蕊科

株高: 可达50米

冠幅: 可达20米

树叶: 旱季时落叶; 椭圆形, 古铜色或鲜绿色; 互生; 长17~45厘米

果实: 硕大的球形深棕色木质化蒴果, 直径8~15厘米

树皮: 厚, 灰棕色, 富含树脂, 有深而细的竖直裂缝

刺豚鼠

这些大型啮齿类动物与老鼠及松鼠有亲缘关系, 体重达6千克, 体长达76厘米。它们生活在地面上, 而且是唯一一种牙齿足以坚硬到可以咬开巴西栗果实的哺乳动物。它们对巴西栗种子的传播十分重要(见第283页)。

巴西栗

Bertholletia excelsa

以"巴西坚果"之名出售的可食坚果并不是真正的坚果, 甚至不是果实。它们是一种高大树木的种子, 这种树高耸在巴西及其邻国境内的亚马孙河流域的雨林中。

除了巴西之外, 这种树在亚马孙雨林中的分布范围还包括玻利维亚、秘鲁、哥伦比亚、圭亚那和委内瑞拉的部分地区。它的生长密度低, 主要生长在无洪水泛滥、营养贫瘠的森林土壤中。

巴西栗的果实是硕大的球形棕色蒴果, 大小像一颗葡萄柚, 但拥有坚硬的木质外壳, 长得有点像椰子。它的重量可达0.5~2.5千克。它不会开裂以释放种子, 而是完整地落在地面上。人类从地面上采集掉落的果实, 因为其他的采集方法都要冒着被落下的沉重果实砸中的风险。果实外壳需要用锋利的大砍刀才能劈开。每个蒴果最多容纳25粒种子。种子有3个面, 像柑橘瓣一样排列得整整齐齐。正是这些种子以"巴西坚果"的名称销售。每粒种

"极具说服力……对于保护具有全球性重要意义的亚马孙生态系统而言。"

斯莫(E. Small)和卡特林(P. M. Catling)评论巴西栗, 《绽放的生物多样性宝藏》(*Blossoming Treasures of Biodiversity*), 《生物多样性》(*Biodiversity*), 2005年

果实有坚硬的外壳

果柄木质化并分叉

"被落下的果实砸伤的工人并不罕见。"

《透视之旅：亚马孙的野生动植物》
（*Insight Guides: Amazon Wildlife*），1990年

▼ 亚马孙本土物种

巴西栗的未来和雨林的命运紧紧相连，因为它们的繁衍依赖雨林的生态系统，通过刺豚鼠传播自己的种子，并由当地蜂类授粉。

子都有坚硬的木质化外皮，里面是可食用的白色种仁。巴西坚果可以去皮销售，也可以留着种皮，由消费者使用坚果钳把皮去掉。

打开坚果的刺豚鼠

巴西栗演化出了难以穿透的硬壳果实，以阻止动物取食其中富含油脂的硕大种子。不过，卷尾猴（capuchin monkeys）、亚马孙大松鼠（giant Amazonian squirrels）和金刚鹦鹉（macaws）可以打开其硬壳，吃到里面的种子，但是也只能打开少量果实，因为这样做非常耗力。然而，巴西栗种子的传播依赖这种树与一种啮齿类动物——刺豚鼠之间非同凡响的协同演化。

绝大多数果实会完整地落在森林地面上。生活在那里的刺豚鼠演化出了享用果实内"盛宴"的独特方式。它拥有像凿子一样锋利的门牙，这两颗牙齿非常结实，可以依靠强大下颚肌肉的力量凿穿果实的外壳，然后插进裂缝并将果实撬开，露出里面的种子。种子富含油脂和蛋白质，两三粒就足以维持刺豚鼠的生命。它们将剩余的种子作为食物储备，单粒或小批次埋在附近的森林里。它们常常找不到自己埋藏的大部分食物，于是未被找到的种子

会在12~18个月后萌发。种子含有充足的能量，确保幼苗迅速长大，在竞争中胜过周围的其他物种。当森林里的一棵树倒下时会露出一道透过阳光的缝隙，缝隙中的幼苗可以迅速生长，变成完全长高的大树。

和蜂类的合作

巴西栗的花拥有复杂的结构，这种结构对另一种动物间的非凡关系至关重要。这种花的花瓣紧紧保护着它的内部，而一个卷曲的兜状结构围住了花药和蜜腺。只有一个物种［一种名为兰花蜂（Euglossine bee）的昆虫］拥有打开花朵所需的足够重的身体，以及够到甜味花蜜的足够长的舌头。在这个过程中，来自花药的花粉洒在这种蜂的背上，然后随它去到下一朵巴西栗花，从而实现授粉。巴西栗的花期很短，在其他时候，这些蜂主要在兰花中觅食。因此，在种植园中种植巴西栗的尝试基本上都失败了，因为那里没有兰花可以让这些蜂在巴西栗不开花时觅食。

果实可容纳多达25粒种子

硬壳保护种子抵御大多数动物

▲ **炮弹般的果实**

巴西栗的果实和炮弹差不多大，而且几乎同样坚硬。需要使用锋利的大砍刀才能劈开果实，找出里面的种子（坚果）。

由巴西坚果组合而成的吉祥物

巴西坚果广告

巴西坚果产业

巴西坚果自17世纪开始出口到欧洲，可生食、烘烤、盐腌或者用在糕点糖果中。它们是国际贸易中唯一一种至今仍然几乎完全从野外采集的坚果，并且是亚马孙地区成千上万的土著居民的主要收入来源。2019年，据估计巴西坚果种仁（带壳的和不带壳的）的贸易量为3.85万吨，总产值3.43亿美元。

椭圆形小羽片每14~24对组成一枚羽状复叶（羽片），羽状复叶继续组成二回羽状复叶，小羽片长达12毫米

叶片对生于枝条上，拥有大约16对羽片，每只羽片又裂成小羽片

类群: 真双子叶植物

科: 紫葳科

株高: 10~20米

冠幅: 10~20米

树叶: 落叶;二回羽状复叶;对生;长30~45厘米,有数量众多的小羽片(小叶)

树皮: 幼树树皮薄,呈灰棕色,逐渐变成棕色,并长出裂缝或小鳞片

◀ 花和树叶

　　蓝花楹的蓝紫色花让它闻名于世,而且它在城市里是广受欢迎的观赏树木。它的每片树叶拥有200~400枚微小的小叶,即小羽片。这种结构让蓝花楹的树叶呈现出明显形似蕨类的外观。

▲ 林荫大道

　　津巴布韦首都哈拉雷的一条道路,蓝花楹在路边排列成行。它们的蓝紫色花已开始凋落,将被一团团朦胧的绿色叶片取代。

蓝花楹

Jacaranda mimosifolia

　　蓝花楹是原产自南美洲的落叶树,当它被花期漫长的蓝紫色花覆盖时就会呈现出一派绚烂的景象。形似蕨叶的巨大叶片也很引人注目。

　　蓝花楹属(*Jacaranda*)拥有大约50个物种,蓝花楹是其中之一,并以在盛花期令人过目难忘而著称。中至大型宽阔树冠缀满浅紫色或紫蓝色花,呈现浓烈的色彩。花先于叶出现在裸露的枝条上,圆锥花序由多达50朵花组成。这些花最多可以持续开放2个月,而新叶在这段时间即将结束时才开始舒展。这种壮观的景象出现在暖温带至亚热带气候,而这些气候区正是这种树种植最广泛的地方。它的主要种植区域包括美国南部、加勒比海地区、

欧洲地中海沿岸、澳大利亚和非洲南部。

气候需求

　　成年蓝花楹树可以忍耐约-7℃的低温,不过幼年树木往往更容易受到霜冻的影响,如果真的受到霜冻损害,可以切割至地面高度,令其重新萌发。在气候较冷凉的地区,花会很稀疏,而且在这些地方,种植蓝花楹更多是为了观赏其独特的

树枝和小枝质地柔软,容易受损

▲ 果实和树叶

　　蓝花楹通常在夏末结实,果实像干燥的棕色豆荚。

新叶在漫长的花期将要结束时萌发,此时第一批花的花冠开始凋落

▲ 约翰内斯堡的街道

在约翰内斯堡的郊区,蓝花楹盛开在纵横交错的街道两侧。虽然它并不是南非的原产物种,但它在这座城市已经成为备受欢迎的本地特色景观。

蕨状羽叶,每一片树叶都由数百枚非常小的小叶组成。即使在开花状况良好的气候区,花期过后也可以观赏它的叶片。

果实、种子和木头

蓝花楹的果实是坚硬的木质化扁平蒴果,从末端开裂以释放出种子。种子本身很小,环绕着一圈非常薄的翅,有助于随风传播。这种树的木材泛白或呈浅灰色,拥有笔直的木纹。它通常没有节瘤,而且相对柔软,因此很适合车削加工。这种木材的干燥性能良好,不过也可以在"绿色"状态下使用。

在作为花园树木种植时,蓝花楹需要充足的空间和全日照环境,而且在疏松的沙质土中生长良

▶ 新开的花

花芽生长在上一年枝条的末端,开出有香味的喇叭状花朵。当它们从城市里的树上大量掉落时,往往会在人行道和街道上分解成一摊"烂泥",给当地居民造成不便。

好。虽然它们需要每周或每两周定期浇水,但是如果土壤在浇水间隙干透,它们会长得最好。它们常常嫁接种植,因为按照这种方式种植的蓝花楹往往开花更早,而且有更浓烈的花色。在可以人为调控其栽培的比较冷的地区,它们可以作为盆栽植物种植。在气候比较冷凉的地方,蓝花楹还可以仅凭其树叶用作夏季花坛植物。到秋天时,它们会脱落长约60厘米的叶片。

蓝花楹野生于玻利维亚和阿根廷的部分地区,而且在这些地方是**易危物种**。

"轻盈的蓝花楹二回羽状复叶非常引人注目……"

冯·斯皮克斯(J. B. Von Spix)和冯·马蒂乌斯(C. F. P. Von Martius),
《巴西之旅》(*Travels in Brazil*),1824年

延伸的圆锥花序长到30厘米长，拥有大约50朵单花

其他物种

钝叶蓝花楹
Jacaranda obtusifolia

灌木状乔木，来自委内瑞拉和哥伦比亚热带地区；以其大且钝的小叶闻名。

塞拉多蓝花楹
Jacaranda crystallana

灌木或小乔木，原产自巴西，主要以其有褶边的紫色花闻名。

尖叶蓝花楹
Jacaranda cuspidifolia

来自阿根廷、巴西、玻利维亚和巴拉圭的小乔木；株高通常不到8米，开紫蓝色花。

"考试树"

在南半球部分地区，蓝花楹的花期有时恰逢学生们期末考试的时间，于是在校园里有蓝花楹的大学出现了一些与这种树有关的民间传说。在澳大利亚和南非的某些地区，"紫色恐慌"指的是当校园里的蓝花楹盛开时，学生们开始考试前的最后冲刺；另一个传说是，如果一朵花落到某个学生的头上，那么他或她一定能考出好成绩。悉尼大学的校园里就有这样一棵深受学生喜爱的蓝花楹大树，当它在2016年倒下时，还上过世界各地的新闻。

花柱上拥有多条裂片状的柱头

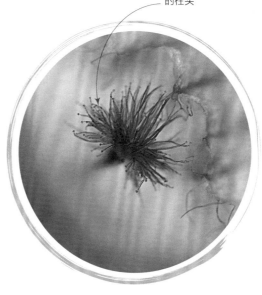

▲ 花朵内部
蓝花楹的花在花柱末端生有多条裂片状的有趣柱头，而花朵的整体外轮廓有点类似管状。它们由各种蜂类物种授粉。

类群: 真双子叶植物

科: 大戟科

株高: 可达40米

冠幅: 可达22米

树叶: 落叶；三小叶复叶，小叶呈船形；互生；长30~60厘米

种子: 卵形，灰色种皮有光泽，带有棕色大理石纹；长2~4厘米

Euphorbiaceae (Acalypheae)

Hevea brasiliensis Müll. Arg.

▲ 植物学细节

这幅19世纪的插图展示了这种树的各种特征，包括三裂果实，它在成熟时裂开，撒落出其中的种子。

橡胶树

Hevea brasiliensis

橡胶树原产自亚马孙地区，它促进了工业革命，为一些人带来了财富，但为采集树液的原住民带来的则是极为残酷的生活境遇。

很多大戟科（Euphorbiaceae）物种的茎和叶中含有具腐蚀性或有毒的乳汁，起到驱虫的作用。包括橡胶树在内，橡胶树属（*Hevea*）的3个物种进一步强化了这种机制。当它们的乳汁与空气接触时会变成一种黏稠的树胶，可以完全堵塞觅食昆虫的口器。这种树液还可以愈合树干上的任何天然伤口。这种乳汁产量最高的树正是原产自巴西的橡胶树。

有用的树液

古代的玛雅人和阿兹特克人知道这种树液的性质，并用它制作橡胶球和鞋子。在欧洲，它一开始被视为新奇玩物，直到美国人查尔斯·古德伊尔（Charles Goodyear）在1839年发现将硫黄混入树液并加热（这个过程称为硫化）后会得到耐用得多的材料。硫化橡胶助推了工业革命，并促使巴西亚马孙地区出现了1879—1912年的"橡胶繁荣"。

欧洲橡胶大亨们创造了巨大的财富，他们建造华丽的豪宅，甚至出资修建了巴西玛瑙斯市1896歌剧院。为了攫取收入，他们强迫原住民采集橡胶树液，这样的残酷行为和奴隶劳工制造成某些地区90%的原住民人口消失。1873年，英国林务官亨利·威克姆（Henry Wickham）从巴西获得70 000粒橡胶树种子，并将它们带回英国伦敦的邱园。虽然邱园的园丁在播种

来自橡胶树树干的乳汁含有大约**30%**的橡胶。

▲ 从橡胶树的树干采集树液

　　清晨，当树液上升的速度最快时，这座柬埔寨种植园里的工人开始在橡胶树的树干上切割出倾斜的伤口。

这些种子后发现它们的萌发率相对较低，但他们仍然得到了足够多的幼苗并将它们运往新加坡，失败的咖啡种植者被说服在那里种植这种新作物。亚洲种植园的产量极高，导致巴西的橡胶产业就此衰落。如今，全世界的大部分天然橡胶产自亚洲。

橡胶的生产

　　巴西的橡胶产业被亚洲种植园彻底击败，后者的优势在于那里不存在流行于南美洲的一种真菌叶枯病。2020年，印度尼西亚和泰国的种植园生产了全球天然橡胶总产量（1 300万吨）的一半以上。另外还有1 440万吨橡胶由石油人工合成，所用的技术是二战期间在美国发明的。

挂在竹竿上的橡胶薄片

类群: 真双子叶植物

科: 唇形科

株高: 可达45米

冠幅: 可达18米

树叶: 落叶；长柄，不裂，无锯齿，卵圆形；对生；长达30厘米

果实: 球形；包裹在膨大的钟形萼片中，内部肉质，中央有一个硬质果核

◀ 树干和林冠

笔直的树干（通常基部较宽）伸向季雨林的林冠层。灰色树皮包裹着一层白色边材以及深金黄色心材。

柚木

Tectona grandis

柚木是全世界最受青睐的木材之一，野生柚木的日益稀有令其价格高涨。柚木的木材因其强度和耐用著称，而对于这个物种而言，这也是它在亚洲季风林中得以生存的部分原因。

热带森林养活了多种多样的物种，这些地区为柚木提供了理想的生长地，它被有助于自身生长的其他物种环绕着。然而，并非所有物种都是有益的。在热带气候区，像柚木这样的树常常在自身组织中产生大量有毒化学物质，以抵御病原体和蛀木昆虫。当这种树被砍倒后，这些毒素继续保护着木材，令木头极为耐用。因此，在拥有1 000多年历史的印度和波斯庙宇中，使用柚木建造的雕塑、木梁、门和棺材仍然保持着非常好的状态。

如果保存在室内，柚木基本上不会腐坏。即使在严酷的咸水环境中，它也很耐腐蚀，因此，它也是颇受偏爱的用于建造船只的船体、甲板和驾驶室的木材，另一种常用木材是桃花心木（见第268~269页）。木材中的毒素还能驱赶船蛆（*Teredo navalis*），这种海洋蛤蜊以在水下码头和木桩中钻洞闻名，是木质船体受损的重要原因。

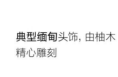

典型缅甸头饰，由柚木精心雕刻

使用柚木等硬木雕刻**细部**更不容易损坏

▲ 传统木雕

柚木的机械强度让它很适合用于复杂雕刻，如位于缅甸一座寺庙的门板上的这些带翅人像。

位于**印度喀拉拉邦的一棵柚木**长到了**47.5米**高,它的寿命据估计有**450~500年**。

柚木原产自印度次大陆、缅甸、泰国、老挝、柬埔寨和越南。它生长在季雨林中,季雨林与全年降雨的雨林不同,每年只有一段(有时是两段)降雨量大的时期,称为雨季。在这种气候条件下,柚木是一种落叶树,它在从11月开始的旱季脱落树叶,然后在高降水量时重新长出叶片(通常是在5月)。

森林之宝

柚木是两种季雨林的标志性树种。湿润柚木林的年降水量是2 000~2 400毫米,干旱柚木林的年降水量为1 000~2 000毫米。在这两种类型的森林中,柚木都只占所有树木的1/10,但拥有一系列完全不同的伴生物钟。这个物种依赖其他树木提供保护,帮助它抵御大风。虽然它长得很高,但它的根系很浅,这让它很容易被暴风雨摧毁。柚木的根在土壤中通常不会扎到超过50厘米的深度,但它们可以向外辐射到距离树干15米远。

商业柚木种植园既建立在其自然分布范围内,也建立在其他国家,包括印度尼西亚(尤其是爪哇岛)、斯里兰卡、巴西、哥斯达黎加,以及从科特迪瓦至坦桑尼亚的西非各国。它还作为观赏树木被广泛种植在热带公园和花园中。

在柚木种植园中,这些树通常在种植大约30年后才能收获,而且木材厚度较小。因此,大部分柚木仍然以不可持续的破坏性方式从已成材的天然森林中获取。由于每公顷森林中的柚木不超过10棵,所以通常砍伐数十棵树木才能得到一棵价值高的柚木,但会留下一片被破坏的森林,而新的柚木难以在这种环境中生长。

受保护的物种

与柚木产业相关的大规模伐木和毁林不断导致产生山体滑坡和破坏性洪水,泰国在1988年通过了有效禁止砍伐柚木的法律。这促进了柚木砍伐在邻国缅甸的迅速增长,大部分砍伐发生在泰缅边境沿线,并穿越边境进行非法运输。

成簇的花在6月开放在多分支花序的末端

"柚木家具能够保持颜色……
暴露在户外环境中会让这种木头
变成一种赏心悦目的灰色。"

《美国木工》(*American Woodworker*)杂志,1997年

花粉在柱头成熟前从雄蕊脱落,确保杂交受精

◀ **柚木开花**
柚木的花小而白,松散簇生于叶片上方。它们的香味吸引蜂类前来授粉,尽管它们也可以风媒授粉。

A TEAK FOREST OF BURMA

　　如今，全球约1/4的柚木产量由缅甸供应。1990年，该国的森林覆盖率约为57%，大部分是柚木林。由于过度砍伐，到2005年，近1/6的森林面积已消失。虽然缅甸在2014年颁布了一项全国性的柚木开采禁令，但它至今仍是重要的柚木出口国。

稀缺性价值

　　柚木的未来因其商业价值而变得不确定。尽管稀缺性导致价格高昂，但是在生产高档家具、门、窗框、楼梯和户外木板时，柚木仍然很受青睐。在理想情况下，生产这些产品的公司应该提供所用柚木产地的相关信息，并确保它来自可持续管理的种植园。然而在现实中，常常是由消费者来核查情况是否如此。

▲ 殖民时期的海报

　　在这张海报问世的大英帝国时代，缅甸拥有大片的森林，散布其中的柚木可以利用大象进行开采。

柚木的启发

　　未风干的金棕色柚木心材在成熟并风干后呈更深的栗棕色。它的牢固和稳定性一直鼓舞艺术家使用这种木头。这把体现曲线美的休闲椅是丹麦家具设计师格雷特·加尔克（Grete Jalk）的作品，它由两块形状弯曲的木头用螺栓连接在一起。

光滑、简洁的形状，由复杂的层压工序实现

柚木休闲椅，1963年

▶ **四叶澳洲坚果的花**

　　四叶澳洲坚果的花簇生成细长的花序，称为总状花序。每个总状花序含100~300朵花，并结出数个小坚果。

类群：真双子叶植物
科：山龙眼科
株高：可达12米
冠幅：可达10米

树叶：常绿；革质；边缘有锯齿；轮生；长8~24厘米

树皮：粗糙，棕色；内部质地粗糙的心材呈粉色至红棕色

树叶长且窄, 有光泽, 4~5片轮生

花成熟后从绿色变成奶油白色或粉色

四叶澳洲坚果

Macadamia tetraphylla

　　这种中型常绿树原产自澳大利亚，又称昆士兰澳洲坚果（Queensland macadamia）或粗壳澳洲坚果（rough-shelled macadamia），后者是为了将它和果壳光滑的近亲区分开。

四叶澳洲坚果种子的**含油量是坚果中最高的**，占种子总重量的**75%**以上。

　　这个澳洲坚果属物种拥有细长的粉白色花序，种子的壳厚且坚硬，布满凸起，因此又名粗壳澳洲坚果。它的同属物种澳洲坚果（*Macadamia integrifolia*）的英文名为smooth-shelled macadamia，意为"光壳澳洲坚果"，两者的亲缘关系非常近，曾被认为是同一个物种。然而，后者的花是白色的，种皮光滑，更常种植在种植园里。这两个物种的自然分布范围都很小，而且都位于澳大利亚昆士兰州南部和新南威尔士州北部沿海的亚热带雨林中。

　　种植商发现这两个澳洲坚果物种的杂种比任

蜜蜂授粉

澳洲坚果的花常常吸引来蜜蜂，它们是这些树的重要授粉者。有些澳洲坚果农场主将蜂箱放置在他们的澳洲坚果树之间以确保授粉成功。

一亲本都更高产。该杂种目前很可能是最常见的栽培类型。

或许澳洲原住民在首次抵达澳大利亚时就已经食用这种坚果了，但是直到这种树被带到美国夏威夷时，人们才充分认识到它作为一种作物的潜力。澳洲坚果在1882年被引入夏威夷群岛，最终成为那里第三重要的作物，仅次于甘蔗和菠萝。以夏威夷为跳板，这种树又被引入美国加利福尼亚州，以及墨西哥、津巴布韦、马拉维和南非等国（这也解释了澳洲坚果在坚果市场上更常用的中文名"夏威夷果"的由来——译者注）。

半个世纪前，澳大利亚人终于开始建设他们自己的种植园。20世纪90年代末，澳大利亚的澳洲坚果产量超过了夏威夷，但南非仍然是其主要出产国，2018年的产量是56 500吨，而澳大利亚在这一年的产量只有15 000吨。

富含油脂的种子

澳洲坚果的种子油脂丰富，可生食、盐腌或烘烤，还可以添加到冰激凌、烘焙产品和糕点糖果中。这种油脂还被用来滋养皮肤。与光壳物种相比，粗壳坚果通常含油量较低，含糖量较高，所以它们的味道更甜，但是在烘焙时容易烤焦。因此，烹熟食用的大部分商用澳洲坚果来自澳洲坚果（*Macadamia integrifolia*），而四叶澳洲坚果的坚果出售时通常是生的。

其他物种

澳洲坚果
Macadamia integrifolia

这个物种的特征是种子更光滑、更圆，叶片更宽，且为3片轮生。

三叶澳洲坚果
Macadamia ternifolia

原产昆士兰州；小型常绿树，可以长到6米高；坚果味道很苦，不可食。

卵形种子拥有带凹痕的粗糙种皮

纤维状外皮包裹着种子

▶ **坚果和树叶**

这两个物种难以区分，尤其难以和它们的杂种区分。叶片形状和带凹痕的种皮说明这是四叶澳洲坚果。

酸橙

Citrus × aurantium

与结可食用果实的近亲如甜橙、葡萄柚、柠檬和来檬相比，酸橙也许不如它们有名，但它仍然是柑橘家族中有价值的成员。这种株型紧凑的常绿树拥有圆形树冠，种植在公园和花园中时是一道令人赏心悦目的景致。

植物学术语常常和通俗说法相互冲突，而酸橙和其他柑橘属（*Citrus*）的果实就在其列。在植物学家看来，真正的浆果是由单一子房发育而来且不开裂的肉质果实，其中的种子未被包裹在革质（如苹果）或硬质（如桃）果核中。按照这个定义，很多常见的浆果（如覆盆子和草莓）其实根本不是浆果，而香蕉和黄瓜则是真正的浆果。

柑橘类植物的果实也是浆果，虽然很难将橙子或柠檬视为浆果。这些浆果自成一派，名为柑果（hesperidium），这种浆果拥有可剥去的革质外皮和分隔成若干瓣的果肉，每瓣果肉包含许多汁水充盈的泡囊。柑果是柑橘属物种特有的。它们的外皮称为橙皮（flavedo），富含精油，刮下来时称为橙皮碎（zest）。白色的髓[软皮（falbedo）]通常被丢弃，尽管其中含有抗氧化剂。在果皮内，每个瓣代

▶ 塞维利亚的行道树

酸橙在很多国家有商业种植，而它在西班牙城市塞维利亚是一种使用广泛的行道树。它的果实拥有厚厚的果皮，被很多人称为塞维利亚橙或柑橘酱橙。

表花朵子房的一个小室（心皮）。虽然所有柑橘类果实都分瓣，但并非全都容易剥离食用。有些果实需要切开食用，而柑橘通常分瓣食用。

西班牙和其他地方

酸橙树的果实对人类而言味道不好，但有各种用途，并栽培于世界的温暖地区。来自果实的精油用作溶剂和调味品，还用在香水和草药中。然而，最著名的用途来自以众多酸橙树闻名的西班牙城市塞维利亚。塞维利亚橙的果皮含有大量果胶（一种天然凝胶剂），这让它们很适合用来制作柑橘酱。

最早的商业化柑橘酱据说是18世纪末在苏格兰的邓迪市生产的。苏格兰商人约翰·凯勒（John

◀ 平克牌柑橘酱

在这幅1890年的广告画上，酸橙从塞维利亚飞向英格兰，以示消费者买到的是货真价实的优质柑橘酱。

1797年，最早的商业化柑橘酱诞生于苏格兰邓迪市。

叶片边缘略带锯齿，并含有一种芳香精油

塞维利亚橙在冬天成熟，从绿色变为橙色。它们有芳香气味，味道酸

光滑的棕色树皮；茎上有长达8厘米的尖刺

类群： 真双子叶植物

科： 芸香科

株高： 可达8米

冠幅： 可达4米

树叶： 常绿；披针形，叶柄有翅；互生；长7~10厘米

果实： 大致呈球形；橙色果皮；软皮层厚；瓣小；种子大

包装待出口

酸橙是欧洲栽培的第一种橙子。如今它们基本上被甜橙取代，但在西班牙城市塞维利亚仍然常见，那里生产的大部分果实都出口到英国。在这幅1889年的绘画中，西班牙安达卢西亚地区的工人正在包装即将运往英格兰的橙子。

塞维利亚的街道两侧种植着超过14 000棵酸橙树。

有香味的白色花直径2厘米，可单生或簇生

Keiller）从一个西班牙船主那里买来一船便宜的酸橙，打算在它们变质之前卖掉。约翰的妻子珍妮特（Janet）用这些酸橙制作了一种柑橘酱，制作方法和她此前使用其他橙子时一样，只有一点不同——她加入了切碎的果皮。这种新型凝胶状柑橘酱在凯勒家的商店出售时大受欢迎，于1797年开始大规模生产。

酸橙富含维生素C（抗坏血酸），大部分哺乳动物体内都可以产生这种必需物质，但人类、猿类、猴类以及一些蝙蝠和啮齿类动物除外。如果缺乏维生素C，人类会患上维生素C缺乏病，令人体变得虚弱甚至导致死亡。柑橘类水果长期以来被用于预防维生素C缺乏病，柠檬和来檬是最常使用的，尽管它们的维生素C含量低于橙子。

杂交家族

作为柚（*Citrus maxima*）和柑橘（*Citrus reticulata*）的杂交后代，酸橙很可能起源于亚洲。野生柑橘属植物只存在于亚洲和澳大利亚，但是很多种植在世界各地的栽培类型拥有复杂的起源。野生柑橘属植物很容易彼此杂交。在大多数植物中，这些杂种是不育的，无法产生可生长发育的种子。然而，某些柑橘类杂种可以通过无融合生殖的过程产生可育种子。按照这种方式得到的幼苗在遗传特征上与母株完全相同，因此这些树可以在人类的帮助下存续和扩散。

甜橙也源自柚和柑橘的杂交。当甜橙与柚（其亲本之一）杂交时，得到的后代是葡萄柚。柠檬由酸橙和香橼（*Citrus medica*）杂交而来，而甜来檬

▲ 酸橙的花

酸橙的果皮可提取精油，树叶可提取香橙油。香花酸橙（*Citrus × aurantium* var. *amara*）等变种的花可提取出用在香水和化妆品中的橙花油。

其他物种

香橼
Citrus medica

众多柑橘类水果的亲本；原产自喜马拉雅山山麓地区；黄色果实，有很厚的软皮层。

金柑
Citrus japonica

原产自中国，不过在日本的栽培历史很长；耐寒；连皮在内的整个果实可食用。

箭叶橙
Citrus hystrix

灌木，叶柄上的翅几乎和真正的叶片一样大；叶片和橙皮碎可用于烹饪。

（sweet lime）拥有香橼和甜橙或苦橙的基因。柑橘类水果对消费者而言意义非凡：柚及其杂交后代葡萄柚会增加药物效力，即它们会抑制在血液中分解药物的酶，导致药物剂量大大超过预期，可能造成药物过量。对于辛伐他汀这种药物，用葡萄柚汁送服1片药相当于用水送服12片药。如今，医生会建议此类药物的服用者不吃葡萄柚和其他相关柑橘类水果。

"一头明智的熊总是会在自己的帽子里藏一个柑橘酱三明治，以备不时之需。"

迈克尔·邦德（Michael Bond），《帕丁顿熊》
（*A Bear Called Paddington*），1958年

▶ 广场上的植物

塞维利亚大教堂的原址是一座清真寺，它包括一个供信徒在进入清真寺前进行仪式性清洁的庭院。这里如今种上了酸橙树，并被称为橙树庭院。

美洲红树

Rhizophora mangle

美洲红树形成的茂密沿海树丛扎根在热带海域潮间带的淤泥中，抵御着暴风雨、洪水，甚至上升的海平面。它们的名字来自树皮下面的鲜红色木头。

▼潮汐林

美洲红树是55个红树类物种中分布最广泛和最耐盐的。气生根支撑它的树干，帮助它抵御暴风雨，并提供涨潮时的"呼吸管"。

类群:	真双子叶植物
科:	红树科
株高:	可达12米
冠幅:	6~9米

树叶: 常绿；革质，卵形，正面深绿色，背面颜色较浅；对生；长6~12厘米

花: 钟形，4片奶油色花瓣脱落后留下4只绿色萼片

果实: 绿色浆果；还连接在树上时就开始发芽，伸出长长的下胚轴

红树非常适应潮间带这样的生境。它们生长在淤泥积聚、相对背风的海岸。细长的树干和形似高跷的气生根从淤泥中长出，将树木锚定，并帮助分散海浪带来的冲击力。它们还能阻止淤泥被暴风雨冲走。

浸没在淤泥里的根系无法从红树林沼泽的涝渍土壤中吸收氧气。不过，红树的气生根上布满了伴随潮汐打开和闭合的皮孔。落潮时，皮孔暴露在空气中，它们就会打开，让红树能够吸收氧气并补充氧气储备。涨潮时，皮孔闭合，植物可以使用储存的氧气。

咸水还会导致其他问题。植物细胞被一层渗透膜包裹，意味着水可以透过它双向流动。当两种不同浓度的溶液在一张膜的两侧相遇时，二者的浓度会变得均衡。盐进入根组织中，根组织中的水则向外流进海里。盐对植物细胞具有破坏性，所以红树要么将盐隔绝在体外，要么排出多余的盐，要么适应含盐环境，或者以某种均衡的方式同时施行这3种策略。美洲红树将盐泵入老叶，然后老叶脱落，从而排出多余的盐。美洲红

革质果实长达3厘米，可以漂浮在水上

▲ 长出根的果实
美洲红树的果实在树上萌发。如果果实在落潮时从树上掉下来，尖桩形状的根会扎进淤泥里"种植"幼苗。

其他物种

红海兰
Rhizophora stylosa

适应性强的耐寒红树物种，生长在亚洲、澳大拉西亚和太平洋的部分地区。和美洲红树相比，它能够生长在更冷的气候条件下。

红茄苳
Rhizophora mucronata

生长在东非和印太地区的热带和亚热带沿海地区；富含化合物，在传统医学中有多种用途。

◄ 生机勃勃的庇护所

红树根系周围受到庇护的海水为多种多样的海洋生物提供了家园，包括以浮游生物为食的动物，如长有触手的珊瑚虫和瓶子形状的被囊动物。

▼ 精致的花

在赤道地区，散发甜香气味的小花主要在雨季开放，而在亚热带地区，它们主要出现在春季至初夏。

树是所有红树类物种中最耐盐的，生长在距离海岸线最远的地方，在那里这些树被海水淹没得更深、更久。它分布在西非地区以及美洲热带和亚热带，并被引入夏威夷以保护海岸。

自我种植的果实

美洲红树以两种方式繁殖。它的果实还长在树上时就开始萌发，向下长出长根状结构，名为下胚轴。果实成熟时从树上落下。如果遇到落潮，下胚轴起到尖桩的作用，它会扎进淤泥，然后幼苗在母

株附近生长。如果遇到涨潮，果实可以漂浮在海面上，准备在落潮时把自己种下去。如果洋流将它带到盐度更高的海域，浮力会增大。海水可防止果实被太阳晒伤，而绿色的下胚轴开始进行光合作用，为果实提供持续生存长达一年所需的能量，直到它最终抵达海岸。

红树林的树叶凋落物支撑着规模巨大的海洋生物群落。尽管如此，为了给水产养殖和开发建设腾出空间，全世界有超过一半的红树林在近几十年里被毁，导致海岸失去保护。

潮汐支撑

美洲红树的细长树干依靠气生支撑根抵御潮汐和暴风雨。这些根从树干上2米高的地方长出来，大约是潮汐能够达到的最高点。它们表面的气孔有助于吸收氧气，氧气储存在它们内部的海绵状组织中。

每朵钟形花拥有4枚长约2厘米的奶油黄色花瓣

"如果没有红树林，那么海洋将毫无意义。"

马德－哈·兰威西（Mad-Ha Ranwasii），泰国渔民、村长，1992年

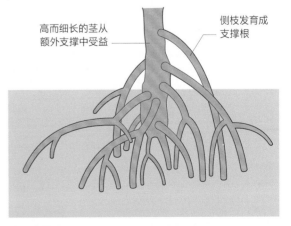

高而细长的茎从额外支撑中受益

侧枝发育成支撑根

气生支撑根

壮观的沼泽居民

　　原产自美国西南部地区，并在那里的潮湿土壤中茁壮生长，落羽杉（*Taxodium distichum*）可以形成壮观的景致。根系常常淹没在沼泽和浅水支流中，这种雕塑般的针叶树拥有沉重且向上弯曲的树枝，树枝上长着鲜绿色的树叶，树叶在秋天变成令人瞩目的紫红色或橙棕色。

术语解释

互生（Alternate）：对叶片生长方式的描述。叶片形成上升的螺旋，茎上的每个节长有一片叶子，下个茎节上的叶片生长在对侧。

被子植物（Angiosperm）：一类开花并结种子的植物，种子封闭在心皮中。包括草本植物、禾草和大多数树木。

花药（Anther）：花的雄性部分，生长在雄蕊上并含有花粉。通常着生在柄上。

假种皮（Aril）：某些种子的额外包被结构。这一层结构通常多毛或肉质，颜色鲜艳。

腋（Axil）：叶片（或分枝）和支撑它的茎（或树干）形成的上夹角。

树皮（Bark）：树干、树枝和树根的保护性外层或"皮肤"。这层结构覆盖木材并保护植物免遭水分流失、寒冷和其他损害。树皮随着植物的生长而伸展。

苞片（Bract）：变态的叶状结构，通常较小，一般生长在花或花序基部，或者长在针叶树的球果中。它可以长得类似正常树叶。

芽（Bud）：植物茎上的小型膨胀结构，可发育成花、叶或芽。这个突起由未成熟的叶片或花瓣组成，被一层厚厚的鳞片保护着。

刺果（Burr）：带钩或带齿的果实、种穗或花序。刺果（Burr）还指从某些树的树干上长出的木质结构。

板状根（Buttress）：围绕浅根树木基部的大而宽的根。它们有助于树木在浅土条件下保持稳定性。

花萼（Calyx，复数Calyces）：位于外轮且通常呈绿色的萼片的统称。

林冠层（Canopy）：森林中由乔木树冠组成的连续或不连续的高处枝叶层。

柔荑花序（Catkin）：一种花序类型，通常下垂，鳞状苞片和小小的、无柄且常无花瓣的花排列在不分枝的轴上。

叶绿素（Chlorophyll）：赋予植物绿色的色素。叶绿素利用阳光作为能量，并通过光合作用生产糖类。

克隆（Clone）：遗传基因与另一株植物完全相同的植物。这可以通过从母株上取插条并种下来实现。

柱状（Columnar）：一种树形，高大于宽，细长，两侧轮廓平行。

复合的（Compound）：用于描述由两片或更多小叶组成的叶片。复叶的小叶都是从同一个芽中长出的。

球果（Cone）：针叶树的结果实构造。雄球果小而柔软，带有花粉。雌球果较大，木质，被花粉授精后结出种子。

针叶树（Conifer）：一类结球果的种子植物。通常是常绿植物，叶片小，呈针状或鳞状。

平茬（Coppicing）：将树木修剪至地面高度，以刺激它们从树桩萌发新枝。

子叶（Cotyledon）：位于种子胚胎内的含养料的叶片。子叶帮助供应植物胚胎发芽所需的营养。

树冠（Crown）：树木顶端的圆形部分，由从主干长出的分枝构成。

品种（Cultivar）：它是指栽培变种。最初是为了目标性状培育且该性状在后续栽培中能够保持。

落叶的（Deciduous）：描述在一年当中的几个月没有叶片的树。这通常发生在冬季（温带地区）或旱季（赤道地区）。

雌雄异株（Dioecious）：分别在不同的植株上携带雄性和雌性生殖器官的植物。在雌雄异株的物种中，只有雌性植株结种子。

传播（Dispersal）：种子从产生它们的亲本植物上离开的方式。传播主要依靠风、水、动物和机械力（如种子囊爆裂）。

重瓣花（Double Flower）：花瓣不止一层的花。通常不育，雄蕊常常很少或缺失。

椭圆形（Elliptic）：描述叶片形状，其形状为卵形，中间最宽，两端逐渐变窄。

胚胎（Embryo）：处于初级发育阶段的幼体植株。包括结种子的树木在内，在种子植物中，胚胎被包裹在种子中，直到它在萌发期间长成幼苗。

附生植物（Epiphyte）：依靠其他植物提供支撑并生活在地表之上的植物，在土壤中没有根。

常绿的（Evergreen）：描述全年都有叶片的树。

束（Fascicle）：一束紧密的叶子或者带柄的花，分叉很少。例如，很多松树的树叶都长成束状。

属（Genus）：描述一组密切相关物种的术语，由拉丁学名的第一部分表示。例如，在意大利松的拉丁学名*Pinus Pinea*中，属名是*Pinus*（松属）。

萌发（Germination）：种子、孢子或其他生殖结构的萌芽，通常发生在一段休眠期之后。

嫁接（Grafting）：将一棵树的枝条固定到另一棵树被切开的茎上的过程。

裸子植物（Gymnosperm）：一类结种子的植物，其种子不受封闭的子房或果实的保护。裸子植物包括针叶树、苏铁类植物和银杏。

株型（Habit）：植物的大小、形状和朝向。植物的特征形态。

耐寒（Hardy）：能够在不利的生长条件下生存的植物。这通常与气候条件有关，尤其是在冬季。

心材（Heartwood）：树木死去的内部中心木材，其强度大，耐腐蚀。随着时间的推移，有生命的边材细胞层会逐渐转变为心材。

雌雄同体（Hermaphrodite）：同时具有雄性和雌性生殖器官的生命体。对于树木而言，这意味着雄性和雌性生殖器官都生长在同一朵花上。

杂种（Hybrid）：两种不同植物杂交授粉形成的新植物。杂种的拉丁学名由3部分组成，先是属名，然后是杂交符号"×"，最后是该杂种的加词。例如，多刺冬青的拉丁学名是*Ilex × Koehneana*。

花序（Inflorescence）：围绕一根轴（茎）排列的一簇花。根据花的排列方式，存在许多不同的花序类型。

披针形（Lanceolate）：形容叶片的形状像长矛头，即在中央以下最宽，两端收窄渐尖。

小叶（Leaflet）：构成复叶一部分的小叶片，又称羽片。

叶痕（Leaf Scar）：叶片从小枝或茎上脱落后留下的痕迹。每个树种都有独特的叶痕。

皮孔（Lenticel）：树皮或者某些果实表面的凸起孔，令空气得以进入植物的内部组织。

木质素（Lignin）：一种有机聚合物，是大多数植物支持组织的核心。木质素存在于木质组织的细胞壁中，令树木变得坚硬而不易弯曲。

裂片（Lobe）：叶片或花的突出部分。裂片通常是圆形或尖的。

叶缘（Margin）：叶片的边缘。叶缘有很多种类型，包括光滑（全缘）、裂片或锯齿状。

中脉（Midrib）：叶片或小叶的主脉。通常位于中央，从叶柄延伸到叶片或小叶末端。

雌雄同株（Monoecious）：在同一株植物上开彼此分离的雄花和雌花。

突变（Mutation）：生命体遗传组成的永久改变。突变可以代代相传。

归化（Naturalized）：由人类引入其他地区并成功适应的非本土物种，如今已在该地区形成了自我维持的种群。

子房（Ovary）：花的雌性部分中位于下部且较宽的容器状部分，包含一枚或更多胚珠。在受精后，胚珠变成种子，子房发育成果实。

胚珠（Ovule）：花中含有卵细胞的部分。在开花植物中，胚珠被包裹在子房中，但在裸子植物中，它们是裸露的。受精后，胚珠发育成种子。

掌状（Palmate）：用于描述一种复叶的形状，它裂成5片，如同张开的手掌。小叶从位于基部的一点长出。

圆锥花序（Panicle）：一种细长的花簇，其中的每朵花都以自己的柄（花梗）连接在花枝上。

宿存（Persistent）：形容正常枯萎后不掉落，仍然附着在植物上的叶片。

光合作用（Photosynthesis）：植物利用阳光将二氧化碳和水转化为养料和氧气，为植物生长提供动力的过程。

羽状（Pinnate）：一种复叶排列方式，其中小叶（羽片）排列成类似羽毛的形状。小叶在中轴上交替或成对排列。羽状裂叶的裂片也以这种方式排列。

雌蕊（Pistil）：花的雌性生殖器官。

截顶（Pollarding）：一种修剪方式，将树木的上部树枝去除。这样做可以缩小大树的体型，同时促进树叶和树枝的浓密生长。

花粉（Pollen）：由花药产生的黏性或粉状小孢子团。花粉含有植物的雄性配子（性细胞），用于令雌性卵子受精。

授粉（Pollinate）：花粉令植物受精。这常常由昆虫完成，它们会将花粉从花的雄性花药转移到雌性柱头上。

花托（Receptacle）：茎或轴上长有单花器官或花序小花的部分。授粉后，花托可以膨胀并形成果实。

根（Root）：通常位于地下的植物部位，将植物锚定在土壤中，吸收水分和矿物质，并储存养料。

汁液（Sap）：植物体内的水状液体。在树木中，树液含有溶解在其中的矿物质，并通过边材（软木的内层）中细小的管道从树根输送到树叶。

树苗（Sapling）：幼年树木。具体来说，是指胸径不超过10厘米的幼树。

半常绿（Semi-Evergreen）：形容一年之中只短暂落叶的树。这个术语也可以指周期性脱落一部分叶片（通常发生在秋季和冬季），但从不会完全没有叶片。

种子（Seed）：植物成熟的受精胚珠。种子包裹着胚胎和一些储备养料。果实、

浆果、坚果、荚果和球果都有不同类型的种子。如果给予适当的生长条件，一粒种子就会长成一株植物。

实生苗（Seedling）：从种子中的植物胚胎发育而成的幼树。任其生长的话，它将成为一棵树苗。

萼片（Sepal）：通常呈绿色的非生殖叶状部位之一，形成花的花萼。这些部位保护发育中的花蕾。

物种（Species，缩写Sp.）：一个分类类别，将可互相杂交并繁殖的相似植物归为同一个物种。

孢子（Spore）：一种生殖细胞，与性细胞不同，单个孢子能够在不与另一个生殖细胞融合的情况下发育。因此，孢子不需要受精。唯一通过孢子繁殖的树木是树蕨。

雄蕊（Stamen）：花的雄性生殖部位，由花丝和长在花丝上的花药组成。在绝大多数被子植物中，雄蕊包括一根细长的花丝和一枚长在花丝顶端的二裂花药。

柱头（Stigma）：花的雌性部位，位于雌蕊顶端，负责接受花粉。柱头通常在花柱上，高于子房。

托叶（Stipule）：一种较小的叶状或苞片状结构，出现在叶柄从茎上长出的部位，分布在叶柄一侧或两侧。

气孔（Stoma，复数Stomata）：植物叶片表面的小孔，被一对调节其开合的保卫细胞围合。气孔令光合作用和呼吸作用所需的气体交换过程得以进行。

花柱（Style）：子房上细长、不育的部分，负责承载柱头，将其呈现在有效的受粉位置。

亚种（Subspecies，缩写Subsp.）：物种的下一级分类类别，定义同一个物种内的不同变体，通常由于地理位置不同而彼

此隔离。亚种可以与同一物种的其他亚种成功杂交。

根蘖（Suckers）：通常从植物根系（有时从茎的下部）生长出来的枝条。根蘖从距离植物主茎或树干一定距离的土壤中钻出，并吸收植物的营养。

顶部的（Terminal）：通常用于形容生长在枝条、茎、分枝或其他器官末端的芽或花序。

树干（Trunk）：树的主干和主要器官。由树皮、内层树皮、形成层、边材和硬木组成。在大多数针叶树中，树干直接长到树顶。在大多数阔叶树中，树干不会抵达顶部，而是分成若干分枝。

有彩斑的（Variegated）：通常用于形容叶片。部分叶细胞中缺乏叶绿素，所以彩斑叶片拥有不止一种颜色。彩斑部分可以显示为条纹、圆形等形状。彩斑是一种罕见的自然现象。

叶脉（Vein）：位于或接近叶片表面并贯穿叶片的维管束（成束的输送管道）。叶脉为叶片提供支撑，并用于运输水分和养料。

轮（Whorl）：3个或更多相同结构部件围绕茎的放射状纵向排列，如花瓣、雄蕊和叶片。例如，花瓣构成了花冠轮。

索引

加粗页码表示信息最丰富的页面，斜体页码表示照片和插图所在页面。

B

C

致谢

DK出版社向下列人士致谢：

附加文本： Richard Gilbert, Sarah MacLeod

编辑协助： Shari Black, Polly Boyd, Michael Clark, Richard Gilbert, Janet Mohun, Priyanjali Narain

设计协助： Nobina Chakravorty, Clarisse Hassan, Mahua Mandal

技术协助： Vijay Kandwal, Ashok Kumar, Mrinmoy Mazumdar, Mohd Rizwan, Jagtar Singh, Anita Yadav

插图： Dan Crisp, Dominic Clifford, Mike Garland

校对： Joy Evatt, Katie John

索引编制： Elizabeth Wise

原始摄影： Gary Ombler

高级封面设计师： Suhita Dharamjit

DK出版社感谢下列各单位允许使用其图片：

（缩略字母说明：a–上；b–底；c–中；f–远；l–左；r–右；t–顶）

1 Getty Images / iStock: Tiler84. **2-3 © Mary Jo Hoffman**. **4-5 Martin Sanchez:** unsplash.com. **7 Alamy Stock Photo:** Marcus Harrison - botanicals. **8-9 Neil Burnell**. **12 123RF.com:** dink101 (br). **Alamy Stock Photo:** Blickwinkel / F. Hecker (tc). **Dorling Kindersley:** Alan Buckingham (cra); Debbie Patterson / Ian Cuppleditch (fcra). **Shutterstock.com:** Elvan (tr). **13 Alamy Stock Photo:** Brian Hird (Natural World) (cla). **Dorling Kindersley:** Neil Fletcher (fclb, clb). **Dreamstime.com:** Gorodok495 (fcla); Ievgenii Tryfonov (cra); Kevin Wells (cb). **14 Alamy Stock Photo:** De Luan (tr). **16 Dorling Kindersley:** Swedish Museum of Natural History, Stockholm (cb, cr, crb, fcrb); Natural History Museum (ca); Natural History Museum, London (bc). **Dreamstime.com:** George Burba (bl). **17 Dorling Kindersley:** Natural History Museum, London (c, cl, cla). **Science Photo Library:** John Sibbick (br). **18 Getty Images:** Steve Gschmeissner / Science Photo Library. **21 Alamy Stock Photo:** Bob Gibbons (tr); Minden Pictures / Ch'ien Lee (cb); Minden Pictures / Mark Moffett (fclb). **Getty Images / iStock:** Asiafoto (clb). **22 Alamy Stock Photo:** All Canada Photos / Stan Navratil (tc); Marco Pompeo Photography (l); Flowerphotos (tr); Piter Lenk (cr). **Dreamstime.com:** Hotshotsworldwide (br); Swee Ming Young (c). **23 Alamy Stock Photo:** Deborah Vernon (b). **Science Photo Library:** James King-Holmes (cla). **24 Alamy Stock Photo:** Rachel Husband (fcrb). **Dorling Kindersley:** Natural History Museum, London (ftr). **Dreamstime.com:** Lena Andersson (br); Lubos Chlubny (bl); Dave Massey / Dmass (cra); Eng101 (cl). **Getty Images / iStock:** Volodymyr Kucherenko (fbr). **25 Alamy Stock Photo:** Arterra Picture Library / Arndt Sven-Erik (cra); Sabena Jane Blackbird (bl). **Dorling Kindersley:** Neil Fletcher (ftl). **Dreamstime.com:** Ornitolog (fbl); Slowmotiongli (c); Rudmer Zwerver (clb). **26 Getty Images:** Tim Graham / Contributor / Hulton Archive. **27 Alamy Stock Photo:** Ionescu Bogdan Cristian (b). **Getty Images / iStock:** Jamievanbuskirk (tc). **28 Alamy Stock Photo:** Biosphoto / Jean-Philippe Delobelle (tl); Emmanuel Lattes (c). **29 Alamy Stock Photo:** Nature Photographers Ltd / Paul R. Sterry (cra); Gillian Pullinger (tc). **Getty Images:** Manoj Shah (b). **30 Alamy Stock Photo:** All Canada Photos / Bob Gurr (clb). **Dreamstime.com:** Natalya Erofeeva (b). **31 Dreamstime.com:** Whiskybottle (cra). **Getty Images / iStock:** Bkamprath / E+ (tl). **Shutterstock.com:** Javarman (br). **32 Dreamstime.com:** Apisit Rapeepanpianpen (crb). **Getty Images:** Irina Gundareva / 500px (tr). **33 Alamy Stock Photo:** Auscape International Pty Ltd / Jean-Paul Ferrero (tr); Olga Tarasyuk (cl); Robertharding / Jochen Schlenker (br). **34 Alamy Stock Photo:** Imagebroker / Erich Schmidt. **35 Alamy Stock Photo:** Ingo Oeland (bc). **Dreamstime.com:** Picstudio (br). **Getty Images:** DEA / V. Giannella / Contributor / De Agostini (t). **36 Alamy Stock Photo:** Minden Pictures / Cyril Ruoso. **37 Dreamstime.com:** Hotshotsworldwide (br). **Getty Images:** Javier Fernández Sánchez / Moment (tr). **38 Alamy Stock Photo:** Philip Bishop (ca); Science History Images (cb). **Bridgeman Images:** The Stapleton Collection (bc). **Dorling Kindersley:** The Royal Academy of Music (bl). **Getty Images:** Science & Society Picture Library (cl). **39 123RF.com:** Sergii Kolesnyk / givaga (cb). **Alamy Stock Photo:** Antonella Bozzini (br); www.pqpictures.co.uk (ca). **Dreamstime.com:** Shijianying (clb). **Getty Images / iStock:** whitemay (cr). **Science Photo Library:** David Parker (c). **Smithsonian Design Museum:** Cooper Hewitt (bl). **40-41 Getty Images:** Florian Plaucheur / Contributor / AFP. **41 Getty Images / iStock:** Claudiad / E+. **42-43 Dreamstime.com:** Kateryna Danylyuk (background). **44 Alamy Stock Photo:** Cliff Hunt. **44-45 Getty Images / iStock:** ilbusca (background). **45 Dreamstime.com:** Darrin Aldridge (tr); Paul Looyen (cra); Tracy Immordino (bl). **Getty Images / iStock:** heibaihui (cb). **Shutterstock.com:** Casper1774 Studio (clb). **46-47 Dreamstime.com:** Kateryna Danylyuk (background). **47 Alamy Stock Photo:** David Hansche (tr). **48 Alamy Stock Photo:** View Stock (tl). **Dreamstime.com:** Hamsterman (br). **48-49 Dreamstime.com:** Kateryna Danylyuk (background). **49 Alamy Stock Photo:** Imaginechina Limited (c). **Dorling Kindersley:** Colin Keates / Natural History Museum (cb). **50-51 Dreamstime.com:** Jeneses Imre (background). **51 Alamy Stock Photo:** Ian Watt (c). **52 Alamy Stock Photo:** Les Archives Digitales (ca). **Dreamstime.com:** Pstedrak (1/cra); Gary Webber (2/cra). **Getty Images / iStock:** Nastasic (background). **53 Alamy Stock Photo:** Danni Thompson. **54-55 Alexander Turnbull Library, National Library Of New Zealand, Te Puna Matauranga o Aotearoa:** Earle, Augustus, 1793-1838 :War speech. London, R. Martin & Co. 1838.. Earle, Augustus 1793-1838 :Sketches illustrative of the Native Inhabitants and Islands of New Zealand from original drawings by Augustus Earle Esq, Draughtsman of H. M. S. "Beagle". London, Lithographed and Published under the auspices of the New Zealand Association by Robert Martin & Co, 1838. Ref: PUBL-0015-09. Alexander Turnbull Library, Wellington, New Zealand. / records / 22338186 (b). **55 Getty Images / iStock:** Nastasic. **56 Alamy Stock Photo:** Everett Collection Inc. **56-57 Dreamstime.com:** Geraria (background). **57 Alamy Stock Photo:** Blickwinkel (cla/b). **Dorling Kindersley:** Gary Ombler / Batsford Garden Centre and Arboretum (cla). **© The Metropolitan Museum of Art:** Bequest of Phyllis Massar, 2011 (cr). **58 Daniel Mosquin**. **59 Dreamstime.com:** Patrick Guenette (background); Alfio Scisetti (cla). **60-61 123RF.com:** Channarongsds (background). **Shutterstock.com:** NinaM. **60 Alamy Stock Photo:** Natural History Archive (cra). **61 Dreamstime.com:** Valery Prokhozhy (br). **62 Getty Images:** Hulton Archive / Stringer. **63 Alamy Stock Photo:** David Forster (b); Hans Stuessi (cra). **64 Victoria Palacios**. **65 Alamy Stock Photo:** Patrick Guenette (background). **Anderson Design Group, Inc:** Redwood National Park: Chandelier Tree, Illustrated by Aaron Johnson & Joel Anderson in 2020 © Anderson Design Group, Inc. All rights reserved. Licensed by ADGstore.com. (crb). **Dreamstime.com:** Aleksandar Varbenov (cla/bark). **66 Alamy Stock Photo:** Album (cla). **66-67 Alamy Stock Photo:** Patrick Guenette (background). **67 Ericson Collection, Humboldt State University Library:** (c). **68-69 Alamy Stock Photo:** EyeEm / Rán An. **70-71 Getty Images / iStock:** ilbusca (background). **70 Bancroft Library, University of California Berkeley:** UC Berkeley, Bancroft Library / Honeyman (Robert B., Jr.) - Collection of Early Californian and Western American Pictorial Material / BANC PIC 1963.002:0381--B (crb). **71 Anagha Varrier**. **72 Alamy Stock Photo:** Nature Picture Library (bl). **Dreamstime.com:** Peterll (2/cra); VinceZen (1/cra). **72-73 Dreamstime.com:** Foxyliam (background). **73 Getty Images / iStock:** Gerald Corsi (tc, cra). **74 Dreamstime.com:** Foxyliam (background). **Shutterstock.com:** NatalieJean (bl). **75 Bob Coorsen**. **76-77 Shutterstock.com:** Nazarii M (background). **76 Dreamstime.com:** Russieseo (bl). **77 Alamy Stock Photo:** The Artchives. **78-79 Georges Samaha**. **79 Alamy Stock Photo:** Granger Historical Picture Archive (t); Stephen Dorey - Bygone Images (cb). **80 Getty Images:** MIXA (c). **Getty Images / iStock:** ZU_09 (background). **81 Dorling Kindersley:** Gary Ombler / Batsford Arboretum and Garden Centre (1/cla, c). **Dreamstime.com:** Hellmann1 (3/cla); Wiertn (2/cla). **82 Alamy Stock Photo:** Keith J Smith (c). **Bridgeman Images:** Florilegius (tl). **Getty Images:** ZU_09 (background). **83 Dreamstime.com:** Cristographic (tr). **Getty Images / iStock:** Ilbusca / Digitalvision Vectors (background). **Getty Images:** Kean Collection / Staff / Archive Photos (br). **84 Alamy Stock Photo:** Juniors Bildarchiv GmbH (ca). **84-85 Dreamstime.com:** Patrick Guenette (background). **85 Alamy Stock Photo:** Mauritius Images Gmbh (cr). **Dorling Kindersley:** Gary Ombler / Batsford Arboretum and Garden Centre (c). **86 Bridgeman Images:** Museum of Fine Arts, Boston / Museum purchase with funds donated anonymously / Bridgeman Images (cr). **Getty Images:** Hulton Archive (tl). **86-87 Dreamstime.com:** Patrick Guenette. **87 Alamy Stock Photo:** Classic Paintings. **88 Dreamstime.com:** Steffen Foerster. **88-89 Getty Images:** mikroman6 (background). **89 Alamy Stock Photo:** Yogi Black (ca). **Jacob Spendelow:** (crb). **90-91 Alamy Stock Photo:** Design Pics Inc. **92 Greg Thatcher (https://www.gregthatchergallery.com)**. **92-93**

Dreamstime.com: Patrick Guenette (background). **93 Alamy Stock Photo:** blickwinkel (cla). **94-95 Alamy Stock Photo:** Quagga Media (background). **94 Alamy Stock Photo:** Niday Picture Library (c). **Mike Parsons:** (br). **95 Getty Images:** Culture Club (br). **96-97 Jono Manning, Christchurch, New Zealand. / jonomanning-luminisphotography.nz.** **96 Alamy Stock Photo:** Nature Photographers Ltd / Paul R. Sterry (cra). **Dreamstime.com:** Brackishnewzealand (cra/Bark). **97 © The Trustees of the British Museum. All rights reserved:** (ca). **98-99 Getty Images / iStock:** Ilbusca (background). **100 Dreamstime.com:** Simona Pavan (bl); Visa Sergeiev (2/clb). **100-101 Shutterstock.com:** Olga Korneeva (background). **101 Alamy Stock Photo:** Vladyslav Yushynov (br). **Getty Images:** Heritage Images (ca). **102-103 Dreamstime.com:** Patrick Guenette (background). **102 Getty Images / iStock:** Whiteway (clb). **103 © The Metropolitan Museum of Art:** Girolamo dai Libri (Italian, Verona 1474–1555 Verona). **104 Alamy Stock Photo:** Noel Bennett (br). **Dreamstime.com:** Patrick Guenette (background). **Getty Images / iStock:** w1d (tl). **105 Alamy Stock Photo:** The Print Collector / © CM Dixon / Heritage Images (br). **Getty Images / iStock:** Gilmanshin (clb); Natali22206 (tr). **106 Alamy Stock Photo:** Album. **106-107 Getty Images / iStock:** Nastasic (background). **107 Alamy Stock Photo:** Jose Mathew (c). **Dreamstime.com:** Dinesh Gamage (1/cra, 2/cra). **108 Getty Images / iStock:** MahirAtes (crb). **Getty Images:** Universal Images Group / Hulton Fine Art / Contributor (tl). **108-109 Getty Images / iStock:** Nastasic (background). **109 Alamy Stock Photo:** Robertharding (br). **Dreamstime.com:** Anat Chantrakool (cr). **© The Metropolitan Museum of Art:** Gift of Irwin Untermyer, 1968 (ca). **Shutterstock.com:** Av Tukaram.Karve (tr). **110 Alamy Stock Photo:** flowerphotos (2/crb). **Dreamstime.com:** Vladimir Melnik (1/crb, 3/crb). **110-111 Dreamstime.com:** Aisha Nuraini (background). **Kristina @ hobopeeba Makeeva:** (t). **111 Alamy Stock Photo:** Jurate Buiviene (crb); World History Archive (tc). **112-113 Dreamstime.com:** Aisha Nuraini (background). **112 Dreamstime.com:** Alex7370 (tc). **113 123RF.com:** Natalie Ruffing (r). **Shutterstock.com:** Av Bennekom (cb). **114 Alamy Stock Photo:** Robertharding (c). **Dreamstime.com:** David Steele (2/cra). **Shutterstock.com:** FLPA / Shutterstock (1/cra). **115 Alamy Stock Photo:** GFC Collection (bl); Anette Mossbacher (tr). **116 Dreamstime.com:** Ogonkova (crb). **Getty Images / iStock:** Catshila (l). **Shutterstock.com:** pixbox77 (2/crb). **116-17 Getty Images / iStock:**

ilbusca (background). **117 Alamy Stock Photo:** Nature Picture Library (cb). **© The Metropolitan Museum of Art:** Gift of The Salgo Trust for Education, New York, in memory of Nicolas M. Salgo, 2010 (cra). **118-119 Science Photo Library:** Alex Hyde. **120 Bridgeman Images:** Bridgeman Images (tl). **Dreamstime.com:** Chernetskaya (1/cra); Rinchumrus2528 (2/cra); Lars Ove Jonsson (cr); Sisyphus Zirix (crb). **121 Alamy Stock Photo:** Dennis Frates. **122-123 Dreamstime.com:** Foxyliam (background). **122 Getty Images:** Eric Lafforgue / Art in All of Us / Contributor (c). **123 Alamy Stock Photo:** Artokoloro (br). **Getty Images / iStock:** Antonel (r). **124 Dorling Kindersley:** Gary Ombler / Westonbirt, The National Arboretum (2/cla, 3/cla). **125 Alamy Stock Photo:** agefotostock (br). **Getty Images / iStock:** Duncan1890 (background). **Getty Images:** Heritage Images (tr). **126-127 Lorraine Devon Wilke:** (t). **126 Alamy Stock Photo:** Sandra Standbridge (cl). **Getty Images / iStock:** Duncan1890 (background). **127 Look and Learn:** Valerie Jackson Harris Collection (bc). **128 Shutterstock.com:** Martina Birnbaum. **129 Alamy Stock Photo:** Marcus Harrison - botanicals (background). **Dreamstime.com:** Bat09mar (2/cla). **Science Photo Library:** Gustoimages (ca). **130 Alamy Stock Photo:** Marcus Harrison - botanicals (background); Anna Poltoratskaya (ca). **Dreamstime.com:** Karayuschij (2/cra); Alfio Scisetti (1/cra); Pancaketom (3/cra). **131 Jack Brauer (www.MountainPhotography.com)**. **132 Alamy Stock Photo:** Peter Horree (tl). **132-133 Alamy Stock Photo:** Marcus Harrison - botanicals (background). **133 Alamy Stock Photo:** Minden Pictures (br). **Dreamstime.com:** Amelia Martin (cl). **134 Alamy Stock Photo:** Duncan Usher. **135 Alamy Stock Photo:** Richard Tadman (r). **Dreamstime.com:** Foxyliam (background). **137 Alamy Stock Photo:** Album (bc); Uber Bilder (tc). **Dreamstime.com:** Foxyliam (background). **138 Alamy Stock Photo:** Agefotostock / Terrance Klassen. **139 123RF.com:** Morphart (background). **Alamy Stock Photo:** Artokoloro (bc). **Getty Images:** Sepia Times / Contributor / Universal Images Group (tc). **140 Dreamstime.com:** Vvoevale (cl). **140-141 Getty Images / iStock:** Ilbusca (background). **141 Alamy Stock Photo:** Nature Picture Library / Sandra Bartocha (tr); Nature Picture Library (br). **142 Alamy Stock Photo:** Arterra Picture Library / Clement Philippe (bc); Painting (tl). **Getty Images / iStock:** Ilbusca (background). **naturepl.com:** Philippe Clement (br). **143 Alamy Stock Photo:** Arterra Picture Library / Clement Philippe (bl); Minden Pictures / Wil Meinderts / Buiten-beeld (br). **144-145**

Steven Palmer. **146-147 Image courtesy Rick Worrell. 146 Alamy Stock Photo:** Marcus Harrison - botanicals (background). **Dorling Kindersley:** Royal Botanic Gardens, Kew (bl). **148 Alamy Stock Photo:** Chronicle (tl); George Reszeter (bc). **148-149 Alamy Stock Photo:** Marcus Harrison - botanicals (background). **149 Shutterstock.com:** iPostnikov (cr). **150-151 Alamy Stock Photo:** Jacky Parker (t). **151 Alamy Stock Photo:** Artokoloro (tr). **Dreamstime.com:** Patrick Guenette (background). **152 Getty Images:** Popperfoto (tr). **© The Metropolitan Museum of Art:** Mary Griggs Burke Collection, Gift of the Mary and Jackson Burke Foundation, 2015 (cr). **153 Dreamstime.com:** Patrick Guenette (background). **Image courtesy mokuhankan.com. 154 Getty Images:** swim ink 2 llc / Contributor / Corbis Historical (tl). **154-155 Alamy Stock Photo:** Crystite RF. **156 Alamy Stock Photo:** The History Collection (tl). **naturepl.com:** Klein & Hubert (crb). **157 Getty Images / iStock:** U. J. Alexander (cra); Ilbusca (background). **Science Photo Library:** Cordelia Molloy (c). **158 Alamy Stock Photo:** Carolyn Jenkins (bl). **Getty Images / iStock:** Ilbusca (background). **Library of Congress, Washington, D.C.:** LC-USZC4-11920 (tl). **159 Bridgeman Images:** Photo © Christie's Images (tr). **Dreamstime.com:** Stephan Bock (br). **Getty Images / iStock:** Ilbusca (background). **160 Dreamstime.com:** Hellmann1 (cla). **Wellcome Collection:** (bc). **160-161 Alamy Stock Photo:** Jacky Parker (c). **Getty Images / iStock:** Ilbusca (background). **161 Alamy Stock Photo:** Hamza Khan (tr). **162-163 Dreamstime.com:** Patrick Guenette (background). **162 Alamy Stock Photo:** Tom Joslyn (br). **Dreamstime.com:** Volodymyr Kucherenko (l). **163 Getty Images:** Hulton Archive (br). **164 Dreamstime.com:** Hellmann1 (3/cla). **164-165 Alamy Stock Photo:** Marcus Harrison - botanicals (background). **165 Bridgeman Images:** Lebrecht History / Bridgeman Images (tr). **166-167 Alamy Stock Photo:** Patrick Guenette (background). **Getty Images:** Matt Anderson Photography (t). **166 Dorling Kindersley:** Gary Ombler / Batsford Garden Centre and Arboretum (1/crb, 3/crb). **Getty Images / iStock:** Andrea_Hill (2/crb). **168-169 Alamy Stock Photo:** Patrick Guenette (background). **169 Bridgeman Images:** Kallir Research Institute / © Grandma Moses Properties Co / Bridgeman Images (crb). **Getty Images:** Transcendental Graphics / Contributor (tr). **170-171 Dreamstime.com:** Patrick Guenette (background). **170 Alamy Stock Photo:** Album (crb). **Dreamstime.com:** Alessandrozocc (2/cla); Fotokon (3/cla). **171 Brent Mooers:** (cb).

172-173 Courtesy Longwood Gardens . **174-75 Dreamstime.com:** Info718087 (background). **175 Alamy Stock Photo:** Peter Horree (tr). **Dreamstime.com:** John Biglin (br). **176-177 Dreamstime.com:** Info718087 (background). **177 Alamy Stock Photo:** Nigel Cattlin (cb). **Rebecca Allen:** (tr). **178 Alamy Stock Photo:** Nature Picture Library. **179 Bridgeman Images:** Purix Verlag Volker Christen / Bridgeman Images (crb). **Dorling Kindersley:** Gary Ombler: Centre for Wildlife Gardening / London (2/cla). **Dreamstime.com:** Tetiana Kovalenko (3/cla). **Getty Images / iStock:** Nastasic (background). **180-181 Getty Images / iStock:** Nastasic (background). **180 Alamy Stock Photo:** Robertharding (bl). **181 Science Photo Library:** Bildagentur-Online / Mcphoto-Rolfes (tc). **182 Alamy Stock Photo:** Lamax (c). **182-183 Getty Images / iStock:** ilbusca (background). **183 Christianne Muusers:** RIJKMuseum / adapted by Christianne Muusers (tc). **184 123RF.com:** Denis Barbulat (background). **Bridgeman Images:** Alinari (tl); Photo © Heini Schneebeli (crb). **Dreamstime.com:** Simona Pavan (cra). **185 Alamy Stock Photo:** Mauritius Images GmbH / Andreas Vitting. **186-187 123RF.com:** Denis Barbulat (background). **186 Alamy Stock Photo:** The Picture Art Collection (br). **187 Bridgeman Images:** © Holburne Museum (tc). **Dennis Greenwood:** (c). **188-189 123RF.com:** Denis Barbulat (background). **189 Getty Images:** Print Collector / Contributor / Hulton Archive (bl). **190 Dreamstime.com:** Metacynth (crb); Sdbower (crb/Bark). **Lana Gramlich:** (t). **190-191 Shutterstock.com:** Foxyliam. **191 Shutterstock.com:** Kent Weakley (tr). **192 Alamy Stock Photo:** The Natural History Museum (ca). **192-193 Dreamstime.com:** Patrick Guenette (background). **193 Alamy Stock Photo:** Jürgen Feuerer (r); World History Archive (tr). **194-195 Dreamstime.com:** Patrick Guenette (background). **Getty Images / iStock:** PeskyMonkey (t). **194 Alamy Stock Photo:** Album (br); Zoonar GmbH (crb). **Dreamstime.com:** Iva Villi (2/cla); Simona Pavan (3/cla). **196 Alamy Stock Photo:** Heritage Image Partnership Ltd (tl). **196-197 Getty Images / iStock:** Mammuth (b). **197 Getty Images:** Paul Popper / Popperfoto (c). **198-199 Getty**

DK出版社尤其要感谢巴茨福德植物园（Batsford Arboretum and Garden Centre）的主管园丁Matthew Hall准许对树种进行拍照，以及在巴茨福德植物园内提供的许多帮助。